《外国兴趣教育名著译丛》编委会

EXPLORING THE PSYCHOLOGY OF INTEREST

Paul J. Silvia

心理学一直对兴趣主题情有独钟，兴趣的研究分布在情绪心理学、教育心理学、发展心理学、人格心理学、职业心理学等心理学各个分支学科中，试图探讨什么是兴趣，兴趣是如何起作用的。本书首先分别从情绪和人格这两种视角来看待兴趣，对心理学各个分支学科中的兴趣研究进行梳理和总结，并试图揭示不同领域的兴趣研究之间的相似之处，然后对不同的兴趣模型进行分析，对未来的兴趣研究提出展望。本书是一部学术性、专业性较强的心理学专著，为兴趣研究提供了基本的理论框架和丰富的文献资料，值得广大对兴趣感兴趣的研究者学习参考。本书作者保罗·西尔维亚是美国北卡罗来纳大学格林斯伯勒分校心理学系教授，2001 年获美国堪萨斯大学心理学博士学位。译者刘聪慧是中国人民大学心理学系副教授，2006 年获北京师范大学心理学博士学位。

外国兴趣教育名著译丛　郭　戈　主编

兴趣心理学探索

［美］保罗·西尔维亚　著
刘聪慧　译

人民教育出版社
·北京·

图书在版编目（CIP）数据

兴趣心理学探索 /（美）保罗·西尔维亚著；刘聪慧译. —北京：人民教育出版社,2018.6

（外国兴趣教育名著译丛）

ISBN 978-7-107-32563-2

Ⅰ.①兴… Ⅱ.①保… ②刘… Ⅲ.①兴趣－心理学－研究 Ⅳ.①B848.3

中国版本图书馆 CIP 数据核字(2018)第 139760 号

兴趣心理学探索

出版发行 人民教育出版社

（北京市海淀区中关村南大街 17 号院 1 号楼 邮编：100081）

网　址 http://www.pep.com.cn

经　销 全国新华书店

印　刷 山东临沂新华印刷物流集团有限责任公司

版　次 2018 年 6 月第 1 版

印　次 2018 年 7 月第 1 次印刷

开　本 890 毫米×1240 毫米 1/32

印　张 9.75

字　数 252 千字

定　价 31.00 元

《外国兴趣教育名著译丛》出版说明

常言道：兴趣是最好的老师。兴趣是求知学习的最好动力，没有兴趣就没有学习。如何使学生学有兴趣，不仅为广大教育工作者所津津乐道，而且也始终为古今中外教育家所孜孜以求。《国家中长期教育改革和发展规划纲要（2010—2020年）》特别指出要培养学生的“学习兴趣”和“审美情趣”，“促进学生生动活泼学习、健康快乐成长”。进一步推动我国兴趣教育理论研究和实践的科学发展，丰富和完善中国特色社会主义教育教学理论，不仅需要研究我国兴趣教育思想的历史和现状，总结我国兴趣教育的经验，而且需要研究外国兴趣教育的历史和现状，借鉴外国兴趣教育的理论和经验。

为了给我国教育工作者特别是中小学教师提供研究外国教育兴趣教育思想的理论著作，并给师范院校师生提供教学参考用书，我社决定在“十三五”开局之年，正式启动《外国兴趣教育名著译丛》的编辑出版工作。这套丛书是我社已出版的《外国教育名著丛书》和《汉译世界教育经典丛书》的深化和拓展，是国内第一套系统译介外国兴趣教育名著的丛书。

本丛书编辑出版工作是在我们全面梳理和系统研究外国兴趣教

育理论演进历程的基础上进行的。这套丛书主要选收近代、现代对世界、对中国有较大影响的外国教育学家、心理学家的有代表性的兴趣教育理论著作，包括整本专著、论文汇编或著作节选。毋庸置疑，本丛书所选收的书既闪耀着人类教育智慧的光辉，又有着历史、时代和地域等方面的局限。我们相信读者会做出正确的判断。

本丛书编辑出版工作或有不当甚至错误，敬请广大读者批评指正！

人民教育出版社文化教育室

2016年1月12日

外国教育中兴趣学说的探索历程

——《外国兴趣教育名著译丛》代序

郭 戈

一、兴趣：一个值得特别关注的重要问题

（一）兴趣：一个有趣的心理问题

"兴趣"（interest，日语称"興味"）是人的一种心理现象，人皆有之，时常显现，广泛存在。作为一个日常概念，"兴趣"表明人对一定事物的关心或关切、喜欢或爱好，与无聊乏味、漠不关心相对立。兴趣在我们生活、学习、工作中的重要作用显而易见，它对于人的认知、实践和成长、进步，乃至创新、成功等，都具有十分重要的意义，甚至还有着化"枯燥"为"享受"、变"苦"成"乐"的奇妙功力。对此，许多人都有着切身的体会和深刻的感悟，古今中外也有不少赞叹兴趣的名言谚语。也正因为如此，"兴趣一直为心理学家们所感兴趣，有关兴趣的研究几乎存在于心理学研究的每个领域——研究者在情绪、认知、发展、教育、审美、人格、动机以及职业发展等诸多方面，探究着兴趣的表现、作用及其运作机制"①。甚至一百年前就有教育心理学者断言："无论在心理学还是在教育学中，几乎没有比'兴趣'更重要的问题了。"②

① P. J. Silvia. *Exploring the Psychology of Interest*. New York：Oxford University Press，2006，Preface and Acknowledgments.

② W. Ostermann. *Interest，in Its Relation to Pedagogy*. New York：Barnes，1899（possible copyright status），Preface.

（二）兴趣：一个热门的教育话题

学习和教育是“兴趣”最有可为的领域，兴趣学习和兴趣教育历来是教育者广泛关注和经常谈论的一个重要话题。苏联教育心理学家包若维奇（Л. И. Божович，1955）也说过：“兴趣问题具有重大的意义，很久以来它是许多心理学家特别是教育家所留意的问题。”① 美国课程论专家坦纳夫妇（D. Tanner & L. Tanner，1990）说：“关于兴趣在学习中的价值，在理论上已形成共识。研究表明，当学习者自己对学习感兴趣时，学习比较有效。”② 甚至可以说，还没有哪一个学科像教育学那样如此关注人——教师尤其是学生——的兴趣问题。即便是在兴趣处于落难或不受待见之时，教育研究者仍给予兴趣以较多的关注，就连心理学也难以比拟。正如康内尔（W. F. Connell，1980）所说的：“兴趣，作为一个单纯的概念，即这个术语本身，已从20世纪40年代的心理学教科书中消失，而且也没有重新出现。但是，在关于教育教学的文献中，兴趣仍被保留于一个重要地位。”③

（三）兴趣：一个古老的历史课题

教育教学中的思想观点比比皆是，但能被持续研究并成为一种系统的思想理论的屈指可数，兴趣学说则为其中之一。如何使学生学得有兴趣并学得愉快，始终为古今中外教育家、心理学家所孜孜以求，并逐渐在近现代演进为一种影响较大的理论学说。中国自孔子倡言“好之”“乐之”（《论语·雍也》）以后，整个古代好学、乐学的思想主张便绵延不断且一脉相传，并成为中华民族传统教育

---

① ［苏］包若维奇著，金初高译：《认识兴趣及其研究途径》，见《儿童时期的认识兴趣及其形成条件》，科学出版社1958年版。

② ［美］丹尼尔·坦纳、劳雷尔·坦纳著，崔允漷等译：《学校课程史》，教育科学出版社2006年版，第306页。

③ ［澳］康内尔著，张法琨等译：《二十世纪世界教育史》，人民教育出版社1990年版，第136页。

思想的一份宝贵遗产。其间，宋朝二程阐发的“教人未见意趣，必不乐学”（《二程集·河南程氏遗书卷第二上》），可谓这一思想的丰富发展和兴趣教学的生动体现，自此趣学与好学、乐学思想融为一体，不断发展。20 世纪初期特别是“五四”运动之后，在继承古代这一优良传统教育思想的基础上，又学习借鉴了西方近现代教育的兴趣学说，从而产生了“趣味教育”和“兴味”“兴趣”教学的思想主张，形成具有中国特色的兴趣教育思想理论。

在西方，“‘兴趣是求知和学习最大的动力’，这不单单是一种方法，而且包含人类获取知识的一个充满智慧而古老的法则”①。兴趣与教育和学习的关系，不但为历代许多著名教育家和教育学者所论及，而且关于兴趣的理论学说对学校教育和教师教学产生过很大影响。正如麦克默里（C. A. McMurry，1903）所言：“整个教育学思想的大事年表都表明，古代和现代的教育学已经引起教师注意的就是兴趣的原理，它是唯一特别着重感情生活的。”② 就连对兴趣颇有微词的巴格莱（W. C. Bagley，1938）都不得不承认，“强调兴趣、自由、目前需要、个人经验、心理组织和学生主动性的理论”“已持续了若干世纪”，贯穿于从古到今的欧美“进步派”和“各种教育的革新里”，尤其是“一个多世纪以来，这些理论日益加深……如此大量地被明确地表现在各种运动里”。③

（四）兴趣：一个多学科研究的领域

对人的兴趣的关注和研究，反映人类社会的进步和认识世界的深化。由于兴趣关涉到以情感为动力的生活，直接影响到人的认识

① ［英］斯宾塞著，张建威等译：《斯宾塞快乐教育书》，中国妇女出版社 2009 年版，第 87 页。

② ［澳］康内尔著，张法琨等译：《二十世纪世界教育史》，人民教育出版社 1990 年版，第 131 页。

③ 王承绪、赵祥麟编译：《西方现代教育论著选》，人民教育出版社 2001 年版，第 154—155 页。

活动、认知方式和评判结果，因此，研究人的兴趣既不是教育学的专利，也不为心理学所独有，而为多学科所关注。若从学科诞生先后而言，可以说哲学对人的兴趣的研究甚至还要早于教育学和心理学。哲学的兴趣学说主要研究人的兴趣与人的认识、价值的关系等，比较有名的有德国古典哲学家康德（I. Kant）的"理性兴趣说"、美国现代哲学家培里（R. B. Perry）的"价值兴趣说"、德国当代哲学家哈贝马斯（J. Habermas）的"认识兴趣说"等。还有文艺的"兴趣说"，它主要研究人的兴趣取向、审美爱好与文艺创作、欣赏的关系等，并以兴趣作为审视诗歌艺术高下、优劣的标准，如我国古代文论的"趣论"、诗论史尤其是宋代严羽诗学思想中的"兴趣说"、民初小说的"兴味派"以及朱光潜的"美学趣味说"等。此外，兴趣问题在职业咨询研究中也很流行，如库德（G. Kuder）的一般兴趣调查表、斯特朗（E. K. Strong）的职业兴趣表、霍兰德（J. Holland）的职业兴趣理论等。需要指出的是，兴趣问题最为教育心理研究者所看重，兴趣学说一般也多指教育学和心理学的兴趣理论。

二、早年的兴趣教育思想

（一）兴趣教育思想的萌芽

教育"兴趣说"的思想渊源，可以追溯到古希腊、古罗马时期。古希腊三贤苏格拉底（Socrates）、柏拉图（Plato）、亚里士多德（Aristotle）都有关于兴趣或愉快学习的论述。① 古罗马教育家昆体良（M. F. Guintilianus）则较早论述了教学的"乐趣"问题。他说："专心致志的学习有赖于学生的意愿，而意愿是不能通过强制得到的。""我的理想的学生要乐于接受教给他的知识并就某些事物提出问题。"② 并且，"最重要的是，我们必须注意，一个还没有

---

① 郭戈：《西方近代的兴趣教育思想》，《教育研究与实验》1987年第9期。

② 任钟印选译：《昆体良教育论著选》，人民教育出版社1989年版，第27、26页。

达到热爱学习的年龄的儿童……此时必须使他的学习成为一种乐趣”①。

文艺复兴时期的思想启蒙和人文主义教育观使古希腊、古罗马的愉快和兴趣教学思想萌芽得以重生。“他们反对机械地、枯燥无味地对学生进行教学，主张教学要启发儿童的兴趣和学习的积极性”②，尤其“在教学方法方面，主张取消体罚，利用儿童的竞争心、荣誉感和兴趣来调动他们学习的积极性”③。皮亚杰（J. Piaget，1935）曾指出：“拉伯雷和蒙田反对16世纪的口头说教和非人道的纪律，达到了敏锐的心理学的直觉——兴趣的真实作用……这也是十分明显的。”④ 人文主义教育家零星片断的论述和做法既闪耀着智慧的光芒，又为近代兴趣教育思想的开花结果和兴趣学说的创立提供了新的火种。

（二）兴趣教育思想的初建

17、18世纪，欧洲率先进入近代社会，资本主义经济快速发展，自然科学取得巨大进步，思想启蒙运动风起云涌，各种哲学思想层出不穷，世俗教育也得到前所未有的发展。在这种背景下，不但独立形态的教育学得以创立，而且兴趣教学及相关的愉快教学、乐趣教学、直观教学、活动教学等学说也得以初建。尤其是当时流行的自然主义教育思潮起到了关键作用。这种教育哲学主张顺应儿童自然本性，按照其年龄、兴趣、需要、能力之特点，引导他们在实际活动中合乎自然地获得知识，自由自在地发展个性。因而许多教育家都把兴趣、快乐、求知欲、好奇心等视为儿童的自然本性加

---

① 华东师范大学教育系、浙江大学教育系选编：《西方古代教育论著选》，人民教育出版社2001年版，第138页。

② 单中惠主编：《西方教育问题史》，人民教育出版社2011年版，第447页。

③ 吴元训编：《中世纪教育文选》，人民教育出版社1989年版，“前言”。

④ ［瑞士］皮亚杰著，卢濬选译：《皮亚杰教育论著选》，人民教育出版社2015年版，第34页。

以强调，十分重视儿童投入学习活动的积极状态和动力活力。巧合的是，代表自然主义教育的三位最著名的教育家——夸美纽斯（J. A. Comenius）、洛克（J. Locke）和卢梭（J.-J. Rousseau），则分别是愉快教学、乐趣教学和兴趣教学思想的奠基者。

尤其是卢梭，作为彻底的自然主义教育者，是他真正把“自然适应性原则”从神学化推向人本化，从自然现象推进到适应人的身心发展特点，鲜明地提出了教育的“兴趣原则”——“培养他有爱好学问的兴趣，而且在这种兴趣充分增长起来的时候，教他以研究学问的方法。毫无疑问，这是所有一切良好的教育的一个基本原则”①，从而成为西方近代教育“兴趣说”初步建立的最重要的标志。帕克（F. W. Parker，1894）说过：“卢梭提倡研究儿童心理，要顾到学生的本能和能量，使学生学习有兴味、有效力，他主张利用学生本能的兴味，是引起注意顶有效、顶经济的方法。后来的教育家，大概从卢梭所说的兴味上发端，把他根据本能的教学理论，渐渐推行到实地教学上去。”② 皮亚杰（1935）指出：真正的兴趣和活动等概念已经存在于卢梭的著作之中了。③ 将卢梭定位为“兴趣教育”和“兴趣主义”的“首倡者”，这在20世纪30年代初我国教学法著作中已给予确认。④ 现在有专家认为，“卢梭的教学论不是知识本位的，而是兴趣、能力取向的”，“卢梭的全部教学论主

① [法] 卢梭著，李平沤译：《爱弥儿——论教育》上卷，人民教育出版社2001年版，第223页。

② [美] 帕克著，俞子夷译：《普通教学法》，商务印书馆1924年版，第55页。

③ [瑞士] 皮亚杰著，卢濬选译：《皮亚杰教育论著选》，人民教育出版社2015年版，第35页。

④ 谢恩皋编：《小学普通教学法》，中华书局1930年版，第23页。郭鸣鹤编：《现代教学法通论》，北平文化学社1931年版，第22页。

张无非是这个基本原则的具体化”。①甚至有人认为，“在卢梭以前的许多教育著作中，最有价值的东西，也仅是求知的兴趣”②。

三、教育兴趣学说的建立

19世纪是教育学真正创立的时期，也是教育“兴趣说”的形成时期。其标志是当时教育学、心理学先后从哲学中分化出来成为一门独立学科并得到快速发展，兴趣概念也牢固进入哲学、教育学和心理学著作中，并形成了系统的兴趣学说。就其理论基础和思想背景而言，除了继承和发展近代以来特别是卢梭的“兴趣原则”之外，还有三点值得注意：一是德国古典哲学特别是康德的认识兴趣论，为兴趣学说的形成奠定了重要的理论基础；二是幸福主义和功利主义快乐论，不仅为快乐教育理论的产生奠定了坚实的哲学基础，也为心理学和教育学的“兴趣说”的生成和发展提供了重要的理论依据；三是19世纪的“教育心理学化运动”使近代以来盛行的自然主义教育从“引证自然”的论证方式转向寻求心理学的支撑，直接为赫尔巴特（J. F. Herbart）的理论创造——把教育学建立在心理学的基础上——做了准备，既开拓了教育心理学这一新的学科领域，又催生了教育“兴趣说”的真正问世。

（一）赫尔巴特的多方面兴趣说

赫尔巴特创建“科学教育学”，在伦理学基础上提出了教育目的论，在心理学基础上形成了教育方法论，并从心理学、教育学视角全面而深入地探讨了兴趣的概念、类型、条件、意义及兴趣在教育教学中的重要作用，把“多方面兴趣”的学说作为教育理论特别是课程教学论的基石，既表明教育学作为独立学科的正式形成，也标示西方教育“兴趣说”的真正创立。具体来说，赫尔巴特最早探

① 张华著：《课程与教学论》，上海教育出版社2000年版，第38页。

② 张法琨：《神学化·人本学化·心理学化——宏观西方教育思想发展的进程》，《华东师范大学学报（教育科学版）》1984年第2期。

讨兴趣的概念，划分兴趣的种类，提出“多方面兴趣”并把它作为教育教学的直接目的或较近目的（最高目的为德行），用兴趣状态下的专心和审思活动的交替运动所引起的四种连续心理活动——注意、期待、探求和行动作为说明“教学形式阶段论”的心理依据，还以兴趣类型为基础全面论述了普通学校的课程设置问题。这样一来，赫尔巴特就将其教育理论特别是课程教学论完全建立在“兴趣说”的心理学分析的基础上。

赫尔巴特的“多方面兴趣”理论得到了学界的特别关注和高度评价。美国的尤福（C. Ufer，1894）说：“兴趣说是赫尔巴特的一盏明灯，为处在黑暗和迷津般教学阶段里的教师带来了光明。”英国的海华德（F. H. Hayward，1903）指出，“赫尔巴特的要旨是兴趣”，“兴趣是赫尔巴特的中心思想”，是“教育性教学的基本概念”。他还在《对赫尔巴特学说的评论》（1903）一书的扉页上以大写字母赫然印着：“兴趣是教育中最伟大的词。”① 康内尔（1980）评价说：“由于赫尔巴特将对形而上学、伦理学的兴趣与对心理学、哲学的兴趣结合为一体，成为名留后世的德国哲学家。”② 罗廷光（即罗炳之，1932）认为，“自赫尔巴特等人提倡兴趣主义以后，教学上如何设法引起儿童注意与兴趣，成了中心的研究问题”③。我们认为，赫尔巴特这一前所未有、独具一格的兴趣学说，是其将教育学建立在心理学基础之上的典型代表和课程教学心理学化探索的集中体现，把西方近代教育的“兴趣说”提到一个崭新的高度，从而给“教育心理学化运动”以强力的支持和推进。从赫尔巴特开

① ［澳］康内尔著，孟湘砥等译：《二十世纪世界教育史》，湖南教育出版社1991年版，第110、114页。另见蒋晓：《赫尔巴特学派教学理论评述》，《华东师范大学学报（教育科学版）》1984年第1期。

② ［澳］康内尔著，孟湘砥等译：《二十世纪世界教育史》，湖南教育出版社1991年版，第94页。

③ 罗廷光编著：《普通教学法》，商务印书馆1932年版，第72页。

始，教育学与心理学相互融合为一个不可分割的统一体，同时兴趣问题又成为教育心理学化尤其是教学心理学化的一个主要联结点，为后来新教育、进步教育提倡和研究儿童兴趣和教育问题提供了重要依据，并使所谓“传统教育”和“现代教育”有了一个难得的共通点。①

（二）赫尔巴特学派的兴趣说

赫尔巴特的兴趣学说连同他的教育学，得到了他的继承者——赫尔巴特学派的进一步演绎和极力推广，在19世纪60年代以后被学界广泛流传。对此，康内尔（1980）有个总括性评价：“赫尔巴特学派（Herbartian）运动统治了本世纪转折时期”，“进步主义和保守主义者都在赫尔巴特学说的某些方面得到了满足”，并且“兴趣曾被赫尔巴特学派当作教育中的重要问题加以介绍”，“这是教育家们对20世纪教育进程有着极其重要影响的方面。从此开始，兴趣问题就为人们所感兴趣了”。②

——在德国，“对于赫尔巴特的兴趣原理，齐勒尔（T. Ziller）是满怀热情地接受的。他撰写了大量有关兴趣的著作，并使它成为他的理论中的一个主要概念”。莱因（W. Rein）则认为，统觉、相关集中和兴趣是赫尔巴特最重要的三个概念，“教学的目的可以由此明确规定为：通过兴趣，培养思想之环，以便有可能使它变成意志力”。③ 特别值得一提的是奥斯特曼（W. Ostermann），他不仅为莱因的著作撰写了关于兴趣问题的长篇论文，而且撰写了《兴趣及其与教育学的关系》（1895，1899年英文版）这一具有开创性的

---

① 郭戈：《兴趣教育思想发展的“三部曲”——卢梭、赫尔巴特和杜威的兴趣说》，《当代教育与文化》2011年第4期。

② ［澳］康内尔著，张法琨等译：《二十世纪世界教育史》，人民教育出版社1990年版，第23、141、25、130页。

③ ［澳］康内尔著，张法琨等译：《二十世纪世界教育史》，人民教育出版社1990年版，第104、109、113页。

兴趣专著。在书中他探讨了四个问题：兴趣的起因、本质和种类；兴趣在观念和推理活动中的重要性；在欲望和意志活动中的兴趣；兴趣在教育学中的推论和应用。该书的出版，旨在“使兴趣说摆脱众说纷纭、意见不一的混乱状态，而使其清晰明了并具有一致性”①。此外，魏斯曼（Walsmann）的《兴趣》、格罗斯勒（Grossler）的《多方面兴趣》、维尔特（Viedt）的《多方面的兴趣》和科恩（Kern）的《教育学概要》等，都对赫尔巴特兴趣说做了精彩的评论。②

赫尔巴特教育学及兴趣学说在国外输出较早、影响最大的国家是美国。正如纽约大学教育学院院长爱德华·肖（E. R. Shaw，1899）所说：“赫尔巴特思想的引进是对美国教育学的巨大激励。其中一个最卓越的思想……就是在全部教授或教学中都要接受兴趣。这个思想是通过教育界集会上的演说和讨论，以及教育报刊发表的文章而广为传播的。”③同时，赫尔巴特兴趣教育理论也得到其追随者的进一步研究和发展。麦克默里在其畅销的《建立在赫尔巴特理论基础上的普通方法纲要》（1893）一书中，用很长一章论述了兴趣的本质（nature of interest）。他认为：“兴趣学说是教育学史中最引人注目的情感理论，它给学校教育提供了一种新的判断标准，也开拓了一个新天地。”④ 他的兄弟麦克默里（F. M. McMurry）在论文《兴趣：对它的某些异议》（1896）中强调：“兴趣是目的，知识是手段。对教育进程做出鉴定的不是获得知识的数量，而是具

①③ W. Ostermann. *Interest, in Its Relation to Pedagogy*. New York: Barnes, 1899 (possible copyright status). 见该书爱德华·肖的序。

② ［美］杜威著，杨小微、罗德红等译：《杜威全集·早期著作》第5卷，华东师范大学出版社2010年版，第113页。

④ C. A. McMurry. *The Elements of General Method Based on the Principles of Herbart*. Bloomington, IL: Public School Publishing Company, 1893, p. 35.

有多方面的兴趣。培养多方面兴趣的人是赫尔巴特学派的理想。"① 作为全美赫尔巴特协会理事的杜威（J. Dewey），在该协会第一期会刊上发表了著名论文《兴趣和意志训练的关系》（1895），它是在德加莫（C. De Garmo）与哈里斯（W. T. Harris）、莫里斯（G. S. Morris）就"兴趣主义"和"努力主义"（"训练主义"）进行论战的背景下产生的。杜威在文中对双方的观点做了批评，并阐述了自己关于"兴趣"与"努力"（"训练"）相互关联的一元论立场，从而使讨论的局面大为改观。② 此外，哈里斯的《赫尔巴特的兴趣学说》、威尔逊（Wilson）的《兴趣的学说》、德加莫的《赫尔巴特的兴趣理论危险吗?》等，也是这一时期的重要论文。③

——在英国，心理学家斯托特（G. F. Stout，1888）对赫尔巴特的心理学以及兴趣理论做了广泛评述。亚当斯（J. Adams）的《赫尔巴特学派的心理学在教育上的应用》（1891）一书的最后一章是"兴趣论"。他认为，兴趣理论并不排斥意志努力，而是使枯燥乏味的工作变得能够忍受。海华德在20世纪初发表数篇有关赫尔巴特学说的论著，其中他在《赫尔巴特的奥秘》（1904）中指出："赫尔巴特的要旨是兴趣，赫尔巴特的奥秘是统觉。对几乎每件事物——对自然、对艺术、对政治都有兴趣，是件好事，而多方面的兴趣就是统觉的兴趣，取决于已有的知识。但是，有一种比其他兴趣更重要、更加依赖统觉的兴趣，那就是对优良品德的兴趣。"④

① ［澳］康内尔著，张法琨等译：《二十世纪世界教育史》，人民教育出版社1990年版，第132页。

② 松岡侑介：『デューイ興味論における「興味」と「努力」の関連構造に関する一考察』，『教育学雑誌』2007年第42号。

③ ［美］杜威著，杨小微、罗德红等译：《杜威全集·早期著作》第5卷，华东师范大学出版社2010年版，第267页。

④ ［澳］康内尔著，张法琨等译：《二十世纪世界教育史》，人民教育出版社1990年版，第122、125、135页。

芬德雷（J. J. Findlay）在《课堂教学原理》（1902）一书中将“兴趣的重要性”作为重要一章，并对“兴趣法则”（the law of interest）有专门的研究，他认为赫尔巴特的兴趣法则不是满足于治标——刺激和愉悦，而是着重于“治本”和“真正的兴趣”。[①] 此外，汉特（V. Hunt）还出版了《人的兴趣——一个不兼容的问题研究》（1899）一书。

四、兴趣教育思想理论的兴盛

20世纪上半期，是兴趣学说的兴盛时期——兴趣概念成了当时教育界流行的一个话语，兴趣原理被广泛运用于教育教学实践，许多教育家和心理学家都积极提倡兴趣教学并投身有关的科学研究，一批专门研究兴趣心理及教育的论著得以涌现。这主要得益于不少著名教育家、主流教育思潮和正统教育理论，都不约而同地看中了兴趣的重要作用和教育价值。一是由于赫尔巴特学派的鼓吹和推动，赫尔巴特兴趣学说得到了进一步发展，并伴随着其教育理论在19世纪末和20世纪初盛行于欧美乃至东方。二是此时在欧美兴起的现代教育思潮和教育革新运动，虽然严厉批评以赫尔巴特为代表的传统教育理论，但是继承和发展了他的兴趣学说，尤其是杜威的重视、研究和推动，从而促使教育的“兴趣说”进入了一个新境界和黄金期。三是教育科学化运动、儿童研究运动和学校调查运动，使研究教育教学的方法特别是教育心理测评和实验得到了新的开拓，并推动了儿童兴趣的科学研究，从而也为兴趣学说的传播和应用提供了有力支持。如美国教育心理学家桑代克（E. L. Thorndike）关于兴趣测量和“兴趣标准”的研究、霍尔（G. S. Hall）关于儿童好奇心和兴趣发展的问卷调查，法国心理学家比奈（A. Binet）关于儿童兴趣和驱力的调查测验，德国“实验教育学”倡导者拉伊

① J. J. Findlay. *Principles of Class Teaching*. New York: Macmillan and Co., Limited, 1902, p. 36.

（W. A. Lay）关于儿童兴趣和注意发展阶段的结论等。还有一些研究者编制了许多关于儿童青少年的兴趣量表，力图把它们分类并建立一个发展常模，对希望自己的教学序列符合学生兴趣的那些教师有重要的参考价值。① 这一时期先后出版的有关兴趣的著作主要有：美国德加莫的《兴趣与教育——兴趣学说及其具体运用》（1902）②、阿诺德（F. Arnold）的《注意和兴趣——一个关于心理学和教育的研究》（1910）、杜威的《教育中的兴趣与努力》（1913），乌克兰安南宁（С. Л. Ананьин）的《现代心理学和教育学学说中的兴趣》（基辅，1915），美国弗里尔（D. H. Freyer）的《兴趣的测量》（纽约，亨利·霍尔特出版社，1931）、斯特朗的《随年龄变化的兴趣》（斯坦福大学出版社，1931）和桑代克的《需要、兴趣和态度的心理学》（1935）③，以及法国彪勒（C. Bühler）的《儿童兴趣的发展》（1938）等。

（一）进步教育者的兴趣说

杜威是20世纪影响最大的教育家，进步教育思潮的“兴趣说”也是由他引领的。受其影响，许多过去赫尔巴特学派的支持者开始倒向了新的教育流派，如德加莫在《兴趣与教育——兴趣学说及其具体运用》（1902）一书中写道“谨以此书献给约翰·杜威博士”。对兴趣的研究是杜威的一个兴趣所在，其教育著作大都有关于兴趣的精彩论述。并且，杜威还发表有专门探讨兴趣问题的论著：一篇论文，是他1895年撰写、发表在全美赫尔巴特协会会刊《赫尔巴

---

① ［澳］康内尔著，孟湘砥等译：《二十世纪世界教育史》，湖南教育出版社1991年版，第161—162页。

② C. De Garmo. *Interest and Education*: *The Doctrine of Interest and Its Concrete Application*. New York: The Macmillan Company, 1902. 该书部分章节曾被翻译成中文，发表于清末民初罗振玉主编的《教育世界》杂志。

③ E. L. Thorndike. *The Psychology of Wants, Interests and Attitudes*. New York: Appleton-Century, 1935.

特年鉴》创刊号（主编德加莫）上的《兴趣和意志训练的关系》(Interest in Relation to Training of the Will)，先后论述了“兴趣对努力——一场教育诉讼”“兴趣心理学”“康德和赫尔巴特关于欲望和意志的理论”“与教师和儿童有关的兴趣”四个方面的问题；一部专著，是1913年出版的《教育中的兴趣与努力》(*Interest and Effort in Education*)，探讨了“统一的活动和分裂的活动”“直接兴趣和间接兴趣”“努力、思维与动机”“教育性兴趣的类型”“兴趣在教育理论中的地位”五个问题。该书是其《兴趣和意志训练的关系》的改写和扩展，为杜威有关主张的集中体现，也标志着进步教育“兴趣说”的最高水平。康内尔（1980）认为，“《教育中的兴趣与努力》揭示了占统治地位的赫尔巴特主义的一个中心概念”，“赫尔巴特的有意义的贡献之一就是把兴趣看作教育中的一个重要概念，杜威的著作则更加强化了兴趣的地位”。①“照克伯屈的话说，杜威这部著作是‘划时代’的，是杜威对教育理论的特殊贡献。”② 松岡侑介（2007）认为，杜威的“兴味论”有其相应的时代背景和理论基础，它是杜威整个教育哲学思想中的一个重要问题，也是他一生感兴趣的一个热点问题。③ 但是，也带来了一些争议，如奈勒（G. F. Knellor，1963）说：“杜威的一些追随者抓住他的‘兴趣学说’，并将它施行到杜威本人没有想到的那种程度，其结果是产生了20世纪30年代和40年代盛极一时并大遭诽谤的

---

① ［澳］康内尔著，孟湘砥等译：《二十世纪世界教育史》，湖南教育出版社1991年版，第134、139—140页。

② 吕达、刘立德、邹海燕主编：《杜威教育文集》第1卷，人民教育出版社2008年版，“本卷前言”第14—15页。

③ 松岡侑介：『デューイ興味論における「興味」と「努力」の関連構造に関する一考察』，『教育学雑誌』2007年第42号。

儿童活动运动。”①

将杜威教育哲学发扬光大、由理论而见之于具体的方法与实际的首推克伯屈（W. H. Kilpatrick）。克伯屈早年曾认真研读杜威的著作，尤其是《教育中的兴趣与努力》为他开辟了一个全新世界，影响之大无其他书籍能与之相比。② 克伯屈在《教育方法原理》（1925）中主张调和的兴趣理论，即与努力相容的兴趣、促进学生有效成长的兴趣、符合社会要求和正确引导的健康的兴趣，反对一味取悦儿童的极端兴趣主义。为构建有生命力的兴趣学说并消除人们的误解，克伯屈在进行兴趣教学研究创新和在课程教学中使之可操作化、具体化的过程中，试图重点调和教学中兴趣与自我、努力、意志、成功、成长的关系，并深入研究了良好兴趣品质、幅度、范围及形成的条件、程序、方法等。“所有这些放在一起，可以说就构成了我们的兴趣学说。”“通过将兴趣的学说及学习的心理学与自我及意志的概念更紧密地结合起来，我们似乎在将心理学与教育及伦理学的结合方面取得了进展。”③

被誉为“现代教育评价和课程理论之父”的泰勒（R. W. Tyler），经历了进步教育运动由鼎盛走向衰落的全过程，其理论仍较多地“受杜威与怀特海（A. N. Whitehead）关于教育目的的理论以及各种教与学理论指导”，充满着对学习者特别是儿童兴趣的关注。泰勒断言：“在教育上，兴趣既与目的有关，又与手段有关；也就是说，兴趣既是目标，又是与旨在达到目标的经验相关的动机力量。然而，在这里，我们把兴趣看作一类目标。人们之所以常常强调兴

① 陈友松主编：《当代西方教育哲学》，教育科学出版社 1982 年版，第 74 页。

② 黄昆辉：《克伯屈教育思想之研究》，台湾师大教育研究所集刊第十辑，1968 年，第 177 页。

③［美］克伯屈著，王建新译：《教育方法原理》，人民教育出版社 1991 年版，第 136、155 页。

趣是重要的教育目标，是因为一个人对什么感兴趣，在很大程度上决定了他会去注意些什么，而且还常常决定了他会去做些什么。因此，兴趣往往使行为集中在一些特定方向上而不是其他方向上，这种兴趣确实是使一个人成为哪一种人的强有力的决定因素。”① 在确定教育目标、提供课程内容、组织学习经验和评价将来结果等环节上，泰勒对学习者的兴趣和需要给予了较多的关注。

（二）新教育者的兴趣说

欧洲新教育与美国进步教育遥相呼应，共同引领现代教育思潮和革新运动。但由于产生于不同地域，其发生背景及发展过程存在一定差异，其“兴趣说”也各具特色。德可乐利（O. Decroly）教育法的“兴趣中心”、克拉帕瑞德（E. Claparede）的兴趣发展阶段论、皮亚杰的智力发展“兴趣律”、沙茨基（С. Т. Шацкий）以兴趣为中心设置的“单元教学一体化课程”是其中突出的代表。

德可乐利是比利时著名教育家，“从生活而学习，由兴趣而学习”一语概括了其教育法的要旨。他与杜威等“一致赞成学校与生活接近，要使儿童活动来教他们活动”，“但是要使儿童活动，必须给他一些活动的欲望”，所以他“想教育绝应适合儿童的兴趣”。②德可乐利对当时学校教育脱离儿童生活、活动、能力极度不满，试图建立以儿童心理为依据、以儿童兴趣需要为基础的教学体系。他把儿童兴趣需要分为进食、不受自然伤害、防御敌人、活动娱乐和自我发展四种。他经过十多年实验创立的“德可乐利法”的基础就是“兴趣中心”，即以兴趣为中心组织一切课程教材和教学，从而使其成为欧洲新教育代表人物倡导兴趣教育的最著名者。康内尔

---

① ［美］泰勒著，施良方译：《课程与教学的基本原理》，人民教育出版社 1994 年版，第 164、62 页。

② ［比］汉玛宜著，崔载阳译：《比利时德可乐利的新教育法》，中华书局 1932 年版，“原序”。

(1980) 评价说:“德可乐利通过发展一种建立在兴趣中心的基础上的课程,引起了第一次世界大战前夕和第一次世界大战以后欧洲一代人的极大注意”,“德可乐利在比利时的成果,是把儿童的需要和兴趣用作课程编排与教学方法的基础这一运动的先驱”。①

克拉帕瑞德是瑞士心理学家和新教育运动的先锋,他在《机能教育》(1931) 一书中试图为教育原理找到心理学依据,提出了功能自主的规律。他认为:“强迫的工作是一种违反心理学的反常活动,而一切有成果的活动都以一种兴趣作为先决条件。”作为需要结果的兴趣“是把反应变成真正动作的因素”,是“整个体系随之运转的唯一轴心”。② 克拉帕瑞德还在《实验教育学和儿童心理学》(1910) 一书中从儿童在各个时期所表现出来的兴趣出发,将儿童心智发展历程划分为三个阶段六个时期,这是对兴趣分类理论的一个深化和发展,也为深入认识儿童、细化教育工作较早地提供了一个心理依据。③

瑞士著名心理学家皮亚杰早期也是“新教育”的追随者和鼓吹者,他强调,“新学校是以个人的需要与兴趣为基础的真正的活动和自发的工作”,兴趣是儿童需要的结果,是同化作用的动力,代表着儿童本身的自主机能和反映能量,制约和支配着儿童的行为活动和智力发展,因此它是“现在的方法的决定因素”,是“真正的活动和自发的工作”。④ 而且,兴趣还是缩短“主观时间或心理时

① [澳] 康内尔著,张法琨等译:《二十世纪世界教育史》,人民教育出版社 1990 年版,第 26、319 页。

② 转引自 [瑞士] 皮亚杰著,卢濬选译:《皮亚杰教育论著选》,人民教育出版社 2015 年版,第 44 页。

③ [澳] 康内尔著,孟湘砥等译:《二十世纪世界教育史》,湖南教育出版社 1991 年版,第 166 页。

④ [瑞士] 皮亚杰著,卢濬选译:《皮亚杰教育论著选》,人民教育出版社 2015 年版,第 43、38 页。

间”、“加快工作速度”的主要机理。① 皮亚杰在克拉帕瑞德关于“功能自主律”的基础上，又提出了智力发展的“兴趣律”：“儿童和成人一样，他是一个能动的动物，他的动作是受兴趣和需要的规律所支配的，如果不依靠这种活动的自动的动力，这种行动就不能充分发挥它的作用。”皮亚杰说：“所有智力都是一种适应……所有智力的工作都建立在一种兴趣之上。……所以，支配着成人智力作用的兴趣规律，对儿童则更不必说了。”② 归纳起来，皮亚杰对兴趣与教育问题的研究主要有三个特点：一是把兴趣作为儿童期及其活动的象征，以此为基础揭示教育原理的心理学依据；二是把建立在以儿童兴趣与需要为基础的教学，作为与传统教育对立的新教育、新学校特别是新教育方法的一个中心问题来看待；三是重视前人经验，其新探索基于对以往教育“兴趣说”的历史总结，可以说在主张“兴趣说”的教育家和心理学家中，皮亚杰称得上是较多了解它的过去的。

沙茨基深受杜威的影响，把教育看成社会，视学校为生活，把生产劳动当作教育的基础，以儿童兴趣与需要为中心组织课程教学，努力使儿童充分而自由地生活、快乐而有效地发展。其实验学校与社区农场和生产劳动相结合，学校工作就是因儿童对周围的农业环境的兴趣而展开的。沙茨基提出的“单元教学一体化课程”或“单元教学法”注重各学科教材之间的联络，实施一种使社会和自然科学在一体化课程中相互联系的组织形式，自然、工作和社会是组织学习所围绕的三个主要概念和学科划分。这种课程逐年扩大，从乡土地理和家庭，到乡村、城镇、大行政区、苏联乃至世界。在

① ［瑞士］皮亚杰著，傅统先译：《发生认识论》，《教育研究》1980 年第 1 期。

② ［瑞士］皮亚杰著，卢濬选译：《皮亚杰教育论著选》，人民教育出版社 2015 年版，第 49—50 页。

每一学习段里，自然、工作和社会相互联系，而诸如历史、地理、算术和语文等传统学科，都是在“单元”学习中需要它们时才进行教学的。有学者认为，“德可乐利法”和“单元教学法”是“新教育家们以兴趣为中心设置综合性课程”最为典型的两个代表。①

五、兴趣教育思想理论的衰落和复兴

二战之后，国际形势发生变化，国家竞争日趋激烈，各国都在进行教育改革和调整，强调教育民主化、科学化和现代化，比较注重义务教育的普及、各级教育数量的增长和教育结构的多样化。特别是发达国家关注的重心逐步由初等教育向中等教育以至高等教育转移，由教育内部问题向教育外部问题转移，由个体成长向群体受教育水平转移，由个性发展向学业成绩和智能发展转移。在这种形势下，新传统教育思想占了上风，新教育、进步教育思潮走向衰落。与此同时，教育的“兴趣说”也受到了很大影响，遭到要素主义、永恒主义、新托马斯主义等教育流派的围攻和批判，自此走向低谷。正如康内尔（1980）说的，“‘兴趣’是过去流行的词”，“‘改革’成了教育上的一个重要词”。② 于是，作为一种专门理论的兴趣学说在较长一个时期便处于教育研究和改革的边缘化状态。这种情况在教育心理学以至心理科学中也有明显的表现：有关兴趣的学术研究明显降温，“兴趣心理学”学科停滞不前，兴趣问题的地位和分量每况愈下——由一级标题变成二级或三级标题，以致被动机、情感、态度或心理倾向等问题所替代，即使有为数不多的兴趣研究成果，也多是针对细枝末节的问题。有学者认为：“从行为主义兴起到认知心理学的革命以后，兴趣研究一直没有大的进展，

① 吴明海著：《欧洲新教育运动的历史研究》，教育科学出版社 2008 年版，第 313 页。

② ［澳］康内尔著，孟湘砥等译：《二十世纪世界教育史》，湖南教育出版社 1991 年版，第 663、646 页。

兴趣在教育心理学理论体系中缺乏应有的地位。"① 但是，即便是在教育"兴趣说"发展的衰落时期，依然有一些教育学和心理学家在继续观照兴趣问题，只是不像以前那样把它看作教育教学的主要目标、课程教材的主要基础和引发儿童学习的唯一依据，并用内在动机、情感、态度或心理倾向替代兴趣需要罢了。

（一）美国的研究

美国著名教育心理学家布鲁纳（J. S. Bruner）在其影响巨大的《教育过程》（1960）一书中"集中于四个题目"，"即结构、准备、直觉和兴趣这四个题目"。② 其学科结构课程论的一个最大特点，就是体现了基本原理的设计和教学与儿童兴趣、能力的统一。有专家（张渭城，1989）认为："布鲁纳与杜威在教学的认识论观点上有些相同之处，例如，他们都重视儿童的兴趣与爱好，在解释'学习的动机原则'时都强调要引发其对学习内容的好奇心和诱惑力，使之产生学习活动的心理倾向、学习的兴趣等。不过他反对杜威等人把这些看作引发儿童学习的唯一依据，而是认为兴趣与爱好等也是可以培养的，不是自发的。"③美国哥伦比亚大学教授唐纳德·休珀在1961年巴黎出版的著作《兴趣心理学》一书中，非常缜密地揭示了"兴趣"现象的这种不够明晰性、"不可捉摸性"，在现代词典和研究中表现为自相矛盾的定义。1962年，彪勒在她的一部重要著作中继续把兴趣称为一种因素，这种因素在活动中具有巨大力量，但远未被清楚揭示。④ 此外，伯莱因（D. E. Berlyne）、坎贝尔（D. P. Campbell）、霍兰德等人关于兴趣心理和职业兴趣的研究，也取得了重要进展。

---

① 章凯：《兴趣与学习：一个正在复兴的研究领域》，《宁波大学学报（教育科学版）》2000年第1期。

②③［美］布鲁纳著，邵瑞珍、张渭城等译：《布鲁纳教育论著选》，人民教育出版社1989年版，第30页，"前言"第12页。

④ 彪勒：*Psychologie im Leben unserer Zeit*. 慕尼黑，1962年。

近几十年的研究成果则主要集中在美国心理学者伦宁格、希迪和克拉普（K. A. Renninger，S. Hidi，& A. Krapp）主编的《兴趣在学习和发展中的作用》(1992，论文集)①，以及西尔维亚（P. J. Silvia）编著的《兴趣心理学探索》（2006）中。尤其是后者对二战以来西方心理学界关于兴趣及其在各领域中的运用等问题的研究进行了较为全面的总结，并深入探究了兴趣与动机、兴趣与情感、兴趣与个性的关系，以试图“提出兴趣是如何在心理学的广泛领域被研究的一个完整情景”②。

（二）苏联的研究

俄罗斯教育家、心理学家的兴趣说与其教育学、心理学理论一样，既与欧洲大陆和教育传统相连，又具有本民族的特色；不仅在十月革命之前有着丰富的思想观点，而且在苏联时期也形成了独到的理论体系。其演进过程可分为三个阶段。一是沙俄时期，止于十月革命，特征是在批判继承近代兴趣学说的基础上，强调兴趣与责任的统一，代表人物有乌申斯基（К. Д. Ушинский）、托尔斯泰（Л. Н. Толстой）等。二是苏联前期，至二战前，受欧美新教育、进步教育特别是杜威兴趣说的影响较大，代表人物有克鲁普斯卡雅（Н. К. Крупская）、沙茨基等。三是苏联中后期，试图以马克思主义为指导构建自己的教育兴趣说。这一时期的成就引领着社会主义国家，也明显高于西方其他发达地区，如高尔顿的《兴趣心理学和教育学》(基辅，1940)、别里亚耶夫的《兴趣心理学》（伊尔库茨克，1944)、莫罗佐夫的《学习兴趣研究》（莫斯科，1951)、苏霍姆林斯基（В. А. Сухомлинский）的《学习兴趣是学生学习活动的

① K. A. Renninger，S. Hidi，& A. Krapp. *The Role of Interest in Learning and Development*. Hillsdale，NJ：Lawrence Erlbaum，1992.

② P. J. Silvia. *Exploring the Psychology of Interest*. New York：Oxford University Press，2006，Preface and Acknowledgments.

重要动力》(1952)、达尼洛夫的《鼓励学生学习》(1954)、休金娜(Г. И. Щукина)的《发展学生认识兴趣的途径和方法》(1955)和《教育学中的认识兴趣问题》(1971)、包若维奇的《认识兴趣及其研究途径》(1955)等。此外,巴班斯基(Ю.К. Вабанский)的"教学过程最优化理论"和斯卡特金(М. Н. Скаткин)的教学论对兴趣法则也给予了较高的关注。

教育实践家和理论家苏霍姆林斯基在兴趣与教育的理论和实际问题上有着全面而深入的探索。他早年的《学习兴趣是学生学习活动的重要动力》(1952)一文,被认为是苏联多年来仅有的关于培养学生兴趣、激发学习愿望的专门研究。① 在他看来,"如果一个学生没有爱上一门具体的学科、一个具体的科学知识的领域,那就没有个性的智力充满性和精神生活的丰富性"。所以,"教师的任务就是要不断地发展儿童从学习中得到满足的良好情感,以便从这种情感中产生和形成一种情绪状态,即强烈的学习愿望(即学习兴趣)"②。苏霍姆林斯基兴趣教育思想主要有如下三个特点。一是实践性和创新性。一方面基于他丰富的实践经验,充满着生动的事例和形象的表述,为兴趣学说提供了重要的实践价值依据;另一方面在有关兴趣的许多问题上,如兴趣的价值和源泉、培养学生兴趣的途径和方法、教师兴趣及其与学生兴趣的关系等,都有着创造性的贡献。二是丰富性和全面性。在其论著特别是给教师的建议中,到处可见"兴趣"或"智力兴趣"的字样,他还发表了一系列有关著述,如《兴趣的秘密何在》《争取学生热爱你的学科》《怎样才能使儿童愿意好好学习》《怎样使小学生愿意学习》《怎样教育学生热

① [苏] 达尼洛夫著,雷鸣蛰等译:《鼓励学生学习》,见《怎样提高学生学习的兴趣》,正风出版社 1955 年版。

② [苏] 苏霍姆林斯基著,杜殿坤编译:《给教师的建议》,教育科学出版社 1984 年版,第 60、153 页。

爱劳动》等等，对兴趣教育问题有较为全面的论述。他注重从学生个性全面发展或全部精神生活的角度来考察兴趣问题，强调教师兴趣与学生兴趣的统一、课内兴趣与课外兴趣的结合，既有一般的学习兴趣与特殊的课的兴趣、劳动兴趣、智力兴趣、读书或阅读兴趣的结合，也有兴趣与愿望、情感、爱好、快乐的联系。他还探讨了儿童青少年各年龄段的兴趣特点和规律。可以说，几乎涉及兴趣教育问题的所有问题或答案。三是政治性和思想性，注重运用马克思主义观点，联系学校思想政治工作来分析兴趣教育问题。他明确指出："马克思、恩格斯、列宁的著作帮助我分辨清楚，培养人的爱好和志趣所要依赖的那些复杂交错的条件。""热烈的学习愿望是一种道德的和政治的情感，培养这种情感首先是我们教师的职责。"①

休金娜是苏联一位对兴趣教育理论有着突出贡献的教育学家。她在20世纪50年代初期就选择"认识兴趣"作为自己的重点课题，她说："在多种多样的鼓励学生热情地学习和自觉地对待学习劳动的方法中，发展学生的认识兴趣是起着很大作用的。学生的认识兴趣可以说明学生对待科学和掌握知识过程的态度，这种兴趣首先是学生在课堂上的活动中表现出来、发展起来的。"② 自1965年以来，休金娜一直领导着"关于学生认识兴趣问题的实验室"，并撰写了《教育学中的认识兴趣问题》(1971)。该书曾荣获"乌申斯基奖"，可谓20世纪后期关于教育"兴趣说"的一部经典著作。之后，她又陆续撰写了《教学过程中学生认识活动的积极化》(1979)、《教学中兴趣形成的若干迫切问题》(1984) 等著作③，并发表了

① [苏] 苏霍姆林斯基著，杜殿坤编译：《给教师的建议》，教育科学出版社1984年版，第95、156页。

② [苏] 休金娜著，徐竹生译：《发展学生认识兴趣的途径和方法》，见《怎样提高学生学习的兴趣》，正风出版社1955年版。

③ 高文：《苏联教学论中关于认识兴趣问题的研究》，见杜殿坤主编《原苏联教学论流派研究》，陕西人民教育出版社1993年版，第312—313页。

《认识兴趣是现代教学理论的重要问题》《教学过程中的主体与客体的辩证关系与学习兴趣》《认识兴趣和形成世界观及进行德育的关系》《差生的认识兴趣的培养》《培养差生认识兴趣的途径》《培养学生的学习兴趣》《培养学生的学习兴趣是完善现代教学的重要因素》等论文，从而形成了较有影响的、系统的兴趣学说。

西·索洛维契克是"满怀兴趣地学习"的实验者和创立者，其"基本目的以及提出的主要假说，可以归结为一句话，即：人自己完全可以学会满怀兴趣地工作"①。20 世纪 70 年代，他在深入调查、实验和研究的基础上，全面论述了该实验的时代意义、正确认识及方法途径等一系列问题。他认为在新时代"光是学习还不够，还必须使所有的人带着兴趣去学习"，因为"谁怀着一种厌恶的心情去学习，即使他在学校毕业时获得优异成绩，那他将来也是碌碌无为。谁带着一种学习的愿望从学校里毕业，尽管他的学习成绩并不十分令人满意，他将来也会有成就的。在毕业证书上是不给兴趣评分的，但是，生活给我们每个人的兴趣评分"。② 他还说："义务和兴趣像两台牵引着重载列车的连接在一起的内燃机车。那些怀着厌恶心情尽职守责的人，那些只凭兴趣却又玩忽职守的人，他们的生活都是不充实的、无价值的、痛苦的。只有愉快地履行自己义务的人，才能得到愉快。"所以，学校不能只选择有趣的东西，而应该传授系统的知识；学生要学比较容易和有趣的课程，也要学好比较枯燥和比较难的章节。他归结为一句话："不要只做有兴趣的事情，而要有兴趣地去做一切必须做的事情。"③

① ［苏］索洛维契克著，袁长在、甘雨泽译：《学习与兴趣》，黑龙江人民出版社 1983 年版，第 9 页。

② ［苏］索洛维契克著，袁长在、甘雨泽译：《学习与兴趣》，黑龙江人民出版社 1983 年版，第 6、7 页。

③ ［苏］索洛维契克著，袁长在、甘雨泽译：《学习与兴趣》，黑龙江人民出版社 1983 年版，第 8、12 页。

六、结束语

常言道：历史是一面镜子。回顾历史，可以映照现实中的许多问题，了解它能使我们更加周全和成熟。在教育史长河中，兴趣是一个古老的话题，也是一个持续不断的话题，在一定时期还是一个热门话题。无论在西方还是在中国，都长期存在着对兴趣与教育特别是兴趣与教学之间内在联系的普遍认同，这种思想在各自时空中从小到大、由弱至强，并在各自的近现代之交，形成一种与主流教育思想密切相连、对教育理论和实践都有较大影响的思想理论体系。在西方，兴趣教育作为一种思想观点，有着漫长的发展历程。而作为研究兴趣教育的一种理论形态的兴趣学说，它是西方近现代教育和心理学科发展的产物。这种学说，无论从赫尔巴特教育学的“多方面兴趣”理论，还是从卢梭教育的“兴趣原则”算起，都已有 200 多年的历史。如果作为一种思想观点来考察的话，它的历史不仅久远得多，而且在此方面有所贡献的教育家也多得多。

西方教育的兴趣说有一个逐步发展、不断深化和扩展的历史过程，在不同时期反映出不同的思想观点和发展水平。概括起来讲，它萌芽于文艺复兴时期一批人文主义教育家以及更为古老的古希腊、古罗马时期的思想家，初建于 17、18 世纪的夸美纽斯、洛克特别是卢梭，形成并发展于 19 世纪的赫尔巴特及其学派，兴盛于 20 世纪上半期的新教育和进步教育者特别是杜威及其学派。其相应的教育思想或教育哲学背景分别为人文主义教育、自然主义教育、教育心理学化运动和现代教育思潮。作为一种以心理为取向的教育理论或教学思潮，兴趣教育理论或兴趣学说虽然在 20 世纪中期开始走向衰落，但并未销声匿迹，在 20 世纪后期正以新的面貌得以复苏。并且，兴趣说始终是这些教育革新家和改革派与传统和现实的旧教育观念和方法进行斗争而高举的一面鲜明旗帜。

兴趣学说和兴趣教育思想的发展，记录了主流教育思想和教育学学科发展的主要进程，它不是属于支流末梢的教育教学思想理论，而是归于主流正统的教育教学思想理论；它也不是某一时间某一个或几个教育研究者或教育家的个别的、普通的观点主张，而是许多著名教育家在不同历史时期关于兴趣与教育教学的一贯主张的发展结晶和集体智慧的硕果。它所反映的“两种对立的理论很明显地贯穿在漫长的教育史中”（巴格莱语），而且也体现于现代的教育实践中。通过对西方教育史中“兴趣说”发展的回顾和考察，我们从中可以得到许多有益的启示。

（本序作者系人民教育出版社党委书记、研究员，中国教育学会教育学分会理事长，《外国兴趣教育名著译丛》主编）

目 录

前言和致谢

心理学一直对兴趣主题情有独钟。兴趣、好奇心和内在动机的相关理论不仅出现在历史典籍中，也广泛地分布在现代研究的各个领域中。当前，兴趣的研究分布在心理学各个分支学科中，如情绪心理学、教育心理学、发展心理学、人格心理学、动机心理学、职业心理学、审美心理学、老年心理学和文本加工心理学等。但尽管如此——或者也许正因如此——兴趣心理学是跨分支学科的。兴趣心理学的诸多领域提出的观点非常相似，解决的问题也很类似。有时，一个领域解决了另一个领域的问题，但是两个领域的研究者都没有认识到这一点。本书的核心目的是回顾心理学的诸多领域里有关兴趣的研究，揭示看似不同的领域之间的相似之处，并且通过批判性地评价当前的理论和提出未经检验的假设来激发新的研究。在公正的评论者和积极的批评者这两种角色之间进行平衡，我很难说自己做得有多好。不过幸运的是，如果两件错误的事情相乘而不是相加，就会得到一件正确的事情，即负负得正。

就写书而言，最美好的部分就是感谢提供帮助的人。撰写本书占去我好几年的时间，在这期间，我先后在两个国家住过八个地方。我要感谢德国埃朗根大学社会心理学项目的安德烈亚·阿贝勒（Andrea Abele）和吉多·根多拉（Guido Gendolla），在这所学校，我完成了大部分早期初稿。德国汉堡的联邦国防军大学非常慷慨地提供了图书馆的资源，在此我要感谢吉塞拉·达梅（Gisela Dahme）

和扬·艾希施泰德（Jan Eichstaedt）。感谢北卡罗来纳大学格林斯伯勒分校心理学系的诸多朋友，因为他们是具有批判精神的决策咨询人，而且创造了一个既有趣又愉快的思考空间。最后，感谢心理学系“臭名昭著”的失写症小组成员，这个小组每周活动一次，其成员有韦斯利·艾伦（Wesley Allan）、迈克·凯恩（Mike Kane）、汤姆·夸皮尔（Tom Kwapil）、谢里尔·洛根（Cheryl Logan）、斯图尔特·马科维奇（Stuart Marcovitch）和马特·帕拉迪斯（Matt Paradise），他们让我明白了“胡萝卜”可以像“大棒”一样挥舞。

写一本涉及心理学诸多不同领域的书，让我感觉到自己知识匮乏。我要感谢杰克·布雷姆（Jack Brehm）、约翰·邓洛斯基（John Dunlosky）、谢利·杜瓦尔（Shelley Duval，已故）、戴维·费尔德曼（David Feldman）、吉多·根多拉、苏珊娜·希迪（Suzanne Hidi）、托德·卡什丹（Todd Kashdan）、乔丹·利特曼（Jordan Litman）、亚当·鲍威尔（Adam Powell）、里克·斯奈德（Rick Snyder）和埃德·维希涅夫斯基（Ed Wisniewski），因为他们对本书各个部分提出了意见和建议，并向我推荐文章和学术观点。感谢对早期初稿匿名评价的人，因为他们提出了尖锐的批评，并给予我鼓励。我还要感谢那些将自己未发表或待发表的文章寄给我的人，特别要感谢那些允许我讨论他们未发表的研究的作者。本书中出现的所有错误都归咎于我自己的固执和无知。

在社会科学家当中，有一个老生常谈的问题，即一些人会关注自己的对立面，例如，滴酒不沾的人会研究酗酒，循规蹈矩的人会研究病理学，守旧的人会研究不同寻常的问题。如果这是真实的，难道说研究兴趣的人就会麻木迟钝、死气沉沉吗？本书献给贝亚特（Beate），感谢她把我从“好奇中心”拽走，感谢她忍受我变化无常的爱好，感谢她成为我最好的朋友。

引　言

兴趣无时不在，无处不在，但我们对兴趣的关注并不多。在日常用语中，“兴趣”一词有多种含义（Benedict，2001；Savickas，1999；Spacks，1995），但大多都过于模糊。日常交流中谈到“兴趣”一词时，通常意味着我们想要回避或分享一个朋友的内心感受。人们经常使用“兴趣”一词来描述一种普遍的动机状态，如需求和关心（“我对一天吃两次印度菜不感兴趣”），或者表现人们在某种情境下关注的事物，通常人们称之为“最大的兴趣”。这样的用法体现了“interest”的词根“inter”和“esse”的含义，“inter”表示“在……之间”，“esse”表示“参加”。此外，“interest”一词的其他含义，如抵押房贷者所收取的利息，并不属于心理学的研究范围。

兴趣的心理学研究有着漫长而复杂的历史。早期的心理学家，尤其是教育心理学家和职业心理学家，对兴趣关注较多。一些著作也曾分析兴趣在学习、认知和动机中的作用，并提供了有力的证据，如费利克斯·阿诺德（Arnold，1910）的《注意和兴趣》（*Attention and Interest*）、约翰·杜威（Dewey，1913）的《教育中的兴趣与努力》（*Interest and Effort in Education*）。随着行为主义的兴起，就像不关注心理学中大多数有趣的概念一样，行为主义研究者也不关注兴趣研究。直到20世纪60—70年代，折中主义心理学家才开始重新关注兴趣研究。实验心理学家研究了好奇心和探索行为（Berlyne，1960；Fowler，1965），职业心理学家探索了职业兴趣的心理结构（Holland，1973），审美心理学家研究了艺术兴趣（Berlyne，1971a），早期的情绪心理学家则开始将兴趣作为一种情绪状态进行探究（Tomkins，1962）。

有两种不同的兴趣理论：（1）兴趣是一种情绪体验和好奇状态，是一种暂时的动机状态；（2）兴趣是人格的一部分，是一种个体差异，是人们的一种特殊的爱好和目标。为方便起见，我们将用简单的术语——兴趣（interest）和爱好（interests）——来代表这两种理论，它们之间的差异类似于状态和特质之间的差异，也类似于情境兴趣（situational interest，指状态兴趣）和个体兴趣（individual interest，指稳定的爱好，参见第八章）之间的差异（Hidi，1990；Krapp，Hidi，& Renninger，1992）。这样的区分能帮助我们更好地组织和梳理不同的兴趣研究，在许多看似不同的领域之间架起沟通的桥梁。

作为桥梁的例子之一，对暂时兴趣感的研究在以下背景中展开：人们发现了绘画和音乐的有趣之处（Berlyne，1972，1974d）；阅读的文本是有趣的（Schraw & Lehman，2001）；认知过程能引起我们的兴趣（Silvia，2005c）；面部、语音表情和兴趣、乏味的感受关系密切（Banse & Scherer，1996；Reeve，1993）；兴趣的动机功能（Sansone & Smith，2000b）；兴趣感对学习和成绩的作用（Ainley，Hidi，& Berndorff，2002；Fisher & Nobel，2004）。这些研究的共同点是：它们都研究兴趣产生的原因及兴趣的影响。认识到这一点，我们便迈出了界定兴趣概念、发展兴趣模型的第一步，而反过来，这些概念和模型又能把这些不同领域的研究加以整合。

关于爱好的研究也是如此。对爱好稳定性和持久性方面的研究主要在以下背景中展开：与爱好有关的个体差异特质，如好奇心、经验开放性、感觉寻求、无聊倾向性、兴趣的广度（Kashdan，

2004；参见第四章）；有关独特爱好是如何发展的理论（Super，1940；参见第五、六章）；如何发展学生对数学、科学和语文的爱好（Hoffman & Häussler，1998）；与职业相关的爱好理论（Savickas & Spokane，1999）。同样，认识到不同领域的研究者在探讨同一个问题，能够让我们从更宽广的视角进行理论整合。

一、兴趣和情绪

兴趣状态的相关研究引导着我们走进情绪心理学的王国。情绪心理学是一个充满朝气、蓬勃发展的领域。我们很难想象，心理学家曾一度避开对情绪的研究。在那几十年中，心理学家将情绪作为一种简单的激活和唤起状态（Duffy，1934），或者把情绪看作理性行为的干扰者（Leeper，1948），或者把它看作一个似是而非的概念，排除在科学心理学领域之外（Meyer，1933）。后来，马加达·阿诺德（Arnold，1960）、罗伯特·普拉契克（Plutchik，1962）和西尔万·汤姆金斯（Tomkins，1962，1963）出版了一系列开创性的著作，将情绪重新纳入心理学领域，并推动了未来几十年对评价、面部表情和心理生物学的研究。

现代情绪心理学和认知心理学（曾经是心理学中一个边缘化的领域）紧密地联系在一起，这是一个很自然的过程，因为认知和情绪本就有着千丝万缕的联系。认知过程推动了情绪的发生（Ellsworth & Scherer，2003），情绪又影响着知觉、注意、记忆、判断及推理（Silvia & Warburton，2006）。本书会把认知和情绪的交互作用作为兴趣心理学的核心机制。例如，第二章用情绪的认知评价理论构建了兴趣产生机制的模型（Lazarus，2001；Scherer，2001a），第六章在情绪知识研究的基础上构建了爱好发展模型。

从情绪心理学的角度来探讨兴趣，可以对什么是兴趣、兴趣有什么特点、兴趣有什么功能等问题形成预期假设。现代情绪理论认为，兴趣是由一系列成分组成的（Ekman，1992；Ellsworth &

Scherer，2003；Frijda，1986；Roseman，2001)，如语音和面部表情、生理变化、主观体验、行动准备及心理社会机能。在本书后面的章节我们会看到，其他的理论观点没有形成这些预期假设，也不认为兴趣具备这些成分和特征。例如，将兴趣看作一种简单的动机状态（例如，Hidi，1990；Krapp，1999；Schraw & Lehman，2001)，意味着语音和面部表情的出现与兴趣无关。进一步讲，情绪心理学所提供的广泛的、包罗万象的理论，能够整合其他零散的研究发现。例如，文本兴趣的研究考察了兴趣是如何影响阅读中的注意的（Hidi，1995)。从情绪视角展开的对兴趣和注意的研究都比较类似，例如，婴儿对面孔的兴趣和注意（Langsdorf，Izard，Rayias，& Hembree，1983)、被试对视觉艺术品的兴趣和注意(Evans & Day，1971；Silvia，2005c)、兴趣和注意的心理生理标记（Libby，Lacey，& Lacey，1973）等，这些研究都属于注意和情绪的研究范畴。

二、爱好和人格

探究持久爱好把我们带入了人格心理学的王国。数十年来，普遍性和独特性的争论一直是人格心理学最关心的问题（Allport，1962)。大部分人格心理都和抽象特质有关。这种一般结构主义(generic structuralism）的观点认为，“人格是由有限的基本特质(或特性、特点、倾向、特征）构成的，每种特质都是先天和后天共同影响的结果”（Lamiell，1987，p. 8)。毫无疑问，有关个体差异的研究很是流行，数量很多，也存在很多争议（Eysenck & Eysenck，1985)。许多杰出的研究者都反对只关注普遍性，提倡研究人的独特性和特殊性。拉米尔（Lamiell，1987）把个体差异的研究称作“非人格心理学”，因为它主要关注人类特征的分布而不是人类本身。戈登·奥尔波特（Gordon Allport）可能是最有名的一般结构主义的批判者了，他曾问道：“我们假设所有人的基本

人格结构相同是合理的吗？人类所有的组织单元一定都是相同的吗？”（Allport，1961，p. 329）

幸运的是，人格心理学家们已使这种尖锐的冲突得以缓和。现代人格理论认识到，可以从几个不同层次来研究人格（McAdams，1992，1996）。除了特质和倾向，人格心理学家还研究了独特的目标和动机（Emmons，1999；Klinger，1971）、个体建构的生活叙述（McAdams，1993），以及日常生活中个体抽象特质的表现（Fleeson，2001）。人格各个层次的整合似乎是可能的，有的研究甚至同时测量了人格的几个层次。例如，已经有研究探讨一般特质和特定目标是如何随着时间而变化的（Paloutzian，Richardson，& Rambo，1999），还有研究探讨成年期个体特质和目标是如何相互影响的（Abele，2003）。

现代人格心理学的研究主题也可见于兴趣心理学领域。从特质角度来讲，许多研究考察了与兴趣、好奇心和内在动机有关的特质。有些特质，如经验开放性和感觉寻求已经受到广泛的研究（McCrae，1996；Zuckerman，1994）；而其他的特质也开始受到关注（Kashdan，Rose，& Fincham，2004；Litman & Jimerson，2004；Litman & Spielberger，2003）。从人格的特异性方面来看，越来越多的研究开始关注兴趣、爱好和职业。职业心理学家探究了与休闲活动和个人嗜好有关的业余爱好（Hansen & Scullard，2002；Roe & Siegelman，1964；Super，1940），人格心理学家研究了爱好在动机中的角色（White，1972），教育心理学家则考察了爱好对学习的影响（Alexander & Jetton，1996；Renninger，2000）。我们将对一般爱好和特殊爱好进行探讨。

三、本书综述

到目前为止，兴趣心理依然是一个正在扩张的研究领域。很多心理学家对什么是兴趣、兴趣是如何起作用等问题提出了很多有趣的、值得思考的观点。这些心理学家的研究主题涉及情绪、审美、教育、元认知、职业、人格、毕生发展、体育科学、组织行为、神经科学、文本加工等等。很多心理学领域都研究兴趣，这并不奇怪，奇怪的是研究兴趣的各个领域之间很少发生联系。例如，职业心理学家不会把兴趣作为一种情绪来研究，而情绪心理学家不关心审美研究与兴趣的关系，教育心理学领域的研究者也只是局限于自己的“一亩三分地”。本书的核心目的是把这些孤立的研究介绍给读者。

本书将一一介绍各个领域的研究成果，除此之外，我们还想走得更远。当发现不同领域的研究者在探索类似的问题时，我们很自然地就会想到，是否有一个共通的解决方案。兴趣心理学的不同领域之间，存在平行的结论。例如，情绪心理学发现容易理解的东西能提升兴趣（Silvia，2005c），教育心理学发现容易理解的文本更有趣（Schraw，Bruning，& Svoboda，1995），职业心理学发现个体对自己能应付自如的职业活动更感兴趣（Betz，1999）。这些观点如此相似，却没有人考虑找出一种更有普适性的解释模型。

本书的第一部分，把兴趣当作一种情绪来予以介绍。其中，第一章回顾了兴趣的情绪性特征。大部分的情绪理论认为，情绪是由一系列的元素（如面部表情、生理变化、认知评价模式、主观情感体验及行为倾向等）组成的（Ekman，1992；Ellsworth & Scherer，2003）。第一章介绍的研究会探讨兴趣是否具有这些元素，还会探讨兴趣和快乐的差别。兴趣和快乐经常被当作同一种“积极情感”而混为一谈，而且，兴趣有时被定义为愉快的情感（例如，Chen，2001）。我们将会看到，兴趣和快乐在很多关键地方存在差异，兴趣是一种不同于快乐的情绪。

人不可能对任何事情都一直保持兴趣——只有一些事让人觉得有趣。第二章主要讨论人们为什么会对某些事感兴趣。在这一章里，我们回顾了兴趣研究的悠久历史，从丹尼尔·伯莱因（Berlyne，

1960，1971a）提出的开创性的、复杂的好奇心理论到最近的理论模型（Chen，2001；Loewenstein，1994）。本章从现代情绪评价理论的角度得出结论：人们对事件的评估（而不是事件本身）会引起与兴趣有关的情绪体验（Ellsworth & Scherer，2003；Lazarus，1991；Roseman，2001）。最后，本章回顾了一个实验程序，该程序能够探究兴趣的“评价结构”，即一种能导致兴趣体验的认知模式（Silvia，2005c）。

第一、二两章介绍了兴趣的研究历史和相关理论，第三章则主要总结了兴趣和阅读的相关研究。对于兴趣如何影响学习，教育心理学家撰写了许多见解深刻的著作。然而，和兴趣心理学研究的碎片化一样，这些研究依然是零散孤立的，文本兴趣的有关理论与其他兴趣理论缺乏整合。因此，我们将根据第二章的情绪评价理论构建一个基于文本兴趣的模型，并以此为更宽泛的理论范本，帮助我们在其他研究领域提出新的预期，构建领域间新的桥梁。此外，我们还会深入探究兴趣是如何促进文本学习的，这将为兴趣能够促进知识和技能的获取提供最好的证据（Fredrickson，1998；Izard，1977；Tomkins，1962）。

在本书第二部分，我们将爱好看作一种稳定的人格特征。其中，第四章回顾了与兴趣有关的个体差异。一类模型认为个体在有些方面存在差异，如好奇心（Kashdan，2004；Spielberger & Starr，1994）、无聊倾向（Farmer & Sundberg，1986）、寻求强烈感觉和新体验的倾向（McCrae，1996；Zuckerman，1994）等。还有一些模型认为，不同的个体在兴趣的广度、深度和复杂度上存在差异（Ainley，1998；Boyle，1989；Langevin，1971）。在分析这些特质时，我们比较关心的是如何恰当地理解这些特质的内在动态特性。个体差异研究最重要的意义不在于简单地记录这些差异，而在于厘清其内部的心理加工过程（Cronbach，1957；Underwood，1975）。因此，我们将会看到个体差异的相关研究是如何帮助我们理解其他兴趣领域中的基本问题的。

爱好从何而来一直是个棘手的问题。接下来的两章，主要探讨的是爱好的产生和发展机制。第五章讨论了动机发展（motivational development）的思想史，即研究特质性动机的发展与变化。许多心理学家，如西格蒙德·弗洛伊德（Sigmund Freud）、克拉克·赫尔（Clark Hull）、威廉·麦独孤（William McDougall）、戈登·奥尔波特、安妮·罗（Anne Roe）、西尔万·汤姆金斯（Silvan Tomkins）和爱德华·桑代克（Edward Thorndike）等，都关注过爱好的发展模式。尽管他们的理论之间存在明显差异，但在爱好产生这个问题上，大多数理论都采用了同一个基本范式：(1) 识别出动机的一般根源；(2) 假设存在一种把动机和特定行为联系起来的机制。

只有将前人理论的相似之处加以整合，我们才能在此基础上提取出一种新的爱好发生理论。在第六章，我们回到认知和情绪的交会处，探究如何将即时的情绪体验和稳定的人格因素联系起来。人们不只是简单地体验情绪，还会思考自己的情绪，形成自己对情绪的看法，并发展出自己的理论来解释情绪产生的原因及影响情绪的因素（Gilbert & Wilson，2000；Seager，2002）。通过对自身情感的思考，尤其是对自身情感产生原因的思考，人们总结出了能够使人感到有趣和愉快的那些活动和事物。这样，该模型把情绪的归因作为一种认知机制，将即时体验和持久的人格特征联系起来。此外，我们还将情绪—归因理论和其他理论进行了对比（Prenzel，1992；Tomkins，1979）。

职业爱好研究在兴趣研究中占有最大比例，也可能是最孤立的领域。近一个世纪以来，职业心理学家一直致力于工作情境中的爱好研究（Savickas，1999）。例如，他们研制了评估爱好的复杂工具，提出了有关爱好发展的理论，并设计了纵向实验来检验这些理论。这些研究成果为其他的研究领域提供了很多帮助，但不知道是什么原因，这些成果并未获得对其应有的关注（Tinsley，2001；

Walsh，2001)。在第七章，我们着重探讨了爱好结构的理论、职业爱好发展模型，以及职业爱好研究的新方向。

本书的第三部分讨论了兴趣模型及未来的一些启示。在第八章，我们回顾了一些理论问题，这些理论问题最好根据兴趣心理的其余部分进行评价。本书主要从情绪和人格两种视角来看待兴趣和爱好，但是，这并非研究兴趣和爱好的唯一视角。事实上，在本书倡导的观点之前还有一些广为人知的模型采用了其他视角。在第八章，我们分析了几种不同的兴趣模型，其中一个著名的模型把兴趣分为情境兴趣、个体兴趣和现行（actualized）兴趣（Hidi，2001；Krapp，1999；Renninger，2000)，另一个模型把兴趣分为情绪性（emotional）兴趣和认知性（cognitive）兴趣（Harp & Mayer，1997；Kintsch，1980)，还有一个模型把兴趣和好奇心进行了区分（例如，Hidi & Berndorff，1998；Reeve，1996)。对比这些模型，我们发现，基于情绪和人格理论的模型更有竞争力。

最后一章（第九章）回顾了我们对兴趣心理的探索之旅，不仅对以往的研究进行了梳理，而且对未来的研究愿景进行了展望。

第一部分 兴趣和情绪

第一章　兴趣是一种情绪

近年来，有关情绪的研究激增，已经成为心理学领域的一个综合性的、跨学科的研究主题。在情绪研究热火朝天的今天，现代心理学家恐怕很难想象情绪研究曾经备受冷落，甚至被认为是无关紧要的、虚构的、不科学的。在行为主义全盛时代，行为主义心理学家普遍认为：应该摈弃对主观经验的探索；以严谨客观的科学眼光来看，就算主观经验真的存在，它也是抓不住的，是短暂且虚无缥缈的。然而，之后颇有讽刺意味的是，可观察的面部表情和声音表情成为情绪研究中最热门的主题（Keltner & Ekman，2000；Johnstone & Scherer，2000）。

本章主要回顾将兴趣作为一种情绪进行研究的成果。兴趣在情绪研究中有一段曲折的历史。一些研究者认为兴趣是一种非常重要的情绪（Fredrickson，1998；Izard，1977；Tomkins，1962），另一些研究者认为兴趣不属于情绪，兴趣是一种非情绪性的动机或注意状态（Lazarus，1991；Ortony & Turner，1990；参见第八章）。然而，无论哪种观点，都没有充分的科学证据。事实上，即使是情绪论的拥护者，也并未把研究精力放在兴趣主题上，而是放在其他类型的情绪上。同样，情绪论的反对者也没有开展研究为自己的论点提供论据。最好的做法是，梳理已有的研究发现，讨论证据的缺陷与不足，概括未来研究的关键方向。

一、情绪心理学

20 世纪 60 年代初，行为主义理论走向衰落，现代情绪理论逐步兴起（Arnold，1960；Plutchik，1962；Tomkins，1962，1963）。许多现代情绪理论认为情绪是离散的（Ellsworth & Scherer，

2003；Izard & Ackerman，2000；Johnson-Laird & Oatley，1992；Lazarus，2001)，可以从多个维度去理解，如效价、活动水平或唤醒水平等（Feldman-Barrett & Russell，1999；Watson & Tellegen，1985)。但是，情绪在抽象的维度上是很难量化的。因此，情绪区分成了有限的几种类型。尽管大多数理论都认为存在一组核心情绪，但究竟有多少种核心情绪，不同的理论有不同的看法。普遍认可的情绪有快乐、恐惧、愤怒、悲伤和厌恶，还有一些理论认为情绪也包括兴趣、惊讶、蔑视、内疚、尴尬、后悔和嫉妒。

究竟什么是情绪？现代情绪理论通常认为情绪是由某些特定成分组成的。例如，埃克曼（Ekman，1992，pp. 174-189）提出情绪有九个特征，包括特定的通用表情信号、独特的生理基础、产生速度快、持续时间短、情绪成分间存在耦合性、在相近物种中出现、情绪唤起因素的独特共性、自动发生等。还有研究指出，情绪还具有以下特征：特定的主观意识体验（Izard & Ackerman，2000)、在生命早期出现（Izard，1978）和生命历程中的适应性功能（是基本情绪的本质特征）（Keltner & Gross，1999；Oatley & Jenkins，1992)。此外，评价理论强调情绪的产生有特殊的认知模式（Roseman & Smith，2001)。按照这个逻辑，如果兴趣是一种情绪，那么兴趣也应该具有这些特征。接下来我们将重点讨论兴趣的这些特征。①

① 熟悉情绪心理学的读者可能会注意到，我们对基本情绪理论（basic emotions theories）（Ekman，1992；Izard，1977）和评价理论（appraisal theories）（Roseman & Smith，2001）的区分很模糊。由于人们对泛文化的、心理生物学的研究模式比较重视，因此基本情绪模型包含有限的一组情绪。与此相反，评价理论则认为情绪的引起和维持源于对事件的评价——情绪的种类与评价的模式一样多（参见 Ellsworth & Scherer，2003)。现在看来，这两种理论之间的差异并不重要，因为它们都用一系列的成分来定义情绪。在本书后面的章节，我们会看到，在理解兴趣的起因时，评价理论是有优势的（第二、三章)。

二、兴趣的表情

(一) 面部表情

每种情绪都有独特的面部表情(Darwin, 1872/1998; Ekman, 1993; Izard, 1971),且这种表情是整体性的,而不是孤立肌肉运动的合并(Etcoff & Magee, 1992)。情绪和表情都具有一定的生物基础。有研究发现,有专门的脑区负责面部表情的产生,还发现了与面部表情产生有关的生理性功能障碍(Rinn, 1984)。某些情绪——快乐、愤怒、恐惧、悲伤和厌恶——的面部表情被认为是普遍性的(Ekman, 1992),还有一些情绪——轻蔑、羞愧、困惑和尴尬——的面部表情是否具有普适性仍需要进一步研究(Keltner & Busswell, 1996; Keltner & Ekman, 2000; Matsumoto, 1992; Rozin & Cohen, 2003)。

在关于面部表情的大量文献中,只有少数研究考察了兴趣的面部表情(Keltner & Ekman, 2000)。汤姆金斯(Tomkins, 1962)和伊扎德(Izard, 1971)假设兴趣的面部表情可能包括眉毛轻微降低或抬高、下眼睑抬起(为了锐化视觉焦点)、嘴唇张开和下巴下移,不过当时他们没有对其进行研究。汤姆金斯(Tomkins, 1962)引用了一个"注意聆听"的早期研究,在这个研究中,被试连续听三次录音(Wallerstein, 1954),一组被试听一个侦探故事,另一组被试听一篇哲学论文。在实验过程中,研究者用肌电图(Electromyography, EMG)测量额肌(能够控制前额和眉毛的运动)的运动。随着故事重复次数的增多,被试对故事的兴趣逐渐减弱。事实上,在实验结束前,一些被试甚至睡着了。大多数被试报告,重复次数越多,感觉越无聊。额肌运动的测量数据表明,随着侦探故事重复次数的增多,被试的面部活动减少,这大概可以反映兴趣的减弱。在听哲学论文时,被试的面部活动显示了类似的趋势。尽管这个实验很有趣,但它只用了一种方法来测量肌肉活动,还是有局限的。

还有一个实验对婴儿产生兴趣时的面部表情进行了更为系统的综合研究（Langsdorf，Izard，Rayias，& Hembree，1983）。研究对象为2个月、4个月、6个月、8个月的婴儿，研究者让婴儿观看真人面孔、打扮逼真的模特儿以及无生命的物体。主要测量指标有心率、对目标的视觉注意和面部表情。根据伊扎德研制的编码系统，研究者将以下面部动作视为兴趣的信号：眉毛上抬或下垂、眯起眼睛或者睁大眼睛、扬起脸颊、张开和放松嘴巴、移动舌头、噘嘴。面部动作的强度和持续时间是兴趣表情的两个指标，而第三个指标，也是最复杂的指标，是计算婴儿看该物体的时间占总时间的百分比。由于只有视觉注意过程会产生面部动作，所以这个指标避免了面部动作带来的干扰。

结果表明，婴儿对真人面孔的兴趣显著高于对模特儿的兴趣，而这两种刺激引发的兴趣都比无生命的物体要多。这一发现在情绪表达的三种测量中都有体现。视觉注意的测量发现，婴儿看面孔的时间最长，看模特儿的时间较短，看无生命的物体的时间最短。心率的降低也表现出类似的模式。中介效应分析发现，不同刺激对视觉注意的影响是以兴趣的面部表情为中介的。面孔和物体诱发兴趣，之后，兴趣决定了对面孔和物体的注意时长。这个效应在三种刺激中都是显著的。

最近的一个实验，考察了11个月的婴儿观看一个“不可能事件”时表现出的面部与非面部表情（Camras et al.，2002）。研究者先让婴儿观看一个预料之中的事件：一个玩具被一块布盖着，布移开之后，露出玩具。经过几次尝试后，玩具被悄悄换掉：布移开之后露出的是一个新玩具。在婴儿观看两种类型（可预期/不可预期）的玩具时，研究者用录像的方式记录下婴儿的身体表情和面部表情。然后把这些表情呈现给成年观察者，让其根据婴儿的表情猜测哪个是对正常事件的反应，哪个是对不可能事件的反应，并让其评价婴儿在惊讶、兴趣和消极情感上的水平。结果显示：成年观察者能够辨别出婴儿在观看哪类玩具，其正确率高于概率水平；与可预期的玩具相比，婴儿对不可预期的玩具更感兴趣，所产生的惊奇水平也更高；成年观察者对兴趣的评定似乎更多地受婴儿姿势变化的影响，而较少受面部表情变化的影响；成年观察者在评定婴儿对不可能事件的感兴趣程度时，如果婴儿没有烦躁不安，身体静止不动的时间越长，面部表情越专注，则兴趣评分就越高。

里夫（Reeve，1993）对成年人的兴趣表情进行了一系列研究。第一个研究是让本科生观看三个视频短片，测量他们的心率（heart rate）和皮肤电（skin conductance）等生理指标，并对他们的面部表情进行录像，根据面部动作编码系统（Facial Act Coding System；Ekman & Friesen，1978）对表情进行编码。第一个短片的有趣程度适中，用来让被试熟悉环境，稳定其生理状态。另外两个短片，一个很有趣（在海里潜水），另一个很无趣（过时的商业脱口秀）。预实验表明，三个短片诱发的兴趣水平不同，但是，诱发的高兴水平相同。看完每个视频后，被试自我报告其兴趣和高兴水平。表1-1是该实验的结果。从该表可以看出，被试对有趣和无聊视频的反应存在显著差异。在观看有趣的视频时，被试的眼睛睁得更大，眨眼和望向旁边的频率更低，闭眼和移开视线的时间更少，转头的频率更低。尽管被试自我报告的兴趣体验与观察到的有些表情并不完全匹配，但整体的内部分析结果呈现相同的效应。生理指标方面没有显著效应。兴趣表情的整体模式——头部静止时间延长，与视觉注意有关的眼动频率增大——与人们对兴趣表情的预期是一致的。

里夫（Reeve，1993）的第二个研究使用了不同的程序，也得到了与第一个研究相似的结果。研究者让大学生被试观看视频，监测其面部表情、心率和皮肤电信号。在该研究中，视频的趣味性在被试间进行操控，从而可以更为清晰地检验条件间的差异。此外，还加入了第二个操作变量，即有趣视频组连续观看三遍有趣的视频，而无聊视频组则连续观看三个无聊的视频。这一研究设计让我们可以对兴趣表情进行被试间和被试内的比较。实验结果与第一个研究类似，如表1-1所示。虽然不是每个表情都得到了重复，但是

表1-1 与兴趣有关的面部动作及相关指标

	研究 1		研究 2		
	条件	兴趣	条件	时间	兴趣
眨眼	S	S	S		
闭眼	S	S			S
有无移开视线（次数）	S	S		S	S
移开视线的时间	S			S	S
眼睛睁大	S		S	S	
眼球面积	nm	nm	S	S	
张嘴				S	S
下巴下移					
打哈欠				S	S
笑		S			
擦嘴					
转头	S	S	S		S
歪头					S
斜肩					
头部静止	S	S		S	
皮肤导电性				S	
心率					

注："nm"表示未测量，"S"表示显著。条件（condition）指的是有趣的与无聊的视频的对比，兴趣（interest）指的是情绪表情与兴趣自我报告之间的相关，时间（time）指的是第一遍和最后一遍观看同一个视频的差异。

来源：改编自里夫（Reeve，1993）的实验1和实验2。

确实有一些表情在两个实验中获得了一致的结果。被试在眼球暴露面积（一个新的指标）上的差异也是显著的，即有趣视频组被试眼球暴露的面积更大。

之后的一个研究（Reeve & Nix，1997）考察了在自由选择的活动背景中，这些表情的有效性。研究者要求大学生完成一项有趣的迷津任务，在此过程中，用录像机记录下被试的四种面部表情：观看迷津、眼球暴露、闭眼、张嘴。结果发现，被试观看迷津的时间与自我报告的兴趣感、自主感显著相关，效能感与闭眼时间呈负相关，张嘴的时间与手控迷津的速度有关。这个研究测量的指标较多，结果有些庞杂，但这是研究者第一次尝试将兴趣表情与动机活动结合起来，而且这些结果会激发更多的相关研究。

（二）*声音表情*

情绪的声音表情的研究和面部表情的研究探索了许多相同的主题：声音表达的普遍性，自动和主动呈现表情的差异，根据声音判断情绪的准确性，反映不同情绪的声音表情的基本维度（Frick，1985）。对声音表情维度的评定大概分为三类（Johnstone & Scherer，2000）：对声音时间（time）维度的测量，包括声音持续的时间、频率以及声音的停顿；对声音强度（intensity）的测量，主要包括声音信号的功率，它会影响我们知觉声音的响度；对频率（frequency）的测量，主要包括音高（即用声带开合的速度来衡量），频率测量可以描述出说话过程中音高的基本水平、变化范围及变化模式。

不同情绪的声音在这三个维度上的表现是不同的。例如，恐惧的声音频率高，强度大，音高的范围有所增大，平均音高也有所提升（Scherer，1986）。很少有研究关注兴趣和厌烦的声音表情，但已有的研究发现了一些与此类情绪对应的表情模式。约翰斯通和谢勒（Johnstone & Scherer，2000）认为厌烦的声音“总体缓慢而单调”（p. 227）：音高的基线会下降，语音速度会放慢，音高的变异更小，且声音频率的变化范围较小。相较而言，与兴趣有关的语速较快，且频率的变化范围较大。

虽然听声辨情绪的准确度很高，但单就声音信号并不能很好地识别出所有情绪。在一项研究（Banse & Scherer，1996）中，研究者先让专业演员通过读一些无意义的句子来表达14种不同的情绪，然后让被试通过听声音来判断说话者所传达的情绪。结果发现，识别准确性最高的三种情绪是强烈的愤怒（78%）、厌烦（76%）和兴趣（75%），识别准确性最低的是厌恶（15%）和羞愧（22%）。误差分析的结果表明，我们对情绪的辨别会出现系统性（非随机）混淆，人们经常会把兴趣与快乐的语音表情、厌恶与悲伤的语音表情混淆。

三、主观体验

每种情绪都有独特的体验，这种主观特征在个体的一生中保持不变（Izard，1984）。搜集情绪体验的定量数据是一件很困难的事情。正如麦独孤（McDougall，1908/1960）所说的，“就像我们无法让一个色盲去理解色彩，我们也无法让一个没有情绪体验的人理解情绪”（p. 61）。尽管如此，伊扎德（Izard，1977）还是对兴趣的意识体验做了如下描述：

> 处于经验水平的兴趣……是一种专注的、被吸引的、入迷的、好奇的感觉，你会有一种想去沉浸其中、深入调查的感觉，通过吸收新信息，认识那些让你感兴趣的新人和新事，以此来延伸或扩展自我。在兴趣非常强烈的状态下，人们会感觉到有生机和活力，正是这种生机和活力保证了兴趣与认知（或运动）之间的联系。即使在相对静止的状态下，那些感到有兴趣或兴奋起来的人也会觉得自己是“充满生机和积极主动的”。（p. 216）

对兴趣的主观体验的研究表明，兴趣是一种积极主动的情绪体验。伊扎德（Izard，1977，pp. 216-222）让被试描述自己以前的兴趣体验，用自评量表评价自己的情绪和主观体验。结果发现，兴趣体验中包含愉悦感、自信、冲动和紧张感。研究发现，兴趣与愉悦感和惊奇感密切相关——那些能激发兴趣的情境通常被评价为令人愉快的（Smith & Ellsworth，1985），而且，兴趣通常与积极情绪一同出现（Ellsworth & Smith，1988）。对自我报告的情感的结构分析也获得了类似的结果。在华生的“积极情感×消极情感”研究模型（Watson，2000；Waston，Wiese，Vaidya，& Tellegen，1999）中，兴趣处于高积极情感的一端（high positive affect pole）；在“愉快×唤醒”模型中，兴趣位于愉快—高唤醒象限（pleasure-high arousal quadrant）（Feldman-Barrett & Russell，1999）。在一项有关瞬时体验的研究（Schiefele，1996）中，研究者让高中生阅读有关电视和史前人类的文章，在文章中插入情感体验量表，以此获得被试对文章主观反应的即时评价。结果发现，当被试对文章感兴趣时，他们的积极情绪和激活水平都升高了。

情绪理论认为，情绪包含几个相互联系和耦合的成分——主观体验、表情、行为和生理的成分（Reisenzein，2000；Rosenberg & Ekman，1994）。因此，兴趣的主观体验也应该能够和其他几个情绪成分相联系和耦合。关于各成分耦合的证据来自兴趣表情的研究。例如：里夫（Reeve，1993）发现，自我报告的兴趣体验与某些面部表情呈正相关（参见表1-1）；里夫和尼克斯（Reeve & Nix，1997）的实验表明，自我报告的兴趣感觉与某些行为测量指标（如人们花多长时间去解决一个问题，探索该问题的广度和深度等）呈正相关；婴儿花在看真实面孔和无生命物体上的时间与兴趣表情呈正相关（Langsdorf et al.，1983）。总之，这些研究结果表明，兴趣的三个成分，即主观体验、表情和行为，是相互联系和耦合的。

四、兴趣的功能

大部分情绪理论认为情绪具有适应性的功能（Kelther & Gross，1999）。就像进化出来的机制，情绪能够帮助人类处理“基本生活—任务”（fundamental life-tasks）（Ekman，1992，p. 171）。激进的机能主义观点认为，每种情绪都对现代人类有特定功用；相对温和一些的观点则认为，与远古的过去相比，某些情绪对于现代人可能没有那么强的作用，或者说机能主义更适合整个人类物种而非个人。无论哪种观点，机能主义涉及的问题都是很复杂的（Oatley & Jenkins，1992；Parrott，2001）。所以，为了避免陷于无意义的争论之中，我们将采纳温和的机能主义观点，即情绪通常是有用的，但一种特定的情绪是否具有适应性还依赖于情绪以外的诸多因素（Parrott，2001）。

那么，兴趣到底发挥了哪些作用呢？伊扎德和阿克曼（Izard & Ackerman，2000）提出，兴趣具有动机功能，即“兴趣促使人们进行探索和学习，确保个体融入环境中，而生存和适应都需要我们融入环境中”（p. 257）。不同领域的研究一致表明，兴趣具有积极的激励作用。一项针对成功青少年的研究发现，“专一的兴趣”能够促进青少年专业知识的提高（Rathunde，1996，1998，2001）。一项针对高中生的抽样调查评估了学生对学校活动的主观体验（Rathunde & Csikszentmihalyi，1993）。三年后，研究者再对高中生的成绩和能力进行测量。结果表明，高一时兴趣专一的学生，三年后，他们在学业成绩、学校参与度以及老师对其成绩的评定等级方面都表现得更好。第三章中有关文本阅读的研究也表明，当文本比较有趣时，被试对文本的加工程度更深，对文本记忆的准确性更高（Hidi，2000；Schiefele，1999）。此外，在比较感兴趣的科目上，学生的表现更佳（Schiefele，Krapp，& Winteler，1992）。研究发现，对一项活动的兴趣体验不仅能预测对该活动投入的时间，还能预测重复该活动的意愿，以及与活动有关的技能的发展（Deci & Ryan，1985；Fisher & Noble，2004；Prenzel，1992；Reeve，Cole，& Olson，1986）。

兴趣的动机功能，可以延伸到那些无聊的、乏味的任务中。兴趣能够支持个体完成不得不做的、无聊的、乏味的任务，比如洗盘子或编译参考书目。为了提高个体完成这些任务的动机，我们可以运用兴趣增强策略（Sansone & Harackiewicz，1996；Sansone & Smith，2001，2000b；Sansone，Wiebe，& Morgan，1999；Sansone，Weir，Harpster，& Morgan，1992）。例如，在不得不按照模板拷贝一封信时，人们可以想办法让任务更有趣，可以通过引入竞争机制、就完成任务所花的时间进行评比、与自己过去的成绩（写信的熟练程度）进行比较、改变字体的艺术性，或用有趣的方式对任务进行再加工等兴趣增强策略提升兴趣水平，进而提高完成任务时的坚持性（Sansone & Smith，2000b）。

一些研究者指出，兴趣还具有第二个功能——适应性功能。兴趣能激励人们发展多样化的经历，这种经历在突发事件发生时是有帮助的（Fredrickson，1998）。例如，伯莱因（Berlyne，1971a）提出："由于我们大脑储存的每个信息片段未来某天都可能派上用场，以应对将来的困惑、挫折和无助，所以我们很容易看到，除了像睡觉和休息这样的紧要活动之外，我们最好的选择就是投入兴趣活动中，增加该活动在神经系统中的比重。"（p. 295）

积极情绪的拓展—建构模型（broaden-and-build model）（Fredrickson，1998，2001）认为，兴趣和其他积极情绪一样，都不具有维持生存的短期功能。但是，兴趣能提供长远的发展目标：对新鲜事物和可能事件的好奇心能够拓宽个体的经验，吸引着人们去探索新的可能性。拓展—建构模型认为，兴趣能够把人导向新鲜的、与众不同的事件上，从而培养多样化经验，还可以激励人们长期专注于某一领域，从而促进能力的提升。

多样化经验体现了兴趣的适应性功能，这个观点在直觉上具有吸引力。感觉剥夺实验为此提供了间接证据。有研究发现，感觉剥夺会带来非常无聊和不愉快的感觉（Schultz，1965）。当感觉被剥夺时，人们常会出现幻觉，感知与认知能力下降，正常动机也会受到干扰（Fiske，1961；Scott，Bexton，Heron，& Doane，1959；Zubeck，Pushkar，Sansom，& Gowing，1961）。关于刺激寻求（一个和兴趣有关的特质）的纵向研究也为此提供了间接证据（参见第四章）。个体 3 岁时寻求刺激的水平在很大程度上可以预测其 11 岁时的智力水平，这表明多样化经验在认知发展中起作用（Raine，Reynolds，Venables，& Mednick，2002）。

前面提到兴趣的两种功能，即兴趣是动机的来源，兴趣促进了经验多样化，只有第一种功能得到了充分的证据支持。许多研究和实验都表明，兴趣能够提高动机和改善学习（参见 Hidi，2000；Sansone & Smith，2000b；Schiefele，1999）。第二种功能虽然听上去也很有道理，但缺乏直接的实证支持。间接的证据虽然比较有意思，但是需要进一步研究的验证。

五、兴趣的起因

情绪的产生非常迅速，诱发情绪的刺激在呈现几十毫秒内，个体就会有生理反应和表情反应（Ekman，1992；LeDoux，1996）。情绪的快速触发反映了它的适应性价值。情绪作为适应环境的基本动机来源（Johnson-Laird & Oatley，1992），它的产生必须是快速的、反应性的。以恐惧为例，如果人类需要几分钟或几秒钟才能感到恐惧，这种情绪就失效了。同样，情绪去得也快。如果一种情绪持续几个小时，人对环境的适应灵活性就会大打折扣，因为情绪一直存在，而情境已经发生了很大变化。因此，面对新颖的情绪性事件，情绪的反应强度必须是灵活变化的（Brehm，1999；Silvia & Brehm，2001）。

情绪的起因应该和情绪本身一样，既有独特性，又有一般性（Ekman，1992；Scherer，2001a）。让人快乐的事情应该不同于让人害怕的事情，但这两种情绪的起因都应该是具有文化普适性的（Roseman & Smith，2001）。有确凿的证据证明，情绪既有一般性诱因，又有特殊性诱因（Boucher，1983；Boucher & Brandt，1981；Scherer，1997）。一般性诱因是抽象的而非具体的［如核心关系主题（core relational themes）；Lazarus，1991］，如预期的或体验的伤害、目标达成，或丧失重要他人等。不过，要排除从生理学方面发展出的那类诱因（Öhman，2002），如把蛇作为恐惧的诱因（Öhman，Flykt，& Esteves，2001）。

人们什么时候会感到有趣呢？信息的一系列抽象特点起着重要作用，伯莱因（Berlyne，1960）将这些特点标记为对照变量（collative variables）。有研究发现，具有新颖性（novelty）、复杂性（complexity）、不确定性（uncertainty）以及冲突（conflict）的事物都能唤起不同个体（婴幼儿、儿童、成人和其他物种）的兴趣（Berlyne，1960，1971b，1974a，1978；Daffner，Scinto，Weintraub，Guinessey，& Mesulam，1992；McCall & Kennedy，1980；McCall & McGhee，1977；Walker，1980，1981）。在几种不同的文化和语言背景下，跨文化研究也发现了类似的结果（Berlyne，1976；Berlyne，Robbins，& Thompson，1974；Child，1981）。对照变量对兴趣的影响体现在很多方面，如自我报告的体验、偏好的表达、眼动数据、行为选择、观看和聆听的时间，以及把刺激物作为一种对其他行为奖励的能力。

然而，仅仅察觉到新奇或模棱两可的事情并不足以引起兴趣，兴趣的起因更为复杂。严格来说，复杂又新奇的事物会引起兴趣的观点是具有误导性的。情绪的产生源于个人对事件的主观感受，而并非事件本身（Ellsworth & Scherer，2003；Lazarus，1991）。兴趣的起因，特别是产生兴趣感的认知评价过程，是非常复杂而有争议的。在下一章，我们将对兴趣的起因进行详细的介绍和讨论。

六、兴趣和快乐的区别

每种情绪都有不同的起因、表情、功能和结果，如果兴趣是一种情绪，那它应该有别于其他情绪。快乐（happiness），或称为乐趣（enjoyment），是与兴趣最相近的一种情绪（Izard，1977）。在结构化研究中，兴趣及其同义词和快乐及其同义词同在“积极情绪”因素维度上（Mayer & Gaschke，1988；Watson，2000）。在日常口语中，人们经常用兴趣指代快乐或偏好。所以，区分兴趣和快乐很重要。幸运的是，许多实验都研究了兴趣和快乐的关系（参见 Berlyne，1971a，pp. 213-220；Cupchik & Gebotys，1990）。四类证据表明，兴趣和快乐的诱因及结果是有区别的。

（一）兴趣和快乐的起因

首先，兴趣和快乐有着不同的起因。这并不奇怪，不同的情绪应该有不同的起因（Roseman & Smith，2001）。例如，复杂性和新颖性对兴趣和快乐有不同的影响，有时甚至是相反的影响。人们通常对复杂的事情感兴趣，而对简单的事情感到快乐（参见第二章）。有研究让被试对随机生成的多边形所引起的感兴趣程度和快乐程度进行评定（Aitken，1974；Eisenman，1966）。结果发现，被试对最复杂的多边形最感兴趣，而最简单的多边形让被试感到最快乐。在一项类似的研究（Day，1967）中，被试看到不同的多边形，并评定自己的感兴趣程度和快乐程度。结果发现，简单的多边形带给被试更多快乐，而复杂的多边形让被试更感兴趣（参见 Russell，1994；Russell & Gray，1991）。以字谜（Boykin，1977）、随机生成的音乐旋律（Crozier，1974）和视频（Normore，1977）为实验材料的研究都发现，复杂性对兴趣和快乐有截然相反的影响。和复杂性一样，新颖性对兴趣和快乐也有相反的影响，熟悉的事物会给人带来更多快乐，而新事物会让人更感兴趣。重复呈现某一事物会增强人们对该事物的喜爱程度（Zajonc，2001）；只有在重复达到一定次数后，它的吸引力才会逐渐减弱，人们才会不喜欢它（Van den Bergh & Vrana，1998）。然而，重复呈现在提高人们对事物的喜爱程度的同时，却降低了人们对该事物的兴趣，且重复次数越多，兴趣越低（Berlyne，1974c）。

里夫（Reeve，1989）探究了内在动机活动中，兴趣和快乐的起因。在完成字谜任务后，被试报告自己的兴趣和快乐水平。在一种条件下，研究者引入了颜色、字体变化、词语排列等变量来增加任务的新颖性和复杂性。结果表明：当任务变化多样时，人们会觉得有兴趣；而只有当人们觉得自己的表现很好时，才会感觉到快乐。里夫认为，新颖和复杂的事物让人感兴趣，而成就需求和自主性需要被满足时，人们才会觉得快乐（Deci & Ryan，2000）。以短篇小说为实验材料的研究，也得到了类似的结果（Iran-Nejad，1987）。无论故事的结局是快乐的还是悲伤的，人们都会对高不确定性的故事（如一个令人惊讶的结尾）感兴趣；相反，无论故事的不确定性如何，人们都会从有愉快结局的故事中获得更多的快乐。

（二）兴趣和快乐对观看过程的影响

有些实验操纵与兴趣或快乐有关的指导语。在一个实验中，研究者要求被试观看随机生成的多边形（Brown & Farha，1966）。被试可以控制观看每幅图像的时间，一些被试被告知可以根据自己的喜爱程度来观看图像，其他被试则被告知可以根据感兴趣的程度来观看图像。根据兴趣观看的被试会花更多时间观看更为复杂的多边形，这也在概念层面重复了之前的实验结果：兴趣与复杂程度呈正相关。戴（Day，1968）所做的实验也重复了这一结果。人们根据不同的指导语观看随机生成的多边形，以兴趣为导向的被试观看复杂图形所花时间更长，而以快乐为导向的被试观看复杂图形所花时间更短。通过迫选法测量也获得了同样的结果（Silvia，2005c；参见第二章）。被试在观看从简单（4 条边）到复杂（160 条边）的多边形之后，一组被试选出自己认为最感兴趣的多边形，另一组则选出自己最喜爱的多边形。结果发现，兴趣组选出的多边形的复杂程度显著高于快乐组。

（三）测量与兴趣和快乐有关的行为

另一组实验对被试的行为进行了测量，特别是测量了被试选择观看何种内容，以及观看多长时间。伯莱因（Berlyne，1971a，pp. 216-219）回顾了许多研究，认为图像令人感兴趣的程度比令人快乐的程度能更好地预测人们观看图像的时间。例如，给被试短暂呈现一张有趣的图片和一张令人愉快的图片，然后要求被试选出一张他想再多看一会儿的图片（Berlyne，1963），被试通常选择相对有趣的图片而不是相对令人愉快的图片。在另一个迫选实验中，人们也通常会选择观看有趣且复杂的图案，而不是让人愉快但简单的图案（Berlyne & Crozier，1971）。

图片的有趣程度通常可以预测人们观看该图片的时间，而图片的愉悦程度不能预测人们观看该图片的时间（Berlyne，1971a）。当我们用兴趣和快乐同时预测观看图片的时间时，兴趣的预测力更强。伯莱因的一项研究（Berlyne，1974e）发现，兴趣水平对观看图片时间的预测（平均 $r=0.66$）比愉悦水平对观看图片时间的预测（平均 $r=0.38$）要强。在一项研究复杂性和音乐的实验中，研究者让人们根据自己的意愿决定听音乐的时间，并评价对音乐的兴趣和自己的快乐水平（Crozier，1974，研究 4）。结果发现，在听音乐时间的总方差中，兴趣水平可以解释总方差的 78%，而快乐水平只能解释 10%。

（四）审美判断的潜在维度

最后的一组研究表明，兴趣和快乐是影响审美判断的两个潜在因素（参见 Berlyne，1974a）。一些实验要求被试评价大量的条目，然后提取影响审美判断的一般因素。克罗泽（Crozier，1974）让被试按语义差异量表（semantic-differential scales）评价所选的音乐片段。根据信息论原则（Berlyne，1957；参见第二章），旋律是按照一种不确定的变化模式随机构建的。对评价结果的因素分析发现了两个独立因素：愉悦性和有趣性。此外，复杂性对两个因素得分的影响模式与直接判断兴趣和愉悦的结果模式类似。

在一个与此类似的研究（Evans & Day，1971）中，研究者让被试观看复杂程度不同的多边形，然后测量被试的各种反应，包括自我评价、行为反应（观看图像的时间）和生理唤醒。通过因素分析，研究者发现了影响被试反应的两个因素：第一个因素是兴趣，通过活跃性、复杂性、不确定性、观看时间和皮肤电等方面的数据来反映；第二个因素是快乐，通过是否觉得喜欢、美丽、满意、良好和愉快等方面的数据来反映。有一项跨文化研究选用了加拿大和乌干达的被试，让他们评价视觉图像。与上述研究类似，该研究也发现了兴趣和快乐两个维度（Berlyne et al.，1974）。

在一个心理生理学实验中，研究者让不同类型的被试群体在多个维度上观察并评价一系列的照片（Libby，Lacey，& Lacey，1973）。被试观看照片时，研究者对他们的瞳孔和心脏活动进行测量。和以往的研究结果类似，对评定结果的因素分析发现，随着对图片的兴趣和快乐程度的不同，被试的生理反应也有所不同。对图片的兴趣水平越高，被试瞳孔直径越大，心率越慢，心率的活动模式和婴儿视觉注意研究中的结论是一致的（Langsdorf et al.，1983）。对图片的快乐水平越高，被试心率越快，但瞳孔直径没有变化。

另一项研究是让被试对真实的艺术作品做出反应。与随机生成的刺激不同，被试会看到 15 幅画，并在多个维度上对其进行评定（Russell & George，1990）。一些维度反映了被试对画作的满意度、快乐度和喜爱程度，而另外的维度则反映了被试对画作的复杂性和熟悉程度的认知。实验结果与以往的研究一致，被试对兴趣和对快乐的评定分数之间没有相关。库普奇克和格博泰斯（Cupchik & Gebotys，1990）让专业画家和新手画家在多个维度上对 12 幅画进行评价，兴趣维度反映了对画作的复杂性、新颖性和意义性的认知，而快乐维度则反映了对画作的简洁性和感情性的认知。

（五）兴趣和快乐的功能

汤姆金斯（Tomkins，1962）提出，兴趣和快乐的功能不同（参见 Consedine，Magai，& King，2004）。兴趣激励人们去接触世界新奇和复杂的一面，随着时间的推移，不断促进人们知识和能力的增长。相反，快乐起着奖赏功能——它帮助人们建立对熟悉事物的依恋，并在实现目标时进行奖励。汤姆金斯指出，两个功能会形成冲突，尤其是人们必须在陌生和喜爱的事物之间做出选择时。兴趣鼓励人们去自己最爱的餐馆尝试一道新菜，而快乐则鼓励人们点过去爱吃的菜。这个观点很有意思——兴趣和快乐的经验差异导致它们拥有不同的潜在功能，但目前还没有研究直接论证此观点。

（六）总结

兴趣和快乐具有不同的起因和结果。这种差异出现在不同的任务类型（看随机生成的图像、听音乐、欣赏画作、完成字谜）、不同的测量类型（自我报告、视觉注意持续时间）和不同的设计类型（实验研究和相关研究）中。所有证据表明，兴趣和快乐是两种不同的积极情绪。

七、本章小结和结论

像所有充满活力的科学领域一样，情绪心理学也存在许多尚未解决的争论，其中的一个争论就是兴趣究竟是不是一种情绪。部分理论认为兴趣是最重要的情绪之一，它与创造性、学习、好奇心和能力均有关（Fredrickson，1998；Izard，1977；Tomkins，1962）。其他理论则认为，最好将兴趣作为一种动机过程、一种认知状态或注意的一个成分（Ortony & Turner，1990；Wilson，1971；参见第八章）。在本章，我们不讨论该问题，因为证据才是最重要的，争论双方都没有对兴趣进行大量的研究。一直以来，研究者对消极情绪的关注远远超过对积极情绪的关注；而在有关积极情绪的研究中，对快乐的研究又占多数（Fredrickson，1998）。

本章先讨论了情绪的一些关键成分，如面部表情及其起因、主观体验和反应的关联。以婴儿（Camras et al.，2002；Langsdorf et al.，1983）和成人（Banse & Scherer，1996；Reeve，1993）为被试的研究，考察了兴趣的面部表情和声音表情。其他研究则发现兴趣在主观体验、表情和行为方面存在联结和一致性。有足够的证据表明，兴趣和快乐的诱因是不同的（Berlyne，1971a；参见第二章）。有研究对兴趣的主观体验进行测量，发现兴趣的主观体验是积极的和主动的（Izard，1977，p. 216），兴趣可以显著促进动机和学习（Rathunde，1998；Sansone & Smith，2000b；参见第三章）。总而言之，这些研究都表明兴趣是一种情绪。

第二章　什么东西是有趣的

人们为什么会有情绪？毋庸置疑，这是情绪研究的中心问题之一。这个问题很明显具有重要的理论意义，如果情绪心理学无法解释为什么人们会在特定情境下产生特定情绪，那么它就是一门不切实际的学科。治疗情绪障碍，控制情绪，平衡和调节积极情绪与消极情绪，这些都需要我们先了解情绪的由来（Thayer，2001）。有些人必须能唤起大家的兴趣感，如演员、教师、作家、魔术师或保育员，这些人需要知道如何操控其他人的情绪。要做到这一点，就必须先了解情绪体验的动态过程。

在第一章，我们综述了兴趣的情绪特征，没有讨论什么时候人们会体验到兴趣。兴趣的起因（有大量的文献探讨这个问题）需要单独一章来分析。在本章，我们将探讨兴趣根源的两个基本问题。

第一个问题，兴趣是如何产生的？很多领域的研究者对兴趣的由来进行了研究，这些领域包括美学、儿童发展、动机、情绪、教育、文本加工以及职业爱好等等。研究结果是一致的，但对结果的解释各不相同。兴趣是源于最佳唤醒水平的转移（Berlyne，1960），是源于厌烦驱力（Fowler，1965），还是源于认识到了知识的缺憾（Loewenstein，1994），又或者源于认知的评价（Roseman & Smith，2001）？针对这一问题，我们会总结出有关兴趣起因的理论，权衡实验证据并得出结论。

第二个问题，唤起兴趣的事件在其刺激强度达到一个很高的水平后，会不会导致兴趣水平的降低？一些理论指出，兴趣的起因与兴趣感觉是二次方的关系，即二者呈倒U形曲线（Walker，1981）。倒U形偏函数可以追溯到冯特（Wundt），他认为刺激强度和情感是倒U形函数关系（如图2-1所示）。在该函数（通常被称作冯特曲线）中，随着刺激强度的增加，积极情感也会增加，直到刺激变得不那么愉快并最终令人厌恶（Berlyne，1971a）。倒 U 形曲线的解释和论证都很困难。在对过去的理论进行评估之后，我们将基于情绪评价理论（Ellsworth & Scherer，2003）提出新的视角，并通过新的实验来支持此理论（Silvia，2005a，2005c）。

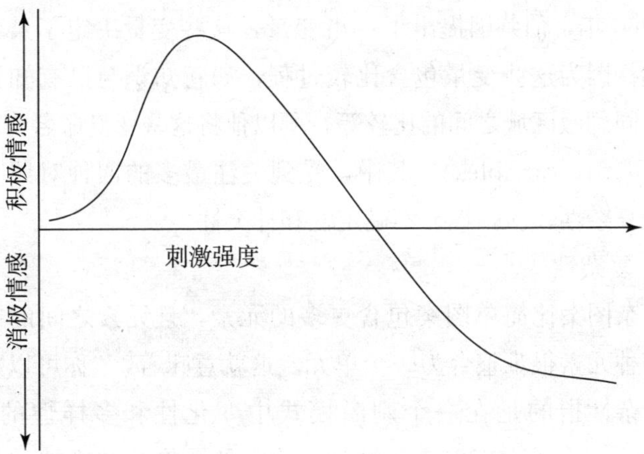

图2-1　冯特曲线

一、兴趣的理论

（一）伯莱因的好奇心理论

丹尼尔·伯莱因（Daniel Berlyne）是现代兴趣研究的开拓者(Day，1981；Furedy & Furedy，1981)。直到他去世几十年后，他的理论仍有影响力，尤其是在美学研究领域（Konečni，1996；Silvia，2005b）。伯莱因是第一批认真地把兴趣作为学习理论问题，更普遍来说作为心理学问题的学者之一（Berlyne，1949）。他提出了几个有关好奇心的理论。出于对神经科学发展的敏感性，加上生理学研究也表明知觉、唤起和奖励之间存在新的关系，因此伯莱因对自己的好奇心理论进行了修正。我们将暂且忽略他早期的好奇心驱动理论（Berlyne，1954a，1954b），把重点放在伯莱因分别于

1960 年和 1971 年提出的两个唤醒理论上。我们希望通过深入细致地分析伯莱因的工作，来弥补对其他重要的“最佳水平”理论的忽视（Fiske & Maddi，1961a；Hebb，1949，1955；Hunt，1965，1971；Leuba，1955）。和其他的理论相比，伯莱因更多地探索了兴趣的起因，他的研究最能解释困扰最佳水平理论的概念问题。

1960 年，伯莱因提出了一组变量，这些变量决定了某事物是否有趣。因为这些变量包含比较过程，如新知识与已有知识的比较、不同刺激区域之间的比较等，所以他将这些变量命名为对照变量（collative variables）。其中，受到关注最多的四种对照变量分别是：复杂性、新颖性、不确定性和冲突性。

1. 复杂性

复杂图案比简单图案包含更多的元素，且元素之间的差异更大，各种元素很难整合为一个单元。这就意味着，“你可以粗略地说，复杂性指的是在一个刺激模式中变化性和多样性的总量”（Berlyne，1960，p. 38）。对复杂性的常见操作就是给被试呈现随机生成的不同边数的多边形，一些多边形的例子如图2-2所示。复

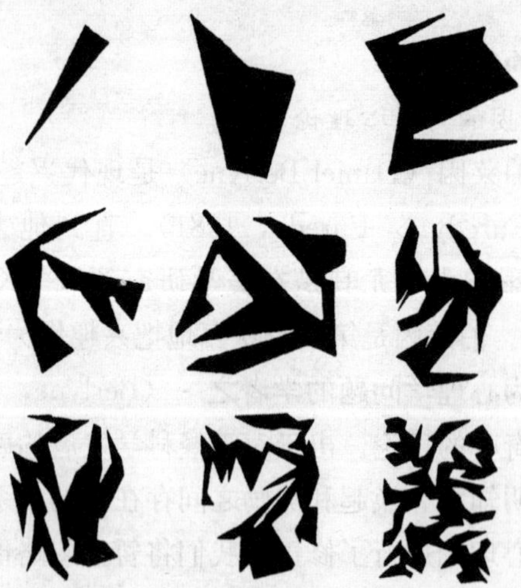

图 2-2 随机生成的复杂程度不同的多边形

杂的图案往往有几种不同的分类，整体中某部分和其他部分是冲突的。对于简单模式，如1，0，1，0，…交替出现，我们很容易从部分推测出总体。而对于复杂模式，由于部分几乎无法代表整体，因此我们无法通过部分来预测整体。

2. 新颖性

从直觉上讲，新颖性似乎与兴趣有密切联系，但伯莱因（Berlyne，1960）注意到新颖性是一个模糊的概念。新颖性具有负面的特征，即新颖刺激不具有“以前出现过”这个特征。而这种缺乏特征又是如何引起兴趣的呢？伯莱因认为，新颖性之所以会引起兴趣，是因为新颖的事物往往蕴含于人们熟悉的分类之间。事实上，没有什么是真正新颖的，所有事物至少都可以被归为是有形的和可感知的。概念等距在竞争性分类和解释之间制造了冲突。新颖的事物也会和预期相冲突，使不可能事件成为可能。伯莱因区分了三种新颖感：短期的新颖感（short-term novelty），是指与最近的经历相悖所产生的新颖感；长期的新颖感（long-term novelty），是指在一个更长时间段的新颖感；完全的新颖感（complete novelty），是指人们在遇到一个全新的事物时所产生的新颖感。

3. 不确定性

在信息论中，不确定性（uncertainty）有专门的含义（Shannon & Weaver，1949）。信息论并非一种针对特定主题或内容的理论（Frick，1959；Garner，1962），也许将其看作一种思考自然和信息结构的方法和观点更为恰当。正如伯莱因（Berlyne，1965）所说的：“在以下几种情况下，都存在一定程度的不确定性：（1）当所有可能事件都会发生时；（2）事先不知道某件事情会在特定时刻发生；（3）当每个可选项的发生都有特定的频率或可能性时。”（p. 31）

信息论认为不可能性即 $U=\sum_{i=1}^{n} p_i \log_2 1/p_i$ ，其中 p 就是事件 i 发生的可能性（Attneave，1959）。由该公式可以看出，不确定性有一些很有意思的特点。首先，不确定性随着可选项的增加而增加，因为不确定性本身就是选择的集合，而所有选择都是平等的。例如，与只有两个候选人相比，有五个候选人时，不确定性必然更大。其次，如果每个事件发生的可能性相同，不确定性也会增加。与一个候选人有明显优势的情况相比，如果五个候选人获胜的可能性相同，那么不确定性也会更大。结合这两点我们可以看出，当大量的选项之间都平等时，不确定性会达到心理上的极大值。

体育比赛就是一个很好的不确定性的例子。在网球比赛中，第一轮比赛会在一个卫冕冠军和一个资格赛选手之间进行，那么结果会相当明显。在我们看来，有两个事件，i_1（卫冕冠军赢）和 i_2（非种子选手赢）。如果说卫冕冠军有 90%的概率赢，那么不确定性结果 $U=0.90\times\log_2 1/0.90+0.10\times\log_2 1/0.10=0.47$。而在比赛的最后一轮，两个选手水平相当，可能性变得相近了，那么不确定性也就增加了。如果卫冕冠军有 50%的概率赢，那么不确定性 $U=0.50\times\log_2 1/0.50+0.50\times\log_2 1/0.50=1$。这个结果表明选择数量保持不变时，不确定性是如何变化的。

4. 冲突性

伯莱因（Berlyne，1960）经常使用“冲突性”这个概念，“当有机体内有两种或者更多不相容的反应同时被唤醒时，我们就可以认为这个生物体处于冲突之中”（p. 10）。这一定义扩展了冲突的范畴，狭义范畴只包含动机性和决策性的冲突（Atkinson，1964）。伯莱因（Berlyne，1960）也说过：“这里所说的‘冲突’的概念是相当广泛的，在我看来，每种高级哺乳动物的正常生活中，冲突无处不在。”（p. 31）冲突性是四个变量中最明显的。冲突性最常见的一种形式是接收到的信息和已经存在的信息不一致，如结果与预期不一致，或部分与整体不一致。通过引入不同或不兼容的分类，刺激也可能引发冲突。研究发现，人们能快速且自发地注意到互相冲突的信息（Locher & Nagy，1996），婴儿早期就有注意互相冲突的事物的倾向（McCall，Kennedy，& Applebaum，1977）。

5. 四个对照变量的相关

伯莱因将这四个对照变量看作一组变量。在早期的文章中，伯莱因经常用“冲突性”来指代这些变量；而在后期的文章中，他又把这些变量归在了“不确定性”之下。其实通过一些数学计算，这四个变量就可以在一个经过修正的信息论公式中表达出来（Berlyne，1957；1960，pp. 34-36）。此外，多变量研究通常发现，这些对照变量会构成一个单一因素（例如，Evans & Day，1971）。但伯莱因并未这样做，因为他一直不愿意把它们归为冲突性或不确定性。正如他在《美学和心理生物学》（*Aesthetics and Psychobiology*）中提到的，“使用信息论的语言可以有效地讨论对照刺激的属性，尽管目前看来，信息论似乎还不足以涵盖这些变量所有值得注意的方面”（Berlyne，1971a，p. 69）。人们感兴趣的大多数事物包含所有或部分上述维度。对这些概念做出精细的区分和界定是很困难的，也不是特别有意义。伯莱因更关注它们的功能关系，即这些变量是如何影响兴趣和动机的。这样，我们也把注意力转向对照变量的动力学特征。

6. 唤醒模型 1：唤醒的潜能和最佳唤醒水平

伯莱因在《冲突、唤醒和好奇心》（*Conflict*，*Arousal*，*and Curiosity*）一书中提到了他的第一个唤醒模型，这个模型解释了复杂性和新颖性这样的变量是怎样影响好奇心和探索行为的。伯莱因没有将这些对照变量直接与兴趣联系起来，他认为一个新颖的刺激本身并不会引起好奇心。与此相反，他通过唤醒潜能（arousal potential）和最佳唤醒（optimal arousal）的概念把四个变量（这也是他的模型中最重要和最难懂的部分）和好奇心联系起来。伯莱因认为，这四个变量都有唤醒潜能，这种潜能会影响网状激活系统（reticular activating system，RAS）的唤醒水平。随着刺激复杂性的增加，刺激的唤醒潜能也在增加，即一个复杂的刺激比一个简单的刺激有更高的唤醒潜能。

和同时代的人一样，伯莱因也根据内驱力和内驱力减少来判断动机和奖励。他认为网状激活系统是驱动系统的神经机制（Hebb，1955）。如果是这样，网状激活系统活动的增加应该是令人反感的，而网状激活系统活动的减少应该是得到奖励的。但为什么人们会追求具有高唤醒潜能的刺激呢？为什么人们会追求新颖、复杂、不确定和冲突的刺激呢？如果人们想要通过减少唤醒来降低内驱力的话，人们应该会避开具有高唤醒潜能的刺激。当然，这也是内驱力理论的最大问题，而伯莱因解决这一问题的方法颇具创造性，也饱受争议：他假设唤醒潜能与唤醒水平之间呈U形关系。和其他人一样，伯莱因也认为唤醒潜能越高，唤醒水平就越高，但不同的是，他认为低水平的唤醒潜能也会激发高唤醒水平。

这个想法听上去很奇怪，缺少刺激也能引起高唤醒水平？一些批评者以直觉的理由驳斥了该观点（Loewenstein，1994）。但这个看似说不通的假说也得到了一些证据的支持。例如，在感觉剥夺实验中，被试会通过哼唱、想象复杂的事情或者四处走动来增加刺激量。还有一些研究发现，人们的确会热衷于听单调乏味的信息，比如旧的股票报告（Schultz，1965）。无聊的人会感到不安和烦躁，也表明了低唤醒潜能与高唤醒水平之间的关联。其他研究发现，当感觉剥夺时间增加时，唤醒水平也会增加（Schultz，1965）。神经病学研究表明，重复刺激减少了对网状激活系统的皮质抑制，从而使网状激活系统得以提高唤醒水平（Berlyne，1960）。

人们经常把伯莱因的理论与赫布（Hebb）的理论搞混。赫布认为，人们更偏爱中等的、最佳的唤醒水平。而在赫尔（Hull，1952）和斯彭斯（Spence，1956）之后，伯莱因认为，人们更偏爱低唤醒水平。唤醒潜能与唤醒水平的关系如图2-3所示，该图也对比了赫布的观点。当唤醒潜能低时，实际唤醒水平是高的：人们通过提高刺激的唤醒潜能来降低唤醒水平。当唤醒潜能高时，实际唤醒水平也高：人们通过降低刺激的唤醒潜能来降低唤醒水平。相较而言，赫布没有区分唤醒潜能和实际唤醒水平。他的模型假设，当刺激强度提高时，唤醒水平也提高。

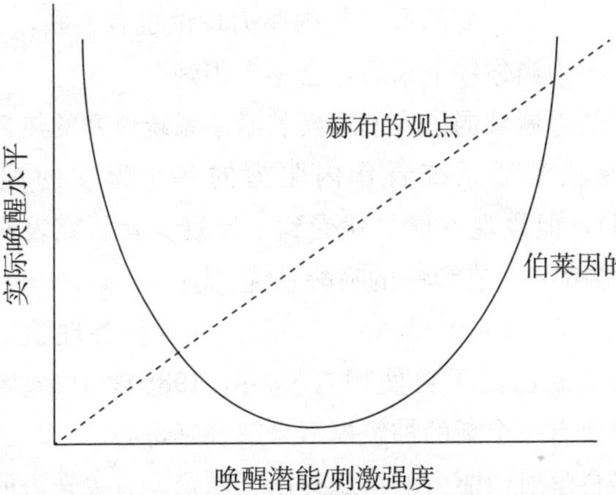

图 2-3　刺激、唤醒潜能和唤醒水平的关系

当唤醒潜能低而唤醒水平高时，人们会去寻求具有更高唤醒潜能的刺激和活动，这会让人们去进行各种探索，漫无目的地寻找能提高唤醒潜能的一切刺激。当找到了这种高唤醒潜能的刺激，从而使唤醒水平突然升高时，人们就会产生好奇心并投入具体的探索当中——探究某个特定事物（Hutt，1970）。人们会试图通过减少刺激的唤醒潜能来降低唤醒水平。经过这个探索过程，刺激的新颖性、不确定性、冲突性和复杂性都在降低，从而使唤醒水平也降到了较低水平。因此，伯莱因假设唤醒水平的降低是一个奖励，以此来解释唤醒搜寻行为，这确实是一个让人耳目一新的有趣理论。

唤醒回复（arousal jag）是从伯莱因的第一个唤醒理论中发展出来的一个辅助概念。他认为，人们有时会寻求唤醒水平的提升，因为唤醒水平的下降是令人愉快的。恐怖电影、云霄飞车和嘈杂的活动很难用内驱力理论（Hull，1952）来解释。伯莱因假定有两种情况可以调节这种效应。第一种情况是，内驱力水平需要适度。人们可能不会追求特别强烈的唤醒，例如，凌晨3点去无人的造船厂寻求恐怖体验，这样做只是为了体验逃生带来的唤醒水平下降的感觉。第二种情况是，人们必须能够确定，高唤醒之后会有轻松的感受。回想起来，唤醒回复的概念与内驱力理论也有关联，“你会打自己的头，是因为当你停下来后，会感觉很好”。

神经科学的进展减弱了人们对网状激活系统研究的热情。内驱力理论家将网状激活系统看作内驱力的一个潜在的神经基础（Hebb，1955），但该观点很快就受到了质疑。有研究表明，无论是身体还是大脑都不存在单一的唤醒系统（Lacey，1967；Pribram & McGuiness，1975；Routtenberg，1968）。在现代心理学中，一般的心理唤醒的概念已经不再使用（Neiss，1988）。1967年，伯莱因意识到，需要有一个新的神经模型来解释好奇心。

由于神经科学对内驱力的概念提出了质疑，有关学习的研究也对强化的内驱力减少模型提出了挑战。在伯莱因（Brelyne，1967）早期的综述中，许多研究都已发现：动物会追求更多的刺激，在获得目标之后，唤醒水平也不会下降。脑刺激研究（Olds，1973）和内驱力唤起研究（Sheffield，Roby，& Campbell，1954）都对内驱力减少会产生激励的普遍观点提出了严重质疑。对内驱力理论家而言，更糟的是有研究发现内驱力增强可以激励学习。内驱力理论的前景也因此变得很严峻（Atkinson，1964；Bolles，1967）。伯莱因（Berlyne，1967）开始意识到，他的第一个唤醒模型的关键假设——低唤醒水平是最佳唤醒水平——是站不住脚的：

> 似乎还是有大量证据支持这一观点：高唤醒水平令人反感，降低到更适度的水平才是有益的……。此外，我还是坚持认为，无聊所产生的不适感更可能是由非常高的唤醒而不是非常低的唤醒所导致的……。但我会修正唤醒回复的概念。许多研究数据都迫使我们去接受这样的假设：在某些情况下，无论之后的唤醒水平是否会降低，唤醒水平的上升都会引起强化和

激励。(p. 30)

7. 唤醒模型 2：拮抗的奖励和厌恶系统

伯莱因（Berlyne，1971a，1974b，1978）的第二个唤醒理论对其第一个理论中神经心理学方面的内容进行了大量修订。基于奥尔兹（Olds，1962）的观点，伯莱因假设，三个神经系统产生冯特曲线。第一个系统是初级奖励系统。只要唤醒潜能增加，该系统就会产生积极情感。和第一个唤醒理论不同，第二个唤醒理论中的唤醒水平上升是一个激励。该系统的激活水平会随着唤醒潜能的提高而上升，最终保持在一个较高水平。第二个系统是初级厌恶系统。只要唤醒潜能增加，该系统就会产生消极情感。该系统的激活水平会随着唤醒潜能的提高而上升，但与初级奖励系统相比，其绝对激活阈值更高。图2-4反映了两个系统的协同作用，将这两条曲线结合就会形成冯特曲线。

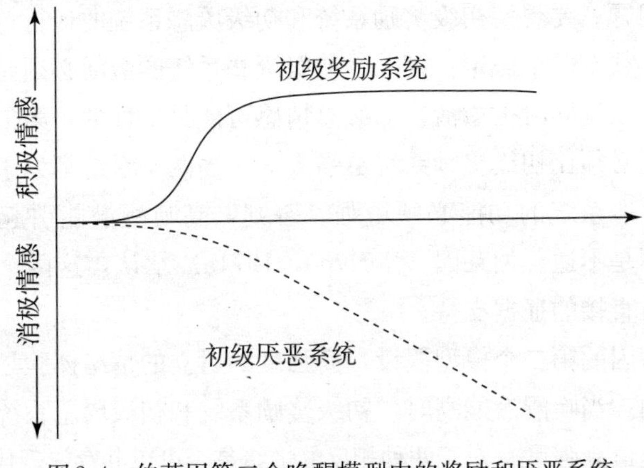

图2-4　伯莱因第二个唤醒模型中的奖励和厌恶系统

和第一个唤醒理论相同，伯莱因仍假设唤醒水平的降低是有益的。他认为，这是通过操作第三个系统——次级奖励系统——实现的，因为该系统可以抑制初级厌恶系统。当唤醒潜能降低时，次级奖励系统就可以抑制初级厌恶系统。个体会体验到快乐，因为初级奖励系统不再受与之同步的初级厌恶系统的拮抗，唤醒回复的奖励效应会根据次级奖励系统的状态做出调整。

尽管两个理论的生理动力学不同，但它们的核心概念——对照变量和唤醒潜能——还是相同的，只不过在第二个唤醒模型中，唤醒潜能和唤醒水平的关系不再是U形曲线的关系。第一个唤醒模型需要这个U形关系的假设，这样才能用单一变量解释趋近和回避行为。伯莱因的第二个模型是更纯粹的享乐主义：人们追求高唤醒刺激只是为自身着想，而不是为了降低高唤醒水平。唤醒潜能的提高本身是有益的，而不是因为低唤醒潜能导致唤醒水平的降低。同时，唤醒水平的降低之所以是有益的，不是因为唤醒水平达到了最佳水平，而是因为它们抑制了厌恶系统。在新的唤醒模型中，伯莱因并未假设低唤醒潜能和高唤醒潜能都会使唤醒水平提高。

修正后的理论虽然避免了最佳水平理论所存在的问题，却带来了新的问题。要想使初级奖励系统和初级厌恶系统的运行符合冯特曲线，必须有两个假定：第一，初级厌恶系统的激活必须延迟——如果两个系统同时被激活，那么总情感可能是中性的。第二，初级厌恶系统必须比初级奖励系统更强大——当两个系统都处于最高强度时，厌恶系统的功能必须更强。否则，高唤醒潜能引起的是冷淡，而不是不适。伯莱因（Berlyne，1971a）承认，这两个假设目前都没有直接的证据支持。

伯莱因的第二个模型假设，高强度的对立的情绪体验是可以同时存在的。当唤醒潜能高时，初级奖励系统和初级厌恶系统的唤醒都会接近最高强度。对于两种相反的情绪是否可以共存，现代情绪理论没有统一的意见（Larsen，McGraw，& Cacioppo，2001；Panksepp，1998），而且这个问题很难凭经验来证实。许多理论认为，情绪可以完全控制知觉和认知过程（Brehm & Brummett，1998），因此，几种情绪同时发生会导致停滞和冲突。无论是哪种观点，这些理论都同意情绪可以独立产生，即使事先或当下不处于积极情绪状态，消极的情绪状态也可以产生。在伯莱因的模型中，快乐和厌恶共享一条路径。当人们感觉不愉快时，快乐系统会先于厌恶系统被激活，但激活时间非常短暂，之后才会激活厌恶系统。这种说法还是有问题的。恐惧刺激可不是先激活“快乐系统”再激活“恐惧系统”的（LeDoux，1996）。

8. 伯莱因理论的总结

伯莱因借助四个对照变量，即复杂性、新颖性、不确定性和冲突性，回答了我们的第一个问题“兴趣是如何产生的”。这些对照变量本身不会引起兴趣，而是通过调节唤醒水平（唤醒模型1）或奖励与厌恶系统的激活水平（唤醒模型2）来间接影响兴趣。伯莱因对倒U形曲线做出了两种解释：在唤醒模型1中，瞬间的刺激决定了人们的唤醒水平。如果信息的唤醒潜能过低，人们会通过追求具有更高唤醒潜能的信息的方式来降低唤醒水平。如果信息的唤醒潜能过高，人们就会通过寻找、回避刺激或两者兼用来降低唤醒水平。处在理想的低唤醒水平的人有时会寻求唤醒水平的快速提高，从而享受随之而来的唤醒水平降低的过程。在伯莱因的第二个唤醒理论中，唤醒潜能的提高首先会激活快乐系统，然后再激活与之相反的厌恶系统。这两个系统的结合便可以形成冯特曲线。

1976年，伯莱因去世，《动机和情绪》（*Motivation and Emotion*）杂志发表了一系列文章讨论他的研究，这些文章的作者普遍认为，要想评价伯莱因的成就，还有待于动机心理学的进一步发展。三十年过去了，如今评价伯莱因的工作和成就更容易了。伯莱因理论中的某些内容比较灵活，有些内容比较顽固。在推翻传统的内驱力理论方面，伯莱因的贡献可能是最大的，但他同时也是使用内驱力理论中的概念最久的研究者。唤醒的概念和内驱力的概念，在20世纪60年代初对伯莱因的工作帮助很大，但也成为他在70年代工作的阻碍。在他未完成但已出版的《好奇心与学习》（*Curiosity and Learning*）一书中，伯莱因（Berlyne，1978）一直在应对这些问题，例如将内驱力等同于唤醒或将好奇心作为一种内驱力。然而，当内驱力的概念被弃之不用时，这些问题也就不是问题了。

伯莱因和学习理论研究者类似，都对情绪持怀疑的观点。1971年，他写道："现代心理学家很少会使用'情绪'这个词……随着许多其他术语逐渐被日常用语所取代，'情绪'所指代的意义也变得不够清晰，也不再适合于科学的用途了。"（Berlyne，1971a，p. 62）随后，他提出情绪仅仅是高度激活的状态，因此可以将其归纳为唤醒。除了在一本有关美学的书（Berlyne，1971a，p. 72）中提到了普拉契克（Plutchik，1962）的环状模型外，伯莱因在自己的主要研究中没有提到同时期的任何一位情绪心理学家（Berlyne，1960，1967，1971a，1974d，1978）。对伯莱因的贡献和影响的回顾表明，这是他研究的主要局限之一（Cupchik，1988；Konečni，1996）。

伯莱因对唤醒的预测并不够好。他认为对照变量通过影响唤醒潜能间接地影响了好奇心：生理唤醒调节了对照变量对兴趣的影响。在后来的著述中，伯莱因（Berlyne，1971b，1978）探讨了唤醒的概念是否有必要存在。为了回应有关"是否有充分的证据证明，对照刺激的属性能够通过唤醒水平的改变来影响动机"的争论，伯莱因提出："为了方便起见，我选择'唤醒潜能'来指代一组刺激属性的集合，这些属性发挥了共同的效用。但是，如果要根据这些刺激属性对唤醒潜能进行严格界定，那就意味着我们对变量效用（形成唤醒潜能）的描述独立于对唤醒水平所扮演角色的假设。"（Berlyne，1971b，p. 192）

在回顾了唤醒水平所扮演角色的相关研究后，伯莱因自己也说："必须承认，这个问题依旧是开放性的，唤醒理论也绝不是密不透风的理论。"（p. 193）内驱力理论的衰落使伯莱因的唤醒理论显得不合时宜（Neiss，1988），伯莱因之后的大部分理论都直接将对照变量和兴趣联系在一起（Chen，2001；Loewenstein，1994；Nunnally，1981；Walker，1980），而唤醒潜能和唤醒的概念后来也没有被证实是必要的。

伯莱因最重要的贡献是他的对照变量模型（Wohlwill，1987）。在心理学领域，他对这四个对照变量的分析依旧是最详细和最具洞察力的。很多领域，如情绪心理学、审美、环境设计、音乐、建筑学和视觉感知等领域的研究者，都借鉴了伯莱因的模型，来理解新颖性、复杂性、不确定性和冲突性如何影响兴趣和快乐。然而，基于对照变量的唤醒理论被废弃了。研究者们认为对照变量对好奇心和动机有着深远的影响，但他们不会把这种影响归因于唤醒水平。

（二）兴趣和情绪梯度

西尔万·汤姆金斯（Tomkins，1962）是第一个将兴趣看作一种情绪的研究者，认为兴趣“是一种被严重忽略的情绪”（p. 337）。他认为兴趣是一种与新颖性相关的积极情绪，能够激励人们去探索新事物。在汤姆金斯的情绪理论中，最不同寻常的是关于情绪引发的“先天激活理论”（innate activator theory）。汤姆金斯（Tomkins，1991）尖锐地批评了情绪的认知评价理论，认为评价性的解释太显而易见了。他认为长久以来形成的对情绪评价基础的普遍共识，应该引起心理学家的怀疑：

> 依我看来，在解释情绪是如何被诱发的这个问题时，认知理论与常识十分接近。几千年以来，在解释我们在做某件事时为什么会产生这样或那样的感受时，每个人都变成了认知理论家。每个人都知道，当事情向好的方面发展时，我们就会很开心，当事情变得糟糕时，我们的情绪就会变得很坏……随便问一个孩子或大街上的一个路人，他们也都会赞同人们害怕受到伤害，而且，无论有多危险，人们都会对无礼行为感到愤怒。(pp. 55-56)

汤姆金斯还认为，评价理论并不能解释由音乐引起的情绪、白日梦和睡梦中产生的情绪以及婴儿的情绪：“这可能意味着，胎儿在通过产道时，会收集产道的信息，一旦降生，在评估过子宫外的

世界后，再哭着降临尘世。”（p. 56）

另外，汤姆金斯（Tomkins，1962，1991）提出，每种情绪都是由特定的神经放电密度所唤醒的，而这种密度取决于输入信息的强度和速度。图2-5所示的即汤姆金斯所认为的每种基本情绪是如何被唤醒的。所有感觉通道所输入的信息的总强度和速度决定了会产生何种情绪，而情绪体验是由输入信息的梯度决定的。提高信息输入的速度会引发兴趣、恐惧或惊吓。当信息快速增长，又不至于引起恐惧和惊吓时，兴趣就会产生；而降低输入信息的速度则会引发快乐的情绪。信息的绝对水平不断变化，将会引发悲伤和愤怒。汤姆金斯没有具体给出梯度的调节因素，而这些因素决定了给定的梯度是过于陡峭还是过于平缓。

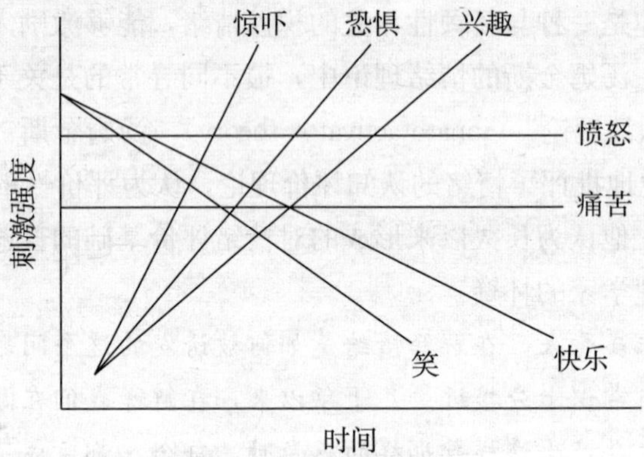

图2-5 汤姆金斯关于情绪的先天激活模型

汤姆金斯的面部表情理论对情绪科学有持久的影响，但他的情绪先天激活模型几乎没产生什么影响。这个模型排除了认知的因素，试图根据信息强度，重塑影响情绪的所有变量。帕金森（Parkinson，1995）认为“这个模型很难解释复杂的系列事件引起的情绪反应，强度变量不能不依赖于情境的情感意义而进行有意义的界定”（p. 57）。进一步讲，与汤姆金斯的模型假设相比，情绪有更多的神经特性（LeDoux，1996；Panksepp，1998）。最后，当代的研究表明，认知过程对情绪的激活很重要（Ellsworth & Scherer，2003；Roseman & Smith，2001），情绪心理学家没必要在“认知”和“非认知”理论之间做出选择（例如，Izard & Ackerman，2000；Smith & Kirby，2001）。

总之，汤姆金斯回答了我们的第一个问题：人们为什么会感兴趣？在输入信息的速度很快但又不至于引起恐惧和惊吓时，信息的增加会提高兴趣。汤姆金斯没有提出解决倒 U 形模型的好方法。他在兴趣和恐惧之间假设了一个刺激阈值：提高输入信息的速度会唤醒兴趣，如果这个速度超过兴趣的范围，则产生恐惧，这就是恐惧阈值。如果我们不知道是什么决定了兴趣和恐惧的阈值，那就不是一个令人满意的答案。然而，汤姆金斯作为第一个将兴趣看作一种情绪的研究者，其观点还是值得关注的。

（三）兴趣是一种厌烦驱力

尽管福勒（Fowler，1965）提出的兴趣模型是一种对正统观点进行加强的模型，但是它仍是独一无二的。福勒认为，赫尔（Hull，1952）的内驱力理论能够很容易地解释好奇心和探究行为，只要假设一个厌烦驱力（boredom drive），这个内驱力“可根据动物接触或‘熟悉’一个相对不变的刺激条件的时间长度，或者反过来，根据动物接受的刺激变化被剥夺的时间长度来定义”（p. 42）。对福勒来说，好奇心有着特殊的含义：“好奇心是习得的，是根据一些工具性行为模式，对刺激中的变化产生预期的反应。因此，当动物刚到一个新的或是不熟悉的环境时，不会立刻产生好奇心，只有在随后的机会或尝试中，动物习得对不熟悉的刺激进行预期反应之后，才会产生好奇心。”（p. 58）

当一只无聊的动物第一次遇到一个新奇事物时，它不会感到好奇。只有在那种能够激励动物去寻找新奇事物的厌烦驱力减少之后，它才有可能产生好奇心。好奇心的产生需要部分预期反应（fractional anticipatory responses）——学习理论中有关预期的一个复杂术语——的发展。例如，减少饥饿感的行为（咀嚼、分泌唾液）产生的内部感受，内驱力减少的感受，这两种感受都是目标反应（实际进食）的经典条件。如果动物在内驱力减少之前做出反应，如开始走向食物，这种反应会引起部分的饮食反应（少量分泌唾液，嘴巴微微运动），这种反应会变为另一种刺激。因此，动物会产生这样的“预期”，即走动会带来食物，因为它觉得自己的反应就像是在吃东西。对这整个过程的解释就是著名的“r_g-s_g 刺激反应机制”（Hull，1952；Spence，1956）。

举个福勒模型的例子，想象一只无聊的老鼠在一个五彩缤纷的迷宫里游荡，对迷宫的探索（最终的目标反应）使厌烦驱力减少，从而形成了一种习惯；所有为减少内驱力做准备的反应（走向和进入迷宫）和内驱力减少的感受之间形成条件反射。下次感到无聊时，它会在习惯的引导下，开始走向这个迷宫，走向迷宫（反应）的行为会诱发老鼠部分的探索模式（如轻微地触动胡须）。这种反应唤起了它的内部刺激（胡须触动的感觉），从而放大了内驱力，并促使它继续探索色彩斑斓的迷宫。在福勒看来，这就是好奇心——动物现在“期望”走进迷宫以减少内驱力，因为内驱力降低的这种感受与减少内驱力的行为之间形成了条件反射。

使用内驱力理论的概念来解释好奇心是一件简洁但颇具颠覆性的事情，经典的内驱力理论可能是解释好奇心最大的绊脚石。然而，我们还是有很好的理由认为内驱力理论是经典理论。现代动机心理学尚未发现以下结论的证据：存在的内驱力，存在仅仅依赖于内驱力减少的强化，在经典条件反射的基础上能形成复杂而持久的联系链，部分反应引起本体感觉的条件作用（Atkinson，1964；Bolles，1967）。此外，有理论认为行为都有一个微型但不完整的“部分版本”，对于反应的本性，该理论有一个很强的假设，并且该理论展现出了学习理论家如何专注于探究饥饿老鼠做出的简单行为（Harlow，1953）。伯莱因（Berlyne，1978）批判了福勒的理论，他指出人能够接受刺激，并且一直在探寻更多的刺激（例如，Berlyne，Salapatek，Gelman，& Zener，1964）。最后，福勒模型中好奇心的功能基础和现代理论之间的关系似乎有些古怪。一个厌烦驱力模型认为，好奇心没有动机或认知功能。福勒将好奇心看作动机的附属物而不是动机本身，他认为，和其他反应一样，好奇心也是一种条件性（r_g）反应。

那么，福勒的模型是如何回答我们的两个问题的呢？福勒没有讨论人们为什么会觉得有趣或无聊。在他的模型中，人不是主动追求有趣，而是为了避免厌烦。当人们感到厌烦时，只要不提高内驱力，做任何改变都是可以的。福勒没有考虑倒 U 形模型的问题，也就是我们的第二个问题。这样看来，与学习理论试图复兴赫尔关于动机的内驱力理论类似，福勒所提出的模型也以失败而告终。内驱力理论终究还是回天乏术。在认知主义、动机的期望—价值理论和无兴趣等概念稳步兴起的背景下，福勒出版的著作表明传统的动机概念慢慢退出研究舞台。福勒没有抱怨黑暗，而是点燃蜡烛，使其他研究者可以朝向更加光明的方向前进。

（四）兴趣和信息冲突

农纳利（Nunnally，1971，1972，1981）提出了一个与众不同的看待兴趣的视角，他第一次否定了动机性和生理性的概念，也第一次提出了认知变量可能直接影响兴趣感。他认为影响视觉探索的主要因素是信息冲突（informational conflict）：“信息冲突大致与信息不协调这个术语同义，但信息冲突这种说法在某种程度上更准确，同时也更受局限。信息冲突指的在识别、标记、记忆、分类和编码刺激时信息间的竞争。”（Nunnally & Lemond，1973，p. 67）

新奇的事物、陌生地点的熟悉事物以及任何包含冲突特征的事物都存在信息冲突，这个概念与伯莱因所使用的冲突性变量最为相似。信息冲突的例子包括带有鸟类羽毛翅膀的飞机图片，还有模棱两可的句子，如“人诱惑狗”，以及自相矛盾的句子，如“任性与终生热情之间的唯一区别就是任性持续的时间更久一点儿”(Wilde，1998，p. 19)。

农纳利模型的独特之处在于其对情绪和注意的看法。和伯莱因一样，农纳利认为信息冲突的情绪反应符合冯特的偏好曲线：“生物体对信息冲突的情绪反应会随着冲突强度而变化：轻度的信息冲突是令人愉快的，中度的信息冲突会令人产生晕眩和不真实的感觉，而高度的信息冲突会导致焦虑和困惑。”(Nunnally & Lemond，1973，p. 69) 和情绪相对应，信息冲突与视觉探索之间存在一种简单的线性函数关系。情绪可能是消极的，但人们会持续探索。根据该模型，没有哪种程度的冲突水平会导致视觉回避，这种预测将农纳利的模型与其他所有模型都区别开来。农纳利模型中信息冲突的功能与唤醒、内驱力甚至生理条件都没有关系，信息冲突对情绪和注意的影响被认为是一个基本准则，而且是“人类取向”(human tropism)(Nunnally，1972) 的规则。农纳利认为倒 U 形模型是存在的，但他没有解释其产生机制。

农纳利和莱蒙德 (Nunnally & Lemond，1973) 回顾了有关成人视觉搜索的研究，这些研究也支持了他们的模型：大部分研究发现，视觉搜索与信息冲突之间存在一种线性函数关系。然而，如果知觉是趋近和回避的第一步，那我们可以预期，在某些节点人们会回避信息冲突。视觉搜索实验之所以没能发现信息冲突与观看时间之间的倒 U 形关系，有以下两点原因。

第一，在视觉搜索实验中，信息冲突的绝对水平不是很高 (Maddi，1971)。在绝对意义上，常见的刺激材料，如复合棋盘图案、随机多边形、穿西装长翅膀的狗，并不是很复杂。使用复杂音乐所做的实验发现，成人对音乐的偏爱与音乐的复杂程度之间是二次方的关系 (Bragg & Crozier，1974)。与比较简单和比较复杂的音乐相比，人们对中等复杂程度的音乐更感兴趣。当允许人们选择旋律时，更多的人会选择中等复杂程度的旋律而不是很简单或很复杂的旋律（Hargreaves，1986；Kinney & Kagan，1976；North & Hargreaves，1995）。

第二，实验结果得出线性模型而不是倒 U 形模型是统计造成的。沃克（Walker，1980，1981）曾经发出警告，认为综合信息掩盖了重要的个体信息（Nezlek，2001）。在关于冲突和搜索的数据中，一些数据呈线性趋势，另一些数据呈倒 U 形趋势（Aitken，1974）。将这些趋势进行平均，得到的可能是一种较平缓的线性趋势，也可能是倒 U 形趋势，这取决于倒 U 形趋势所占的比例以及在基线观看时间上的个体差异。在某些情况下，即使大多数数据呈倒 U 形趋势，只占少数的线性趋势也会导致总体呈线性趋势（Walker，1980）。当然，心理学关心的问题是为什么人类对信息冲突会做出不同的反应。

（五）兴趣和信息缺口

根据信息理论，洛温斯坦（Loewenstein，1994）提出了一个有趣的好奇心理论，也称为信息缺口理论（information gap theory）。他认为："当个体把注意力集中到知识缺口上时，好奇心就会产生。这种由信息缺口所引起的缺失感称为好奇心。好奇心会激励个体去获得未知的信息，从而减少这种缺失感。"(p. 87）洛温斯坦用信息理论的不确定性公式 $U=\sum_{i=1}^{n} p_i \log_2 1/p_i$ 定义了信息缺口，信息缺口的绝对大小等于个体的"信息目标"（通常是总确定性）减去个体当前的信息水平。

其中，知识缺口是 U>0，即不确定性是存在的。人们想知道洛温斯坦所说的不确定性和伯莱因所说的不确定性（也是用同样的公式定义的）对好奇心有什么不同的影响。事实上，信息缺口理论和伯莱因的理论是非常相似的。伯莱因是第一个提出用信息理论的概念来解释好奇心来源的人，他还在几个领域发展了这一观点。伯莱因在每个主要研究工作中都讨论了信息理论，这些文章的主题包括不确定性（Berlyne，1957）、好奇心理论（Berlyne，1960，chap. 2）、思维理论（Berlyne，1965，chap. 2）、好奇心在美学中的应用（Berlyne，1971a，1974），还有他未完成的有关好奇心与学习的著作（Berlyne，1978）。

根据信息缺口理论所提出的动机理论与伯莱因（Berlyne，1960）的第一个理论在其他方面是类似的。洛温斯坦假设好奇心是一种厌恶状态，如果真是这样，那么我们就会提出与洛温斯坦所说的“接触好奇事件的主动性问题”相类似的问题：人们何时会寻求厌恶状态呢？洛温斯坦认为好奇心是令人厌恶的，但好奇心的减少是令人愉快的，这也就是之前所讨论过的伯莱因的“唤醒回复”：人们之所以会去追求具有高唤醒潜能的刺激，是因为唤醒水平的降低是令人愉快的。无论如何，这个“自发接触的问题”是在“好奇心是令人厌恶的”这个理论假设前提下引出的。而我们在第一章也讨论过，有关兴趣主观体验的研究发现，人们倾向于将好奇心评定为一种正面的、积极的情绪状态。所以，洛温斯坦提出的这种相反的假设还需要实证研究的支持。

先不谈信息缺口理论与伯莱因理论的相似之处，信息缺口理论本身也存在一些缺陷。首先，该理论没有解释倒 U 形模型。洛温斯坦假设不确定性与好奇心之间是一种线性关系，即无论不确定性水平如何，都不可能导致回避、焦虑、无聊或惊奇。但许多研究结果都发现了倒 U 形模型，其中的绝大部分还是在洛温斯坦提出该观点之前发现的（Walker，1980，1981）。所以，一个兴趣理论应该解释为什么会出现这种情况。其次，信息缺口理论太狭隘了。该理论认为，现实和理想的信息状况之间的不一致会导致不确定性，而这种不确定性会引发人们的好奇心。这种分析只适用于一部分兴趣的实例。例如，当四个虚构的人物中有一个肯定是凶手，或者 50 个州中必有一个位于最东边时，根据信息缺口理论，我们可以很容易解释好奇心的产生。但是，所有好奇心都是由不确定性和信息缺口引起的吗？内部不一致的客体也能引起人们的兴趣，比如带有羽毛翅膀的飞机（Nunnally，1971）。对于这种情况，什么是现实的知识状态？什么是理想的知识状态？为什么随机产生的多边形也会引起兴趣呢？因此，我们有必要采用更宽广的视角来解释好奇心的原因。

信息缺口理论就像新瓶装旧酒。和伯莱因一样，洛温斯坦也是用信息论的原理去解释好奇心，但与伯莱因不同的是，他没有解决这种方法所存在的问题。首先，好奇心的所有诱发物（如新颖性和复杂性）都可以归类为信息论所定义的不确定性吗？我们有充分的理由认为兴趣是由一组变量所引起的，而不是把所有的这些变量统统归为不确定性（参见 Berlyne，1971a，p. 69）。其次，一个兴趣理论应该对倒 U 形模型做出解释，即人们何时以及为何会回避高不确定性。最后，真的是因为好奇心是一种消极状态，个体为了避免这种消极状态才去降低好奇心的吗？除了与兴趣主观体验的研究有自相矛盾之外，动机的内驱力减少模型（参见第一章）实在过于奇怪，以至于没有人去批判它。

（六）兴趣的多种诱因

最近的一个兴趣理论提出，瞬间的兴趣感觉是由多种原因引起的（Chen，2001）。兴趣有五种不同的诱因：新颖性、挑战性、注意需要、探索意向和瞬间的快乐。每种诱因都对兴趣体验产生线性影响。研究者们使用自陈量表（包括 24 个项目）对这些诱因进行了测量（Chen，Darst，& Pangrazi，1999）。这个量表包括五个分量表，分别对应兴趣的五种诱因，还包括一个总体兴趣分量表，用来评价普遍的兴趣感。测量结果表明，每种诱因都会影响总体的兴趣体验，但一些诱因对其他诱因的影响有调节作用（Chen，Darst，& Pangrazi，2001）。具体来说，前四种诱因（新颖性、挑战性、注意需要和探索意向）是通过影响瞬间的快乐感觉（instant enjoyment）——一项活动快速引发的愉快水平——来影响兴趣的，而瞬间的快乐感觉会引起兴趣。简言之，兴趣有五种来源，但一些来源是通过其他来源起作用的。除了这种新的推测之外，这个理论之所以值得关注，还因为它研究了人们对于体育活动而非图片或文本的兴趣（Chen & Darst，2001，2002）。

陈（Chen，2001）的理论首次从多层次视角看待引起兴趣的原因。然而，和信息缺口理论一样，该理论也不认为兴趣的诱因与兴趣感觉之间存在非线性的关系，因而也无法解释倒 U 形模型。解释倒 U 形函数是该模型的一大负担，因为过去的研究表明，兴趣不会随着这五种诱因的增加而线性提高。例如：高新颖水平有时唤起的是愤怒而非兴趣（Berlyne，1970）；超出人们能力范围的挑战，会使兴趣降低并促使人远离该挑战（Silvia，2003；Wright & Kirby，2001）。

此外，陈（Chen，2001）的理论认为，瞬间的快乐是普遍兴趣感的先兆，如新颖性这样的因素会提高瞬间的快乐水平，从而提升兴趣。鉴于兴趣和快乐之间的经验差异（参见第一章），将快乐作为兴趣的一个诱因是有问题的，尤其是还有研究表明，新颖性和复杂性对兴趣和快乐存在相反的影响。那为什么瞬间的快乐可以调节其他四个因素对兴趣的影响呢？陈的量表对兴趣和快乐的测量有很高程度的重叠，其中，测量“总体兴趣”的项目半数与快乐有关，而其他分量表与总体兴趣分量表之间却没有重叠。项目的重叠使瞬间的快乐与总体兴趣两个分量表之间存在较高的相关，因而导致部分与整体之间关系的偏差。

二、对过去的兴趣理论的评价

本章回顾了许多有关兴趣来源的理论，从内驱力减少和唤醒水平改变到信息的缺口和冲突，其中的许多理论都明显是不合时宜的，但它们提出了解决这一问题的不同方法。那么，这些理论究竟有没有解释兴趣的来源呢？首先，这些理论基本回答了第一个问题，即什么是兴趣。大部分理论都提到了伯莱因所说的那组对照变量——冲突性、不确定性、新颖性和复杂性，或者类似的变量，如信息冲突（Nunnally，1981）或信息缺口（Loewenstein，1994）。这种融合为对照变量影响兴趣提供了有力的实证支持。这种影响效应可以泛化到不同的测量类型（自我报告，探索、选择和注意的行为测量，生理测量）、不同的样本类型（婴儿、儿童和成人，动物）、不同的刺激类型（画作、文章、视频片段、音乐、体育运动、随机产生的图形）、不同的研究设计类型（相关评价、对照变量的操纵），以及不同的文化。

但这些理论在对倒U形模型的解释上存在分歧。解释倒U形模型需要两个因素：第一个因素显然就是对照变量的强度；第二个因素是一个调节变量，该变量决定了有趣与无聊间的转折点。不同的理论对第二个因素有不同的观点。一些理论家认为，兴趣和恐惧之间存在一个阈值（Tomkins，1962），奖励和厌恶系统之间存在一个阈值（Berlyne，1971a），或定义刺激的最佳水平也存在一个阈值（Berlyne，1960；Hebb，1955）。而其他人则把倒U形曲线当作一个经验事实，但并没有对此做出解释（Nunnally，1981；Walker，1981），有的甚至没有讨论倒U形模型（Chen，2001；Loewenstein，1994）。用阈值来解释倒U形模型是行不通的，研究结果并没有支持任何阈值理论，尤其是以刺激的最佳水平为基础的理论。阈值的提出还引出了一些新问题，即：阈值为何会存在？阈值为何会随时间变化而变化？为何每个人的阈值不同？这些新问题既增加了理论的负担，也降低了理论的简洁性。

到目前为止，这些理论都存在一个局限，每个理论在解释认知和情绪时都暗含着行为主义的立场：它们将兴趣描述为事件而不是对事件的解释和评价，这种区别虽然微小却至关重要，这一点也是这些理论失败的原因。人们会因为知觉到事物复杂就感兴趣，还是因为他们将其评价为复杂事物而感兴趣？与此类似，对于恐惧体验的解释也有两种：恐惧的产生是因为知觉到事物本身是有害的还是因为人们将其评价为有害的事物？第一种解释是把兴趣归因为事件，而第二种解释则是把兴趣归因为对事件的认知加工。将情绪的起因归结为刺激和事件的客观属性体现了行为主义的思想，大部分的兴趣理论都是在这种思想的背景下发展起来的。而出现这种状况的大部分责任都源于伯莱因的行为主义根基和他对认知心理学的怀疑（Berlyne，1965，1975；Cupchik，1988）。

那么，为什么这是一个问题呢？将情绪归因于事件的客观属性而不是对事件的主观解释有何不妥之处吗？把兴趣归因于事件本身而不是对事件的主观解释，就无法解释情绪体验的变异性（Roseman & Smith，2001）。例如，与新手相比，专家会对复杂的艺术更感兴趣（Crozier，1974；Hekkert & van Wieringen，1996；Walker，1980）。艺术作品本身的客观复杂性无法解释这种差异，而给专家设置一个不同的阈值是一个很空洞的解释（Berlyne，1971a）。要想解释为什么同一事件对不同人有不同影响，为什么同一事件对同一个人在不同时间有不同影响，必须考虑对事件的主观评价（Lazarus，1991；Roseman & Smith，2001）。

现代情绪评价理论将焦点从事件转到了对事件的评价，极大地推动了情绪科学的进步（参见 Scherer，Schorr，& Johnstone，2001）。谢勒（Scherer，2001b）认为，"目前看来，还没有变量可以代替评价（从广义上讲）来解释情绪的诱发和分化"（pp. 389-390）。一个兴趣诱因模型应该充分利用有关认知过程如何引发情绪体验的众多研究成果。

三、评价和兴趣

评价理论的产生解决了过去阻碍情绪理论发展的难点，这些理论认为，情绪产生包含认知过程（Roseman & Smith，2001）。尽管对评价的系统研究是近年才开始的（Schorr，2001a），但思维引起情绪的观点有着悠久的历史。目前，研究者们仍主要致力于解决不同评价理论之间的分歧，但这些分歧不应掩盖这些理论在实质上的一致性，尤其是在认知和情绪是如何相互影响的这一基本问题上的一致性（Lazarus，1991；Roseman，2001；Scherer，2001a）。

所有评价理论研究者的一个核心假设是：对事件的认知评价引起并建构了情绪体验（Roseman & Evdokas，2004）。评价理论由于无法解释快速产生的情绪而饱受批判（Ellsworth & Scherer，2003）。对许多人来说，认知评价（cognitive appraisal）这个术语会使人联想到对事件及其意义进行缓慢而精细的加工。然而，实际上并没有哪个评价理论假设评价过程必须是有意识的、精细的、深思熟虑的、需要努力的或有目的的。相反，现代情绪理论认为，评价可以是自动且无意识发生的（Smith & Kirby，2001）。例如，对一件事的新旧、好坏或这件事与目标的关系的评价，展开过程都是非常迅速的（Scherer，2001a）。

有关评价的研究可以分为两类，一类是关于评价结构的研究，另一类是关于评价过程的研究。对评价结构的研究确定了情绪所包含的认知模式。大部分理论都用一系列基本的评价元素来描述情绪的评价结构。例如，一般的评价元素包括评价事件是否与目标有关、评价应对事件的资源、对诱因和责任的归因、判断事件与动机或目标的一致性程度、评价行为是否违反了个人和道德的标准等（Lazarus，1991；Roseman，2001；Scherer，2001a；Weiner，1985）。每种情绪都有自己独特的评价结构。① 例如，快乐评价包括：（1）评价事件与目标有相关性；（2）评价事件与目标有一致性；

---

① 尽管这些理论有很大重叠，但不是所有理论都赞同情绪的评价结构（Ellsworth & Scherer，2003）。本章并未深入探究各种评价理论之间微妙复杂的差异（参见 Scherer et al.，2001），我们认为，最重要的观点是：认知评价是情绪体验的基础。

(3) 预期有利的事件继续发生 (Lazarus, 1991, p. 268)。愤怒评价包括:(1) 评价事件与目标有相关性;(2) 评价事件与目标不一致;(3) 判断事件对自己的社会尊重和自尊的威胁程度;(4) 因为受到威胁而指责某人。

一些理论将评价成分整合成了一个整体的、抽象的主题,即核心相关主题 (core relational theme) (Lazarus, 1991)。例如,对快乐来说,这个核心相关主题被描述为"朝着目标实现的方向取得合理的进展"(Lazarus, 2001, p. 64),而愤怒的核心相关主题则被描述为"对我的侮辱性冒犯"(Lazarus, 2001, p. 64)。评价成分的主题性描述和结构化描述是相得益彰的。把评价表现为一个抽象的主题,凸显了由评价过程所产生的连贯的主观含义;而把评价表现为一组判断,凸显了情绪的精细认知结构。

与评价的结构相比,评价的过程很少受到研究者的关注 (Smith & Kirby, 2001)。在评价过程的研究中,关键的问题是评价过程的时间特征。一部分理论认为评价过程是相继发生的 (Scherer, 2001a),即早期评价阶段的结果会输入晚期评价阶段。例如,应该先评价事件的新颖性和它与目标的一致性,再评价对事件的应对和处理能力。从这种理论出发,人们必须先注意到事件并将其评价为紧迫事件,然后再评价自己应对该事件的能力。相反,另一些理论认为,多个评价过程是同时进行的,或者个体是按照抽象主题对事件进行评价的 (Lazarus, 1991)。很少有研究涉及评价的时间特点 (Scherer, 1999)。另一个问题是研究者如何回答与评价过程有关的那些问题。例如,在判断事件是否与目标一致时,人们使用的是哪些信息?人们又是如何评价自己处理压力事件的能力的?

对情绪经历进程的评价,可以解释情绪产生、变化和结束的原因。这个评价过程是循环的:在对事件进行评价之后,人们会对情绪事件的变化做出反应,之后再重评 (reappraisal) (Lazarus,

2001)。在把事件评价为危险事件后，人们会产生恐惧体验。如果一个人试图避免危险的工作，那么，对场景进行重新评价表明威胁消失了，处理威胁的能力增强了。重新评价表明威胁已消除，恐惧体验就会减少。评价和重评的过程展现了情绪的动态特点。父母对孩子发脾气之后可能会意识到过错在自己，这种对自己过失的重评会引起情绪的变化，使父母从对孩子生气变为对自己生气或感到羞愧。

(一) 什么是兴趣的评价结构

不同的评价理论认为情绪的数量不同。到目前为止，评价理论很少讨论兴趣的评价结构（参见 Ellsworth & Smith，1988）。当然，根据认知评价来分析兴趣会增加其复杂性。根据影响其他情绪的评价维度，我们可以构建一种兴趣评价结构的模型。这个初步的评价结构可以根据以往的研究结果进行评估，也可以通过新的实验加以验证，并根据未来的研究需要加以修正。

根据谢勒（Scherer，2001a）的观点，从评价的顺序来看，第一个阶段的判断是新颖性检验（novelty check），即一个事件是不是新的、突然出现的或陌生的。对于兴趣来说，新颖性检验包括判断事物是不是新的、有歧义的、复杂的、模糊的、不确定的、神秘的、矛盾的、意外的或无法理解的，人们可能会将这种评价的输出体验为加工的中断，或体验为一种主观的惊奇感和不确定感。第一个评价维度明显是源于伯莱因（Berlyne，1960）对对照变量的分析。然而，随着对评价概念的强调，伯莱因（Berlyne，1975）的行为主义观点就被主观的认知判断所取代了。在预测兴趣体验时，与事物的“客观复杂性”相比，对事物复杂性的知觉才是最主要的。

正如前面所提到的，倒 U 形模型需要两个维度。如果对兴趣而言，第一个评价阶段是判断一个事件是否新颖，那接下来应该判断什么呢？应对潜能似乎是一个合理的备选项。应对潜能（coping potential）泛指对资源、力量、能力及对相关事件控制能力的评估

(Bandura，1997；Ellsworth & Scherer，2003；Lazarus，1991；Scherer，2001a)。在许多情绪的评价结构中都包含应对潜能的判断（Ellsworth & Scherer，2003）。对兴趣而言，应对潜能指的是：人们对自己能否理解模棱两可事件的评价。当把某件事评价为陌生的、复杂的或模棱两可的时候，人们可能会对不太了解的事情变得连贯而清晰的可能性进行评价。①

因此，最简单的兴趣评价结构包括两部分：一是广义的新颖性评价，二是与理解模糊事件有关的应对潜能的评价。某些评价理论将一组成分整合为一个抽象主题（Lazarus，2001）。人们感兴趣的事件大致可以按主题被描述为“一个没被理解但可以被理解的事件”。和其他情绪一样，对情境的持续评价可能会改变或结束兴趣体验。兴趣体验的结束也可能源于对评价成分的再评价。人们最终可能会理解事件，这取决于对该事件新颖性（广义的解释）的再评价，人们不再把该事件判断为新颖的或复杂的。类似的，个体对应对潜能的再评价也会影响兴趣。例如，当观影者无法对故事形成一个连贯的理解时，最初使他们感兴趣的视频也会变得无趣；相反，如果一篇令人费解的文章背后隐藏的意义被揭示出来，它也会变得让人感兴趣。

（二）实验证据

以往对兴趣的研究多是从评价的视角研究兴趣的起因。例如，评价能力的差异可以转化为兴趣的差异。艺术和音乐方面的专家喜欢相对复杂的图像和旋律，而新手则偏爱相对简单的图像和旋律（Francès，1976；Hare，1974；Hekkert & van Wieringen，1996）。例

① 尽管在兴趣的情绪性感受研究中比较新颖，研究者刚刚开始关注能力的知觉对兴趣的影响，但在职业心理学领域，针对这种影响的研究已经广泛展开。大量的著作中提到，根据一个人的职业自我效能感，可以预测他对该职业的兴趣（Lent，Brown，& Hackett，1994）。这使得兴趣心理学中两个截然不同的领域有机地联系起来，我们将在第七章讨论这一话题。

如，在一个实验中，专家对抽象的画作更感兴趣，也更容易理解（Millis，2001，研究3）。类似的差异在成人和儿童身上也有体现——成人更喜欢复杂的图像和音乐（Bragg & Crozier，1974）。沃克（Walker，1980）所提出的有关复杂性和偏好的“刺猬理论”（hedgehog theory）认为：随着经验的增加，人们会越来越喜欢复杂的活动。这些发现都说明，个体对应对潜能的评价是兴趣评价结构的一部分。专家与新手相比，成人与儿童相比，前者在理解美术和音乐方面的能力更强。

另一项研究也是有关审美的，测量有意义的信息是否会影响人们对艺术作品的情绪反应。一些实验发现，标题可以帮助人们更好地理解艺术作品，从而增强人们对艺术作品的积极情绪反应。例如，抽象画作的标题能够提高观众对理解作品的能力的评价（Russell & Milne，1997），也会让人们更加享受这些作品，这种影响在标题可以详尽阐释画作内容时尤为明显（Millis，2001）。提供大量相关信息，如画家的传记和这幅画的背景，会对理解画作和欣赏画作时的情绪反应有很大影响（Russell，2003）。总而言之，研究一致表明，提高人们对应对潜能的评价可以增强他们的情绪反应。

以往研究与兴趣的评价观点相符：理解能力的个体差异会影响兴趣体验。以往研究结果与一个新假设一致并不意外，毕竟这个新假设是在研究之后提出的。但是，从过去研究中得到的一致证据充其量也只能提供间接支持。研究者还需要做一些新的实验，检验从评价角度出发做出的预测是否准确（Silvia，2005c）。在第一个实验中，被试评价自己的特质好奇心、经验开放性以及理解复杂和抽象画作的能力，然后观看随机生成的多边形（由简单的4条边到复杂的160条边）。主试操控了被试的观看目的：让一组被试选出“最感兴趣的”多边形，让另一组被试选出“最令人愉快的”多边形。实验结果发现，被试对理解能力的评价可以显著预测“最感兴趣的"多边形的复杂程度。如果被试对自己理解复杂画作的能力评价较高，他们就会对较复杂的多边形更感兴趣。此外，结果表明，只有对能力的评价可以预测被试对多边形的选择，而好奇心和经验开放性对多边形的选择是没有影响的，表明评价具有区分效度。与第一章所介绍的兴趣和快乐的差异一致，被试最感兴趣的多边形显然比最令人愉快的多边形更复杂。此外，对理解能力的评价可以预测被试感兴趣的而非感到愉快的多边形的复杂程度，因此，不同的积极情绪的评价结构也是不同的（参见 Ellsworth & Smith，1988）。

在第二个实验中，研究者操纵了被试的应对潜能。研究者要求被试读一首复杂的诗，如图2-6所示。控制组的被试要阅读这首诗，评价自己理解这首诗的能力并报告自己的感兴趣程度。在高能力条件下，研究者向被试呈现与诗歌含义有关的信息，以提高其应对潜能。被试在读诗之前被告知这是一首有关捕杀鲨鱼的诗。结果与研究者的预期一致，高能力组被试比控制组被试对这首诗更感兴趣。中介效应分析发现，被试对理解能力的评价在兴趣的操控效应中具有完全的中介作用。向被试提供有关诗歌含义的额外信息，提高了被试知觉到的理解诗歌的能力，从而提升了被试的兴趣。

如此勇敢地反对男人	such daring against men
用一个如此之大的喉咙	with a throat so big
相隔百年	separated by a hundred years
充满了不幸：血腥的流淌	full of misfortune：the bloody
采取一个疯狂的倾向：吃人肉	flux. taken by a fit of madness
并且在适当的时候，由博物学	prone to eating human flesh
家来对其衡量	and measured，in due course，
	by naturalists
老年个体，几乎消失了，令人	in older individuals it almost
望而生畏，	disappears，rather forbidding，

即使是丑恶的［它是一个海洋的物种］	even repulsive [it is a pelagic species] just as
在世界其他地方也一样是令人厌恶的	troublesome in other parts of the world
（被打碎或搅乱，被它们的占有者投入水中）	(smashed or upset and their occupants cast into the water)
在性活动状态下，更为暴躁，更具攻击性，	in a state of sexual activity are more irritable, more aggressive
但是，这也更具吸引力	*but this only attracted more*
白花花的顶部	and hood of shining white
它进行了可怕的破坏	it carries out terrible ravages
失去了，通常是永久地失去了	lost, and usually permanently
失去了，在这之中，绞拧着自己的手，向天堂哭泣的，	lost, amongst whom, wringing her hands and crying out to heaven,
是女孩的母亲	was the girl's mother

图2-6　《身体上最白的部位》节选

(MacLeod，1999)

第三个实验展示了对新颖性—复杂性和应对潜能两者评价的联合作用。研究者让被试观看图片，这些图片是从现代视觉艺术的图书中抽选的复杂程度不同的图片，并让被试评价对每张图片的感兴趣程度和理解能力。与预期一致，兴趣是由复杂程度和应对潜能共同决定的。对简单图片而言，理解能力与兴趣无关；而对复杂图片而言，理解能力可以很好地预测兴趣，即兴趣会随着理解能力的提高而提高。而且，在控制了可能的混淆变量（如特质好奇心和积极情绪）之后，这种关系依然存在。

第四个实验发现，评价可以预测兴趣的行为表现。研究者让被试在电脑屏幕上观看随机多边形（包括简单的和复杂的）。在学期初，被试对自己理解复杂画作的能力进行评价。被试可以根据自己的意愿决定观看每个多边形的时间，当他们觉得图片无聊时，就可以按键换下一张图片。与评价模型一致，被试对自己能力的评价和对多边形复杂程度的评价这两个因素在影响观看时间的长短时，会发生交互作用。当被试觉得自己可以理解复杂的画作，而且图片又很复杂时，被试观看这张图片的时间最长（如图2-7所示）。除了厘清这两种评价成分的联合作用，该实验还发现，评价对兴趣的影响不只局限于自评报告的研究。

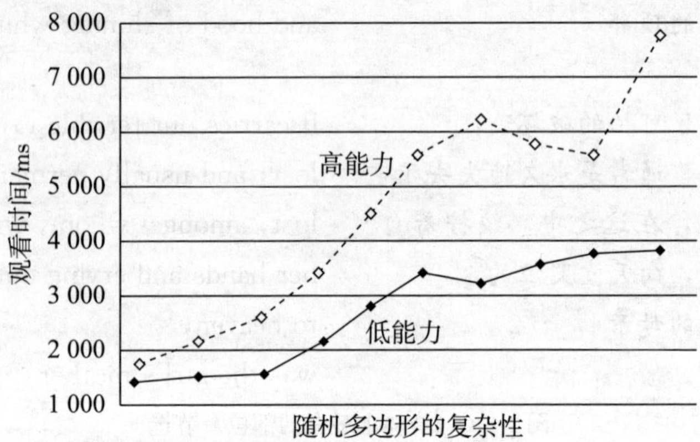

图2-7 能力和复杂性的评价对观看图片所花时间的影响

另一个被试内设计的实验考察了评价和兴趣的关系（Silvia，2005a）。评价应该能够在被试内水平上预测兴趣（Scherer，2001a），但大部分评价研究考察的都是评价和情绪的被试间关系（Reisenzein，2000）。在一个被试内设计的实验中，研究者要求被试观看30多幅抽象画，并对每幅画的感兴趣程度、复杂性以及理解能力进行评价。根据每位被试的大量反应数据，研究者可以对评价和兴趣进行被试内的协方差分析。结果发现，评价可以非常显著地、有力地预测兴趣。该研究为评价的预测能力提供了被试内的证据。此外，在这个样本中，每位被试的评价和兴趣都是正相关的，没有发现任何负相关的数据，因而评价影响兴趣的效应总是正向的。

（三）兴趣的评价理论的前景

评价理论是为了解决情绪心理学所存在的问题而发展起来的（Roseman & Smith，2001）：为什么人们对同一件事会有不同的反应？为什么同一个人对类似事件会产生不同的情绪？情绪是如何随时间变化而变化的？评价理论可以很好地解释被试间和被试内情绪体验的变异（Scherer，2001b）。如果兴趣是一种情绪，那么所有适用于情绪的结构和过程都可以用来解释兴趣。不可否认，这里所提到的兴趣评价结构是比较简单的，但它能够处理一个兴趣模型所必须解释的问题。从广义上来看，兴趣的评价模型把兴趣与对新颖性的评价、对应对潜能的评价联系起来，可以解释为什么不是所有人都对同一件事感兴趣，为什么兴趣会随时间而产生动态变化，以及为什么不同人对同一件事的兴趣反应不同。此外，这种解释根植于以往的理论传统，这种传统极大地推动了情绪研究。

受人尊重的倒U形模型又怎么样了呢？兴趣的评价模型认为不应再使用倒U形模型，原因有两个。第一，情绪并非源于事件的客观属性，而源于对事件的主观解释。因此，把刺激强度和情绪反应独立于刺激类型是具有误导性的。第二，倒U形模型合并了至少两种独立的评价。倒U形模型也许可以从经验上描述事件与情绪的关系，但评价模型可以解释这种关系。而且，把各种评价（如对新颖性和应对潜能的评价）分开来看，更易于解释兴趣产生的根源。

四、本章小结和结论

本章所讨论的主要问题——什么是兴趣——看似简单。在回顾有关情绪的漫长历史的过程中，我们看到了很多折中理论。到目前为止，以往的理论大都不能全面准确地解释兴趣的发生机制。虽然这些理论能很好地解释为什么某些事情会让所有人都感兴趣（大部分理论都与伯莱因的对照变量组类似），但这些理论很难解释差异性，尤其是为什么人们面对同样的复杂事物会有不同的反应。在对前人的理论进行回顾后，本章从情绪的评价理论出发，提出了一种新的分析方法。根据事件本身的“兴趣性”（interestingness）来解释兴趣，忽略了引起兴趣情绪的认知动力学特征。评价理论不是将兴趣的产生归因于事件本身的特征，而是按照个体对事件的认知加工来解释兴趣（Lazarus，2001）。

接下来的一章将重点介绍文本兴趣（text-based interest）的研究，即对阅读者来说，什么特征让文本更令人感兴趣。研究者们提出，影响读者阅读兴趣的因素有二十多种，如连贯性、生动性、具体性、先前的知识、个人相关性和可理解性等。该章综述的观点将有助于整合有关文本兴趣的庞杂文献。很多表面上的原因之所以能引发兴趣，是因为它们影响了评价，通过这些评价引发了兴趣。根据评价理论来解读文本兴趣，可以对一些问题提出新的预测，这些问题如：一致性和先前知识等因素为什么会影响兴趣？如何影响兴趣？我们也会探究兴趣是如何影响文本学习的，人们为什么会从自己感兴趣的文本中学到更多知识。

第三章 兴趣和学习

最早关于兴趣心理学的记载来自教育领域。由于受到赫尔巴特(Herbart，1891)早期研究的影响，像约翰·杜威(Dewey，1910，1913)和费利克斯·阿诺德(Arnold，1910)这样的理论家认为兴趣在思维、学习和动机方面有关键作用。然而，在那时，兴趣的理论并没有在实验上得到验证。在20世纪80年代以前，对兴趣、学习和教育的科学研究不是教育心理学的主要研究内容。而文本加工的研究发现了兴趣的作用，从而激活了以前被忽视的那些内容。兴趣在学习、动机和学业成就等研究领域占据着非常重要的核心地位(Hidi & Harackiewicz，2000；Krapp，1999，2002a；Schiefele，1999；Schiefele & Wild，2000；Schraw & Lehman，2001)。

本章主要从阅读方面回顾兴趣在学习中的作用。文本是向学习者传授信息的重要方式之一，因此，文本兴趣是兴趣和学习研究的主要课题(Hidi，2001；Sadoski，2001；Schiefele，1999；Schraw & Lehman，2001；Wade，2001)。目前有关文本加工的研究越来越多，其中一部分就聚焦于兴趣和文本的问题，并对此进行探讨(Kintsch & van Dijk，1978)。早期实验发现，兴趣可以影响人们如何选择、加工及记忆所阅读的文本(Anderson，1982；Asher，1980；Hidi，Baird，& Hildyard，1982)。基于文本兴趣的研究涉及两个问题：兴趣如何影响与学习相关的认知过程？到底是什么使得文本让人读起来感觉有趣？本章将回顾与这两个问题有关的研究。

兴趣和学习的相关研究能够把基础研究和应用研究的目标紧密结合起来，因此，这方面的研究在兴趣心理学中占据特殊的位置。在基础研究方面，很多与兴趣相关的基本问题可以在学习研究领域找到答案。有研究者检验了兴趣在动机和成就中的作用（Hidi，1990），以及兴趣通过增强理解能力所产生的认知影响（Schiefele，1999）。此外，什么因素让人们对文本更感兴趣，更普遍来说，什么因素让事件更有趣，在第二章中已有讨论。对学习的相关研究显示，认知—情绪的交叉领域至关重要。在应用研究方面，人们很关注兴趣和学习的研究发现。兴趣的相关研究能够指导和改善教学，比如如何设计更好的文本（Garner，1992；Wade，2001），如何构建让学生感兴趣的教室（Bergin，1999）。

正如学习的相关研究为兴趣心理学提供了很多帮助一样，心理学的其他领域也同样为学习研究提供了很多有益信息。例如，兴趣与阅读的相关研究提出了文本兴趣的二十多个根源（Schraw & Lehman，2001；Wade，Buxton，& Kelly，1999），但很少考虑这些根源的共同之处，以及这些根源是如何起作用的。兴趣的情绪性评价理论（参见第二章）提供了一个整合的视角，减少了文本兴趣研究中一盘散沙的情况，而且，兴趣的情绪模型使我们了解到与文本兴趣本质有关的一些复杂问题。兴趣的情绪视角可以解决一些无谓的争论，如兴趣是否有不同的种类，兴趣和好奇心之间是否有差异（参见第八章）。阅读完本章，我们会更好地理解兴趣与学习和心理学其他领域之间的联系。

一、兴趣和文本学习

直觉告诉我们，兴趣能够促进学习，在这种情况下，直觉是对的。大量研究发现，兴趣会促进文本学习（Hidi，2001；Sadoski & Paivio，2001；Wade，1992）。希弗尔（Schiefele，1999）发现，兴趣对文本学习有实质影响（平均 $r=0.33$）。兴趣可以提升对文本的记忆，文本包括单个句子（Sadoski，Goetz，& Fritz，1993；Shirey & Reynolds，1988）、简短的段落（Sadoski，Goetz，& Rodriguez，2000）、长篇文章（Schraw，Bruning，& Svoboda，1995），

以及十四行诗、俳句、传记、新闻报道和短篇小说（Sadoski et al.，2000；Sadoski & Quast，1990；Son & Metcalfe，2000）。但是，和阅读相关的认知因素，比如智力、言语能力、先验知识及阅读水平，不能解释兴趣和学习之间的联系，即当这些变量被控制的时候，兴趣依然可以促进学习（Schiefele，2001；Schraw et al.，1995）。此外，兴趣会调节其他变量对学习的影响。例如，一个文本的具体性、一致性、生动性和可理解性能够促进学习，部分原因是文本的这些特性让文本更有趣（Sadoski，2001；Sadoski et al.，1993；Schraw et al.，1995）。

为什么兴趣对学习有如此之强的影响呢？希弗尔（Schiefele，1998）近乎悲观地指出，“识别学习过程中可能影响兴趣和学习效果的各个成分的研究几乎是完全缺失的”（p. 91）。探索兴趣对学习促进机制的研究刚刚起步，目前主要有三种机制：一是兴趣可能增强个体对文本的注意；二是兴趣可能引导人们对文本的加工更加深入；三是兴趣可能影响阅读策略的使用。接下来，我们将回顾该领域的已有文献，总结相关结论并考虑未来研究的方向。

（一）注意和兴趣

在兴趣和学习的早期理论中，兴趣和注意在概念上就有紧密的联系（Arnold，1910；Dewey，1913）。如果人们更多地注意有趣的文本，那么学习将更加快速。然而，实证研究并不支持我们的直觉：注意并没有调节兴趣对学习的影响。例如，在一项研究（Anderson，1982）中，四年级的学生阅读计算机屏幕上的句子，评价对句子的感兴趣程度。该研究通过被试对第二个任务的反应时间来测量注意。在一些句子中有一个声响，被试在听到这个声响后要按一个键。如果被试的注意力完全集中在文本上，那么他会花费更多的时间对第二个任务做出反应。孩子们读完句子后会做一个回忆测试，和其他许多实验一样，兴趣会提升孩子们对文本内容的回忆成绩，同时也显著增强了孩子们对文本的注意程度。但是，注意并没有调节兴趣对回忆的影响。高度的注意力和更好的回忆成绩各自独立地受兴趣的影响（Ascher，1980）。

另外，还有一种和直觉不相符的观点，就是兴趣会减弱人们对文本的注意程度。希迪（Hidi，1995）指出，兴趣会引发自动的、无意识的注意分配。这会让阅读者腾出更多的资源来进行灵活而又迅速的文本加工，而那些无聊的文本更需要阅读者的自我调控。与此类似，麦克丹尼尔等人（McDaniel，Waddill，Finstad，& Bourg，2000）指出，“对于不感兴趣的文本，阅读者需要调动资源来保持对文本的注意力，从而理解文本的内容”（p. 500）。这个观点让我们做出一个有趣的预测：人们对感兴趣的文本投入的注意力更少。

兴趣促进的是无意识的、毫不费力的注意投入，这种观点最早源于约翰·杜威（Dewey，1993）对兴趣的描述。他认为，以纪律和自我控制为基础的教育，其问题在于人们把自己的注意力和精力放在自我调节上，仅仅为了坚持完成这项单调乏味的任务。人们会把残余的注意力用来思考一些无关但更感兴趣的问题，比如一旦完成这项任务后想做什么。这样，人们会在具体的水平上完成无聊的活动。他指出，兴趣对学习的作用之一是使个体自身和活动融为一体，这样会激发深入思考。人们可以在抽象的、灵活的和概念的水平上体验某个活动，而不是竭尽全力把精力集中在无聊的任务上。

为了弄清人们是否更少地把注意力放在自己感兴趣的文本上，雪莉和雷诺兹（Shirey & Reynolds，1988）让大学生被试阅读电脑屏幕上的一些句子，通过读每个句子所用的时间和做第二个任务的反应时来测量注意力。结果发现，当阅读有趣的句子时，被试用时更短，对第二个任务的反应也更为迅速。尽管如此，相比无聊的句子，被试会记住更多有趣的句子。这个研究重复了兴趣对学习的效应，但是，表明兴趣对注意有相反的作用（Reynolds，1992；Shirey，1992）。在以短篇故事为阅读材料的研究中，大学生被试阅读有趣程度不同的故事（McDaniel et al.，2000，研究 1）。一个声音信号将会在故事的上半部分或者下半部分发出，研究者同样是通过测量第二个任务的反应时来测量注意力。当阅读上半部分时，人们对有趣故事和无聊故事投入的注意力相同，然而，当阅读下半部分时，人们在有趣故事上投入的注意力较少。

（二）加工水平和兴趣

如果高度注意并非兴趣促进学习的原因，那么兴趣到底是如何影响学习的呢？研究发现，加工深度（depth of processing）可能会在其中起作用。根据范迪克和金茨（van Dijk & Kintsch，1983）的研究，文本加工会发生在三个水平上：在字词（verbatim）理解水平，人们只是理解文本的表面结构；在命题（propositional）水平，阅读者会理解和构建文本的意义，这一水平包含文本的具体意义（微观结构）和普遍意义（宏观结构）；在情境（situational）水平，也是最深的文本加工水平，阅读者会为文中的角色、事件、事实和类比信息建立情境模型，这个情境模型会超越文本材料。超文本（extra-textual）信息在有些时候能够增强情境模型，例如，当阅读者阐释文本意义并将其观点与个人经历和先验知识结合在一起的时候。

令教育工作者失望的是，阅读者能够对文本进行深加工，但通常不会那样做（Entwistle，1988）。多数阅读者既不对文本的意义和情境进行深加工，也不把文本中的事实放在更为广阔意义上去理解，而更倾向于死记硬背这些具体的事实。例如，当一个学生读一本心理学教材时，可能会绞尽脑汁地逐字去记精神分析（psychoanalysis）的定义。但是，如果他没有对精神分析的意义进行加工，不能形成一个情境模型（包括弗洛伊德的生平，对其核心思想的理解，等等），或者不能把它和个人经验联系起来，那么他只会对文本留下一个模糊而肤浅的认识。如果读者只是肤浅地描述文本，没有将自己先前的知识和文本的观点建立联系，那么他就不能连贯地组织文本的主要观点。

或许兴趣可以使人们对文本的加工更深入。反过来，文本加工得越深入，人们对文本的记忆和理解越有效，很多实验支持这一观点（参见 Schiefele，1999）。在一项早期研究中，大学生被试阅读一篇文章后完成一个有关加工深度水平的测试；被试对这个主题的兴趣在几周前已经测量过（Schiefele，1992，p. 169）。结果发现，对这个主题兴趣较低的学生对文章的理解只处于表面的字词理解水平，对这个主题兴趣较高的学生对文章的理解则处于更深的命题水平和情境水平。在后续研究（Schiefele，1996）中，研究者让高中生被试先阅读有关电视和历史人物的文章，然后完成一个评估文本加工水平的测试。结果发现，那些对主题兴趣更高的被试能够在命题水平——意义水平——对文章进行加工，而那些对主题兴趣较低的被试对文章的理解仅处于字词理解水平——他们耗费更多的精力注意文本的字面意思。

希弗尔和克拉普（Schiefele & Krapp，1996）使用自由回忆的方法测量兴趣对加工深度的影响。被试首先阅读一篇关于沟通心理学的文章，然后尽可能完整地写下文本中的内容。研究者对文本自由回忆的结果进行编码，包括回忆的概念单元、主要概念和新概念的数目。被试自发产生的新的、不相关的概念暗示其更深的加工水平，这意味着被试可以把自己的先验知识和文本内容联系起来，更加深入地理解了文本的意义。结果发现，对主题兴趣高的被试回忆起更多的与文本相关的主要概念，总体上回忆的概念也更多，而且报告了更多的新概念，这表明其加工水平也更深。此外，兴趣高的被试更容易以正确的顺序回忆主要概念，这反映出被试对文本的理解更有条理。

兴趣对加工策略的影响已经延伸到实验室研究之外（参见 Krapp，1999，pp. 29-30）。在实际的大学生活中，大学生对课程越感兴趣，就越愿意花费更多的时间学习该课程、研究学习策略，外在动机（如获得好成绩的愿望）也越高。学生在期中对课程的兴趣可以预测自己的学习时间和学习策略，这个结果和实验室研究的结果一致，有兴趣的学生运用了更深水平的加工策略。学生在学习过程中更有可能批判性地对材料进行思考，更有可能把材料与个人先验知识、经验联系起来。兴趣与肤浅的学习策略（如死记硬背）没有相关，而外在动机则会促进大学生使用死记硬背的策略。

为了展示兴趣和加工深度在学习中的作用，研究者进行了一项实验，操纵阅读者的加工深度和文本的趣味性（McDaniel et al.，2000，研究 2）。该实验让大学生被试阅读有趣或者无聊的故事。控制组被试只是阅读故事。在第一个实验条件下，研究者删掉了文本中很多单词中的字母，这使被试只能了解文本的表面结构，因此导致表面字词理解水平；在第二个实验条件下，句子的顺序被打乱，被试需要梳理这些句子以便进行阅读，这需要被试厘清文章各个命题之间的关系，从而使加工水平更深。如果兴趣能促进文本中组织性和关系性特征的加工，那么阅读有趣文章的被试在阅读删减字母条件下会受益，会增强对文本中单个命题的加工。同样，如果无聊的故事会促进对文本单个命题的加工，那么阅读无聊故事的阅读者在阅读乱序句子条件下会受益，会增强对文本关系性特征的加工。实验结果支持这些假设（如图3-1所示）。对于有趣的文本，表面加工会提升回忆成绩；对于无聊的文本，深度加工会提升回忆成绩。

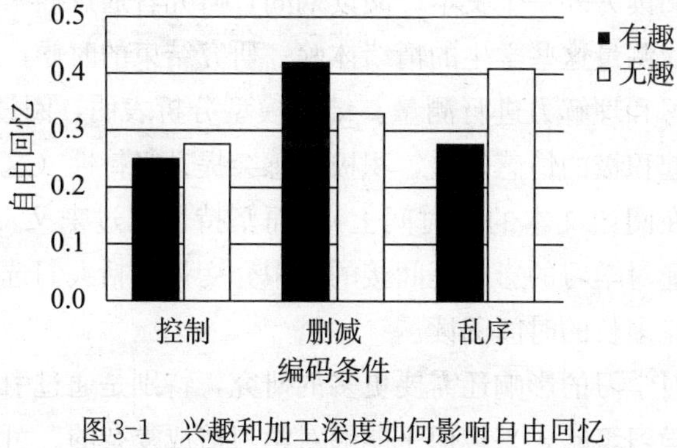

图 3-1　兴趣和加工深度如何影响自由回忆

（McDaniel et al.，2000）

（三）学习策略和兴趣

兴趣影响学习的最后一个途径是影响学习策略和教育选择。兴趣影响人们选择阅读什么样的材料和花费多长时间。当面对众多的任务而几乎没有时间学习（这是一种司空见惯的现象）时，学生必须合理地安排时间。在一些实验中，研究者让学生被试阅读不同形式的文本（传记、俳句、十四行诗），并评价学习这些文本的难度与对文本的感兴趣程度（Son & Metcalfe，2000）。结果表明，兴趣能够预测学生在不同类型的文本上所花费的时间，即使他们知道所有的文本都要进行测验。学生学习时间越长，在随后的记忆任务中会表现越好。德国公立学校的一个纵向调查（Köller，Baumert，& Schnabel，2001）表明了这种选择是如何随着时间影响学习的。学生在十年级对数学的兴趣可以预测其在十二年级的数学成绩。对数学感兴趣的学生可能会选更高级的数学课程，而更高级的课程也会使他们取得更好的数学成绩。

在一个同时考察了兴趣和学习的综合研究（Ainley，Hidi，& Berndorff，2002）中，研究者呈现给学生一系列不同主题（如 X 射线、身体意象）的文本，学生对文本的感兴趣程度存在差异。学生可以以任何顺序阅读这些文本，可以按照自己的意愿停止阅读，或者选择阅读另外一个文本。阅读期间，研究者通过插入简短的情绪量表在线测量这些学生的情绪体验。研究结束的时候，研究者对学生的学习和理解力进行测量。结构模型分析表明，阅读文本时，兴趣会引起积极的情感体验，积极情感会提升坚持性（这种坚持性主要表现在阅读文本的总时间上），而坚持性反过来又促进学习。因此，兴趣对学习的影响是间接的，中介变量包括人们选择阅读什么，以及花多长的时间阅读。

兴趣对学习的影响还需要更多的研究，特别是通过引导人们采用无效的学习策略，兴趣似乎能够对学习造成复杂的、可能是不利的影响。有时候兴趣不是我们决定学什么的良好基础，简单有趣的入门课不需要我们学习很久，而一门高级的课程很难很无聊，却需要投入更长的时间学习。兴趣也会让我们对所学事物掌握程度的判断出现偏差。有趣的材料如果是鲜活的、容易加工的，则可能使我们过于自信，即以为我们在日后能回忆起这些材料（Rawson & Dunlosky，2002）。

（四）总结

兴趣通过几个不同的机制促进学习。在第一种机制中，与直觉相悖的是，兴趣似乎不能增强人的注意力。早期实验发现，兴趣会增加被试对文本的注意（Anderson，1982；Asher，1980）。最近的实验发现，兴趣会减少注意（McDaniel et al.，2000；Shirey & Reynolds，1988）。在第二种机制中，加工深度得到了强有力的证据支持。在处理和加工文本方面，感兴趣的读者和不感兴趣的读者存在差异。兴趣促进被试专注于理解文本的意义，并帮助建立一个命题的陈述；而无聊则使被试把注意力放在文本的表面特征上（Schiefele，1999，2001）。最后，学习策略是兴趣影响学习的第三种机制。人们把自己有限的学习时间分配到感兴趣的主题上（Son & Metcalfe，2000），花费更多的时间阅读自己认为有趣的材料（Ainley et al.，2002）。因此，兴趣通过影响我们学习什么、学习多久来促进学习。

通过考察兴趣和学习的内部机制，对兴趣和阅读的研究逐渐朝着正确的方向前进。在前面综述的三种机制中，每种机制都值得进行更深入的探究。尽管有一些令人沮丧的发现，注意的作用也不应该被抹掉。虽然一些研究发现兴趣可以减少注意力（McDaniel et al.，2000；Shirey & Reynolds，1988），但是它们并没有解释为什么会产生这种相反的效应（Anderson，1982；Asher，1980）。此外，兴趣减少注意力的观点与增加加工深度和延长阅读时间的观点相矛盾。如果兴趣激发我们花更多的时间阅读文本（Ainley et al.，2002）并且更深入地加工文本（Schiefele，1999），那么，在某种意义上兴趣也在影响我们对文本的注意。

二、诱惑性细节：什么时候文本太过有趣了

约翰·杜威曾于1913年批评了当时的主流教育模型，他反对“尽力让事情变得有趣”的说法。他指出，这种尝试会使学生的注意力不仅分配到任务本身，还分配到和它相关的、让人感兴趣的边缘问题上——试图引发兴趣的做法，结果可能适得其反。直到几十年后，杜威的观点才在有关诱惑性细节（seductive details）的相关研究（Garner，Brown，Sanders，& Menke，1992；Wade，1992）中重新浮出水面。研究发现，增加让人感兴趣的细节，使一个无聊的文本变得有趣，这种做法的后果可能会适得其反。如果让人感兴趣的材料与文本的主要观点无关，那么阅读者可能会记住让人感兴趣的细节而忽略重要的主题——让人感兴趣的细节会分散人对主要观点的注意力。

诱惑性细节的假设引起了很多争论（Goetz & Sadoski，1995a，1995b；Wade，Alexander，Schraw，& Kulikowich，1995），也激发了大量研究（Alexander & Jetton，1996；Sadoski，2001；Schraw & Lehman，2001）。该假设可能是兴趣和阅读的研究中最引人入胜的观点了，毕竟大量研究表明兴趣可以促进文本的学习。而“兴趣通过诱惑阅读者学习和文本主题无关的细节，从而对学习造成干扰”的观点，似乎与前人的研究结论相矛盾。如果这个假设是正确的，那么作者需要重新考虑在大多数教科书中加入生动的图片、卡通和影像等辅助材料的教育价值（Garner，1992）。

很多关于诱惑性细节的争论来源于如何界定细节的诱惑性影响。有关诱惑性细节的一种假设认为，“文本中那些具有很高趣味性但与文本中心思想关系不大的信息，更容易被回想起来，也会受到更多的注意”（Wade et al.，1995，p. 513）。或者，正如加纳（Garner，1992）所说的，“生动的细节很容易回忆起来，但是重要

的信息（通常是抽象的、具有普遍意义的观点）没有回忆起来”(p. 54)。无论是从绝对意义的角度还是从相对于主要思想观点的角度，这都是把诱惑性细节的效应定义为对诱惑性细节本身的回忆。如果人们回忆起过多的诱惑性细节，或者人们回忆起比主要观点更多的诱惑性细节，我们就会推断出兴趣会造成不利影响。

格茨和萨多斯基（Goetz & Sadoski，1995a）提出了一个精妙的假设：“为了提供诱惑性细节效应的证据，需要获得这样的结果：阅读者由于受到诱惑，从而脱离重要的但无趣的信息；否则读者本可以学习和记住这些信息。这就需要比较在有诱惑性的细节和没有诱惑性的细节的文本中，重要细节被回忆起来的比例。”（p. 507）如果包含“让人感兴趣的细节”的文本比没有包含该细节的文本让阅读者减少对主要观点的回忆，那么我们可以推断诱惑性细节是有影响的。和上述假设不同的另一种假设认为，减少对主要观点的回忆表明存在干扰效应。这个假设很容易检验，因为它包含一种对照标准：可以比较包含诱惑性细节和不包含诱惑性细节的文本中主要观点的回忆成绩。把假设集中在对主要观点的影响上，可以更好地符合诱惑性细节不利于文本记忆的观点（Garner et al.，1992；Wade，1992）。毕竟，细节只有诱导阅读者脱离重要的主题观点，才是具有诱惑性的。

格茨和萨多斯基的这个颇有力度的假设包含一个额外的标准：“让人不感兴趣的细节”的效应。无关细节的加入打乱了文本的结构并降低了文本的连贯性（Bradshaw & Anderson，1982；Mohr，Glover，& Ronning，1984）。诱惑性细节的影响大概来自细节的趣味性（Garner et al.，1992；Wade，1992）。如果乏味的细节——无聊的和不重要的细节——和诱惑性细节有着相同的影响，打乱了文本的连贯性，那么诱惑性细节可能不是回忆成绩差的原因（Sadoski，2001）。

诱惑性细节效应的强、弱形式暗示了其是实验中的一个必要元素。为了检验这种弱假设，研究必须让一个文本中出现诱惑性细节。若没有“非诱惑性细节”（no seductive details）控制组，我们就无从得知细节是否会影响被试对主要观点的记忆。为了检验这种强假设，研究还必须让文本中出现无聊的细节。这样就可以表明，诱惑性的效应是否源于细节的趣味性或具体性。如果诱惑性细节和无聊的细节有同样的影响，那么趣味本身似乎是不重要的。

（一）证据回顾

在第一个对诱惑性细节的研究（Garner et al.，1989）中，研究者要求成年被试阅读一篇关于昆虫的三段式文章，文章中信息的重要性和趣味性事先由其他成年被试进行了评定。一些被试阅读没有诱惑性细节的文章版本，其他被试则阅读含有诱惑性细节的文章版本——这些版本的长度增加了近40%。结果发现，在诱惑性细节的条件下，人们回忆出的主要观点更少。这与诱惑性细节的弱假设相符。然而，第二个相关研究没能重复此效应。研究者让七年级学生阅读相同文章，发现诱惑性细节没有影响他们对主要观点的回忆。这两个实验都缺少“无聊细节”的实验条件。在这篇有关昆虫的文章中再加入40%让人不感兴趣的细节，对回忆产生的影响可能也是一样的。

在其他的实验中，被试阅读关于斯蒂芬·霍金的大统一理论（Stephen Hawking's Grand Unification Theory）的文章，文中包含诱惑性细节（Garner et al.，1991）。这些细节以旁注或常规文本的形式呈现。一些文本被做成“普遍有趣”（generally interesting）的版本，以一段有关霍金生平生动的、个人化的细节开篇；而“普遍无趣”（generally uninteresting）的版本则缺少此段。由于没有操纵诱惑性细节是否出现，这些研究没能成功检验关于诱惑性细节的弱假设或强假设。每个被试都接触诱惑性细节，因此研究缺少一个对照条件。也有后续实验操纵了诱惑性细节是否出现这个变量（Garner & Gillingham，1991），但与预期相反，这个操纵并未影响被试对主要观点的回忆。

以传记文本为材料的系列研究也缺少控制条件（Wade & Adams，1990；Wade，Schraw，Buxton，& Hayes，1993）。被试阅读一篇有关霍雷肖·纳尔逊（Horatio Nelson）生平的长文本，文章中的句子事先按照重要性（高 vs. 低）和趣味性（高 vs. 低）进行了分类。结果发现，趣味性比重要性对回忆的影响更大，无趣但重要的句子往往不容易回忆。由于没有操控“诱惑性细节是否出现”这个变量，我们不知道被试对主要观点的回忆率在缺少诱惑性细节时是否更高（Goetz & Sadoski，1995a）。

在一项涉及科学文本材料的实验中，研究者以文本和图片的形式操纵了诱惑性细节是否出现（Harp & Mayer，1997，1998）。控制组被试阅读一篇关于雷击成因的六段式文章。实验组的文章中添加了有关雷击效果的信息，从而让文章增加了30%。结果发现，实验组被试比控制组被试回忆的主要观点（闪电成因）更少（Harp & Mayer，1997，研究1）。在后续实验（Harp & Mayer，1998）中，研究者操控了文本的一些特征，如是否对主要观点标注高亮，诱惑性细节信息出现在文本开头还是结尾。总体来说，这些实验发现，加入诱惑性细节有损于对主要观点的回忆。

萨多斯基（Sadoski，2001）认为，哈普和迈耶（Harp & Mayer）对诱惑性细节的操纵实际上改变了文章的主要观点。在修改后的文本中，每段都包含闪电效果的信息，并且第一段的一大半内容描述了闪电的效果，这使得“闪电的效果”看似成了文章主题。基础文本有9个意义单位，而有诱惑性细节的文本增加了12个诱惑性意义单位，因此诱惑性细节成为文本的要点，即一组被试阅读了有关闪电成因的文章，另一组被试阅读了闪电成因和效果的文章。由于哈普和迈耶（Harp & Mayer，1997，1998）的实验没有包含“让人不感兴趣的细节”这一条件（一篇添加乏味的信息并增加30%的文本），他们便不能排除萨多斯基提出的另外的解释。

施罗（Schraw，1998）用霍雷肖·纳尔逊的传记（Wade et al.，1993）为材料做了一个实验。他将诱惑性细节分为两种类型：背景依赖型（context-dependent）细节，即只有在整个文本语境下阅读时，这些细节才是有趣的；背景独立型（context-independent）细节，即这些细节作为独立于整个文本的部分，依然是有趣的。在这个实验中，研究者操纵了不同种类的诱惑性细节是否出现。第一组被试阅读没有诱惑性细节的文本，第二组被试阅读兼有两种诱惑性细节的文本，第三组和第四组被试分别阅读含有一种诱惑性细节的文本。结果表明，在所有四种条件下，主要观点的回忆率相同。添加诱惑性细节——不管诱惑性细节是什么类型——对记忆效果没有影响。

（二）总结

以往十五年的研究为诱惑性细节假说提供了较弱的支持，大部分研究没能有效地检验这一假说（Wade & Adams，1990；Wade et al.，1993）。在少数几个检验此假说的研究中，一部分研究没有发现诱惑性细节效应（Garner & Gillingham，1991；Schraw，1998），另有一部分研究发现了诱惑性细节所产生的效应，但这些研究都没有很好地控制无关变量的干扰（Garner et al.，1989；Harp & Mayer，1997，1998）。添加诱惑性细节使文本长度增加了30%～40%，从而影响了文本的连贯性，并可能让文本的本质内容发生变化（Goetz & Sadoski，1995a；Sadoski，2001）。此外，没有实验测量“让人不感兴趣的细节”的效应。如果乏味和不重要的细节使被试对文本要点的回忆减少，那么任何记忆受损的效果都可以归因于文本长度和连贯性而非趣味性。今后的工作需要更为确切地检验诱惑性细节假说。

三、是什么让一个文本更有趣

是什么使一些材料读起来让人感兴趣？如果兴趣增强了文本的

学习效果，那如何使文本变得让人感兴趣就显得非常重要了。研究者提出了许多影响文本兴趣的因素，下面的长列表说明了文本兴趣研究的探索性特征。列表中的大多数因素源自猜测和直觉而非有关兴趣产生的某个理论（参见 Hidi & Berndorff，1988；Schank，1979；Schraw et al.，1995；Wade et al.，1999）。因此，影响兴趣的变量可以组成一长串“细目清单”，却缺少一个理论来解释它们为何影响兴趣，以及它们之间如何彼此关联。那么，这些变量有哪些相似之处？可否将它们整合为一个更为简洁的变量表？

连贯性
易理解性
先前知识
死亡主题
简单词汇
悬念
色情主题
生动性
作者的声音
具体性
意义性
意象性
阅读者的关联
惊奇性
重要性
角色认同
权力主题
熟悉性
意外性
情感性

参与性

在这些项目中，只有少数几个受到了研究者的广泛检验。接下来我们回顾的兴趣诱因，都有很强的实证支持。第二章中提出的兴趣评价模型，对于我们了解文本兴趣的影响因素具有一定的启示。第二章探索了兴趣评价结构的两个成分：一是对新颖性的评价；二是对应对潜能的评价。在回顾文本兴趣的主要影响因素之后，我们将考虑，评价模型是否可以阐明这些不同文本兴趣来源之间的相似之处。

（一）连贯性

连贯性（coherence）是指一篇文本中能促进阅读者组织和理解文本观点的那些方面。施罗和莱曼（Schraw & Lehman，2001）总结得出：由于研究一致发现连贯性能够增强文本兴趣，所以连贯性对兴趣的影响是“一致的、积极的”（p. 36）。在说明性文本（Schraw et al.，1995）和文学性文本（Schraw，1997）中，连贯性是预测兴趣的最强指标之一。在一项关于文本特点的综合性研究（Wade et al.，1999）中，连贯性（与其他因素相比）增强了阅读者的兴趣。连贯性的影响表现出跨研究的一致性，但这些研究只是相关研究。对连贯性进行操控（例如，Rawson & Dunlosky，2002），可以让我们在连贯性对兴趣的影响方面得出更为有力的结论。

（二）易理解性

易理解性（ease of comprehension）会影响阅读者的兴趣：文本越容易被理解，就越让人感兴趣。研究者要求大学生被试在阅读说明性文本和文学性文本后，对易理解性、连贯性、生动性和参与性进行等级评定（Schraw，1997；Schraw et al.，1995）。结果显示，易理解性和连贯性解释了兴趣的大部分变异（参见 Wade et al.，1999）。在另外一个实验中，研究者要求大学生被试阅读一首抽象的诗（Silvia，2005c；参见第二章）。结果表明，操控文本的易理解性——给一些被试提供一个揭示诗歌含义的线索——提高了对文本可理解性和兴趣的等级评定。然而，也有研究发现了相反的效应（Schiefele，1996）：高中生被试阅读低于其水平的文本，他们的语言能力与阅读时的感兴趣程度以及愉快感呈负相关。希弗尔（Schiefele，1996）解释说："这些文本对于高能力的阅读者来说，可能过于简单了，所以他们在阅读时不太感兴趣。"（p. 15）

（三）先前知识

先前知识（prior knowledge）是另一种影响文本兴趣的因素（Alexander，Jetton，& Kulikowich，1995；Tobias，1994）。一组研究表明，先前知识与兴趣呈线性相关。在一项研究（Alexander，Kulikowich，& Schulze，1994）中，研究者依据被试物理方面的知识把他们分为两组。在阅读关于黑洞和夸克的文章之后，被试针对自己对每篇文章的整体兴趣和对每个段落的兴趣进行等级评定，并在自己认为特别感兴趣的句子下画线。结果表明，先前物理方面的知识预测了整体兴趣，先前物理知识最丰富的人也报告出对各个段落最大的兴趣。然而，有研究者认为先前知识和兴趣之间是非线性关系。极端有学识和极端无知都将导致低兴趣——较高的学识使输入的信息变得熟悉而平常，较低的学识阻碍阅读者产生知识间的联结（Kintsch，1980）。

（四）具体性

包含具体词汇和标题的文本更有趣，更容易理解和记忆。在一项关于单句的研究（Sadoski et al.，1993）中，具体的句子比抽象的句子更让人感兴趣。同样，标题具体的短文更让人感兴趣（Sadoski et al.，2000）。这些研究值得引起我们的注意，因为它们对具体性进行了操控，从而揭示了具体性和兴趣之间存在因果关系。结构模型的分析显示具体性对兴趣的影响是间接的。阅读者发现具体的文本比抽象的文本更易理解，而易理解性反过来提升了阅读者的兴趣。

（五）生动性和惊奇性

生动性（vividness）是指阅读时心理意象的强度（Sadoski & Paivio，2001）；生动的意象栩栩如生，就像真实感知到一样。也有人将生动性定义为文本的一个特征，这个定义可能具有误导性。例如，施罗和莱曼（Schraw & Lehman，2001）将生动性解析为“由于制造悬念、惊奇，又或引人入胜而突出的文本片段”（p. 31）。悬念或惊奇（suspense/surprise）或许能更好地诠释其定义。很多相关研究都发现，无论是幼儿还是大学生，他们对悬念的评定能预测其对兴趣的评定（Jose & Brewer，1984；Schraw et al.，1995；Schraw，1997）。在一项关于惊奇性的实验研究（Iran-Nejad，1987）中，研究者对故事结尾的惊奇性和惊奇性是否减少进行操纵。结果表明，令人惊奇的故事并不必然比平淡的故事更让人感兴趣，令人惊奇的故事只有在其惊奇性减少时才让人感兴趣。有趣的故事能够让人产生突兀感，然后通过消解惊奇性来实现人们对故事的理解。

（六）文本兴趣的评价视角

根据第二章提出的兴趣评价模型，我们能够理解文本兴趣的根源。评价视角的强大之处在于，它能够将不同方面的研究组织起来（Roseman & Smith，2001）。从这个视角出发，兴趣的诱因共享同一个评价机制。有趣的想法、视频和文本都被假定为是让人感兴趣的，因为它们具有相同的评价结构。换言之，文本兴趣与其他领域的兴趣都具有相同的根源。在第二章中，我们提到过兴趣评价结构包括两个成分：一是对新颖性的评价（Scherer，2001a），其被普遍地解释为新颖性、复杂性、不确定性和冲突性（Berlyne，1960）；二是对应对潜能的评价（Lazarus，2001；Scherer，2001a），即个体评价自己理解新的、复杂的、令人惊奇的事情的能力。文本兴趣的来源也可以归于这两个具有普适意义的评价维度之下。

许多影响文本兴趣的因素，尤其是生动性、惊奇性和意外性，都反映了对新颖性—复杂性的评价。研究者对这些文本因素的评价性解释是很直接的，这些因素大多是新颖性和复杂性的同义词，并且它们的测量方式与情绪研究中这些评价的测量方式类似（Schorr，2001b）。文本兴趣的其他根源则反映了理解能力的评价。一致性、易理解性、先前知识和具体性反映出一个人评价自己连贯地理解文章思想的能力。与评价模型的观点相一致，连贯性、先前知识、具体性与易理解性的评定相关（Sadoski et al.，2000；Schraw，1997；Schraw et al.，1995），而易理解性反映的是对文本理解能力的评价。值得注意的是，几个实验都操控了这些文本因素并测量了兴趣。例如，操纵被试对一首诗的理解能力，可以提升被试对这首诗的理解程度和兴趣的评定（Silvia，2005c，实验2）。对理解程度的评定完全可以调节理解能力对兴趣的影响。对文本具体性的操纵，可以提升被试对文章的理解能力和兴趣。正如评价性分析所预测的，理解文本的能力调节了具体性对兴趣的影响（Sadoski et al.，1993，2000）。因此，基于当前的证据，我们可以得到一个看似合理的推论：文本兴趣的许多诱因会通过引起兴趣的评价来影响兴趣。

表3-1依据两个评价维度对兴趣的来源进行了重新梳理。需要注意的是，这只是初步的、带有推测性的分类。这些因素中有很多都未经检验，只有少数几个因素——具体性、易理解性和惊奇性——在实验中进行了操控。此外，一些影响因素，如惊奇性和意外性是同义词，可以合并为一个因素。不过无论如何，这对当前杂乱的兴趣诱因研究领域而言都是一种进步。目前有关兴趣和阅读的研究还没探究这些因素为什么会引发兴趣，也没探究过这些因素之间的相同之处。评价理论就是为解决这些问题而提出来的（Roseman & Smith，2001）。一个评价模型可凭借情绪领域中评价的因果作用来解释兴趣产生的原因（Roseman & Evdokas，2004），并且能够通过把每个诱因定位在兴趣的评价结构中，来揭示这些诱因的共同

之处。不用说，将来的研究应该对文本兴趣的评价视角所带来的价值进行评估。

表3-1 影响文本兴趣的因素及其推测性评价模型

对新颖性—复杂性的评价	对理解能力的评价
生动性	连贯性
惊奇性	易理解性
意外性	先前知识
悬念	具体性
有吸引力的主题（死亡、权力、性）	阅读者的关联
情感性	意义性
意象性	简单词汇
作者的声音	角色认同

四、本章小结和结论

本章探讨了兴趣、学习和阅读之间的联系。我们的第一个问题是兴趣如何影响学习。很明显，兴趣会促进文本学习，但是我们对其中的原因不太了解。有一个直觉的假设——人们会对有趣的文本投入更多的注意，但大部分研究并不支持该假设。人们经常对有趣的文本投入更少的注意，注意似乎不会调节兴趣对学习的效应（Shirey，1992）。一个不是很明显的假设——兴趣会促进更深水平的加工——获得了更强的支持。兴趣会促使个体加工一个文本的主题性和情境性意义，而不是文本的表面特征（Schiefele，1999）。最后，兴趣会影响人们选择阅读什么材料，花多少时间阅读该材料（Ainley et al.，2002）。仅仅是决定阅读某个材料而不是另一个材料（Son & Metcalfe，2000）和花更多的时间来研究该材料这个事实，就能促进学习。因此，兴趣可以通过改变学习过程的质量（文本加工类型；Schiefele，2001）和数量（时间长短；Ainley et al.，

2002）来影响文本学习。

我们还考虑了文本的某些方面有时是否“太有趣了”。对诱惑性细节的研究认为，有趣的细节会诱惑读者偏离文本的重要和主要观点。结果，有些荒谬的是：兴趣可能会损害学习。很少有研究支持诱惑性细节假设（Sadoski，2001；Sadoski & Paivio，2001）。很多研究没有直接检验这个假设，其他的研究没有发现这个效应，看上去支持性的研究似乎有其他可信的解释。在强假设中，有趣细节效应和无趣细节效应的比较没有被检验过。

在兴趣心理学中，许多研究之间的连续性不够清晰，也不被认可。本章考察了一些连续性。文本兴趣的研究和把兴趣作为情绪的研究分道扬镳了。很明显，有关“什么让事物变得有趣”的研究（第二章）和有关“什么让文本变得有趣”的研究之间少有联系。我们探讨了文本兴趣的根源是否能够根据第二章中的评价模型来理解。文本的元素会影响新颖性、复杂性和不确定性的评价，也会影响个体对自己理解新信息能力的评价。文本兴趣的根源可以分为两种评价类型。这拓宽了评价模型的范围，为梳理文本兴趣的多种根源提供了一个简单的框架。

另一个连续性是兴趣在学习中的功能角色。情绪心理学家认为，情绪的关键特征在个体一生中具有适应性意义（Abe & Izard，1999；Oatley & Jenkins，1992；参见第一章）。情绪心理学对于兴趣的适应性功能很有发言权，声称兴趣能促进学习，构建知识和技能，促进个体融入环境（Izard & Ackerman，2000）。不过，情绪心理学没有检验这些假设。相反，教育心理学对于兴趣的功能没什么发言权，却提供了大量的有关情绪心理学假设的建设性效应的文献（例如，Köller et al.，2001；Schiefele，1991；Schiefele et al.，1992）。这些领域中的研究者可以从彼此身上学到很多东西。

本章是本书第一部分的结束章。迄今为止，我们把情绪看作暂时体验的一个方面，如兴趣的情绪性本质（第一章），有关“什么让某些事物变得有趣”的理论（第二章），兴趣在学习和阅读中的作用。第二部分把兴趣心理作为人格的一部分，如持久的爱好、职业、人类动机反复无常的特点。第四章探讨了和兴趣有关的个体差异，第五章和第六章分析了爱好的起源，第七章回顾了职业爱好——研究得最为广泛的一种爱好类型。

第二部分 爱好和人格

第四章　兴趣、人格和个体差异

克拉克洪和默里（Kluckhohn & Murray，1948）在多年前曾指出，一个人在某些方面与所有人类似，在另一些方面与很多人类似，还有一些方面和其他人不一样。从那时起，人格心理学就是一门极具争议的学科，是行为主义者与精神分析学者、特质论者与人本主义者、情境主义者与特质主义者彼此敌对和争论的焦点。其实，这些争论大部分都没有必要，研究者们只要谨记克拉克洪和默里简单而深刻的见解就能避免陷入这些无端的争论。近年来，各派人格心理学家终于达成了初步和解，认同了“人格能在不同的层面上进行研究”这一观点（McAdams，1993，1996），这些层面包括普遍特质、个人目标和特定人生故事。

在本书第一部分，我们已经了解了兴趣作为一种情绪所具有的先天的、普遍的特征，兴趣是所有人共有的。在第二部分，我们将继续探索兴趣的另外两个方面：大多数人共有的特征和个体所独有的特征。心理特质的个体差异可以看作多数人（而非全部人）共有的人格品质。有的特质具有普遍性（McCrae & Costa，1997），但这些特质的水平和外在表现不具有普遍性。从这个意义上说，特质是“大多数人共有的”，代表存在差异的个体共享的主题，而不是不变的普遍特征。

第四章主要介绍心理学家对兴趣个体差异的看法。研究者提出，人们在很多方面存在不同，如好奇心、兴趣的深度与广度、感觉寻求、无聊倾向性、经验开放性等。所有这些方面的个体差异都以不同的方式与兴趣概念相联系。我们将探讨这些概念是如何被定义与测量的，更为重要的是，我们还会了解这些概念如何有效地增进我们对兴趣的认识。个体差异的相关研究在达到巅峰时，可以阐明心理过程的发展模式和内部机制（Underwood，1975）。然而，个体差异的相关研究处在低谷时，就只剩下一堆自陈量表之间杂乱无章的相关数据，几乎没有理论建树，也不能增进人们对心理过程的了解（Wicklund，1990）。这些研究表明人们之间的差异可能在这里或那里，这些差异的来源或意义却不得而知。我们将会评估这些研究如何深入探索特质概念的深层机制，如何将测量工具彻底地应用于人的活动和经历，而不只是用来与其他的自评测量配合使用。

在第二部分的后续章节中，我们将探究兴趣独特和特殊的层面，重点关注爱好的发展，如人类爱好的形成和发展过程。第五章将对爱好发展的历史进行概述；第六章将对有关爱好形成的新理论进行介绍；第七章将回顾与职业爱好有关的理论问题，该领域对爱好有着最彻底的研究。职业爱好研究中的大部分理论都与本章的观点相一致，因为支持者们假定职业爱好是人格的一部分（Holland，1999）。事实上，在爱好个体差异的测量中，职业爱好量表的测量方式是最复杂的（Fouad，1999）。尽管如此，我们还是把职业爱好的讨论放在第七章。

一、兴趣和个体差异

以下几部分将回顾兴趣和好奇心的个体差异。每个部分都会综述相关概念的定义和测量方法，描述厘清概念的相关研究，并对以往的研究进行评述。各部分的介绍基本是按照时间顺序展开的，但也有一些例外，为了让阅读者更好地理解概念的连续性与其中的批评意见，部分概念的介绍不是按照时间顺序进行的。最后一节将简要介绍一些模型，这些模型或者太新而没有被详细分析（例如，Collins，Litman，& Spielberger，2003；Litman，2005；Litman & Jimerson，2004；Litman & Spielberger，2003），或者从来没有引发大量的研究（Day，1971）。在本章总结部分，我们会对所提及的文献进行整体评述，找出成果最多和最有发展前景的概念，探讨个体差异研究在兴趣心理学中的作用。

二、状态好奇心和特质好奇心

状态—特质好奇心研究属于最直接的个体差异研究取向。这种观点认为，好奇心是一种会影响人类行为的稳定特质。然而，除了这一点被普遍认同外，不同的状态—特质模型对好奇心的来源与性质有不同的假设。下面将回顾以下心理学家的理论：施皮尔贝格尔和斯塔尔（Spielberger & Starr，1994），内勒（Naylor，1981），卡什丹、罗斯和芬彻姆（Kashdan，Rose，& Fincham，2004），莫（Maw，1971）。我们将介绍这些心理学家的理论与相关研究，并对其做出评价。

（一）自我报告的研究取向

1. 施皮尔贝格尔的最佳唤醒模型

基于伯莱因（Berlyne，1971a）提出的第二个唤醒模型（参见第二章），施皮尔贝格尔和斯塔尔（Spielberger & Starr，1994）提出了好奇心的状态—特质模型。他们沿用伯莱因关于状态好奇心的大部分假设，认为对照变量（新颖性、复杂性、不确定性和冲突性）是好奇心的主要来源，并认为好奇心体现了自主神经系统的运作模式。但与伯莱因不同的是，他们认为好奇心可以是一种特质，并将好奇心分为状态好奇心和特质好奇心。"高水平的状态好奇心反映了一种强烈的寻求欲望，即想要寻求、探索和理解环境中的新事物。……当个体对新异刺激或模糊刺激做出反应时，体验到的状态好奇心的倾向各有不同，而特质好奇心的分量表可以测量这种个体差异。相对于特质好奇心低的个体，特质好奇心高的个体会更频繁地体验到更高水平的好奇状态。"（p. 236）状态好奇心与伯莱因初级奖励系统的运作有关，即客体对照变量在各维度上得分越高，好奇心越大。好奇心还和焦虑纠缠在一起，焦虑与伯莱因的初级厌恶系统有关：刺激会唤起好奇心，但当刺激强度超出一定程度并继续增加时，刺激还会同时唤起焦虑。好奇心和焦虑的同时唤起呈现倒U形函数的关系（参见第二章）。

基于这一理论，施皮尔贝格尔和斯塔尔（Spielberger & Starr，1994）做出了一个有趣的预测：特质好奇心和特质焦虑存在交互作用。他们认为，这些特质的交互作用可以预测探索行为：好奇心促进探索，而焦虑抑制探索。因此，即使两个人具有同等程度的特质好奇心，若他们的特质焦虑水平不同，其行为也是不同的。例如，当面对不确定的事情时，特质好奇心高、特质焦虑低的人会比特质好奇心高、特质焦虑高的人好奇心更重。虽然这些预测听上去很不错，但其中大部分都未经证实。施皮尔贝格尔编制了多个测量状态—特质好奇心和焦虑的量表，其中状态—特质人格量表（State-Trait Personality Inventory；Spielberger et al.，1979）使用最为广泛，共有10个项目。

有些研究使用了施皮尔贝格尔的状态—特质好奇心模型。其中，彼得斯（Peters，1978）进行了一项现场研究，在大学教室中，使用行为测量的方式，考察好奇心和焦虑是如何影响学生获取信息的。首先，彼得斯测量了学生的特质好奇心、特质焦虑以及学生是否觉得指导老师是有威胁性的。观察者记录了学生提问题的数量，以及学生对指导老师所提问题的回应次数。当学生认为指导老师没有威胁时，特质好奇心高的学生所提问题的数量是特质好奇心低的学生的五倍。然而，当学生认为指导老师有威胁性时，无论特质好奇心的高低，问题数都下降到了较低的水平。由此可知，特质好奇心与情境变量的交互作用影响了兴趣行为的表现。

之所以说施皮尔贝格尔和斯塔尔的特质好奇心概念优于其他许多有关兴趣的个体差异的概念，是因为他们对潜在的心理学特质做出了可验证的预测。如果将伯莱因唤醒理论中特质好奇心的动态特征确定之后，我们就能做出更为严格的预测。此外，在行为测量层面表现出的情境变量的交互作用（例如，Peters，1978）将特质与行为和经验联系起来，而不是和其他自陈量表相联系。然而，有关特质好奇心的相关研究并不是很多。由施皮尔贝格尔的状态—特质模型引发的大部分研究，聚焦在焦虑和愤怒这两种情绪上，好奇心则相对被忽略了。或许，这是重建有关特质好奇心的理论的一个机会（Berlyne，1971a）。在第二章中，我们已经了解到，伯莱因模型关于好奇心的生物学假设站不住脚。更新基本理论可以使有关特质好奇心的研究获得新生。

2. 内勒的特质好奇心量表

内勒（Naylor，1981）的墨尔本好奇心量表（Melbourne Curiosity Inventory）是另一个状态—特质好奇心量表。在内勒的模型中，特质好奇心是指“体验好奇情绪的能力，这种能力存在个体差异。据推测，相对于特质好奇心低的人，特质好奇心高的人会在更广泛的情境下被唤起好奇心。而且，特质好奇心高的人体验到的状态好奇更为强烈”（p. 173）。这个模型并不是建立在一个有关好奇心的具体理论之上，而仅仅假设好奇心有状态好奇心和特质好奇心两种类型。测量特质好奇心的项目共有 20 个，如：

- 我认为，学习“事物”是有趣的、令人兴奋的。
- 我对事物充满好奇心。
- 我喜欢尝试解决那些困惑我的问题。

另外有 20 个项目测量状态好奇心，如：

- 我想要探索各种可能性。
- 我的兴趣被唤起了。
- 我沉浸在当下所做的事情中。

这两个分量表形成了独立的因子，都有较好的信度。计算特质好奇心与霍兰德（Holland，1997）的六种职业爱好（参见第七章）的相关系数，得到特质好奇心分量表的效度。内勒（Naylor，1981）发现，特质好奇心与霍兰德六种职业爱好中的研究型的相关度最高，与艺术型的相关度次之，与常规型的相关度最低。

使用内勒量表的研究很少，也许是因为他的取向是非理论性的。如果没有一个基本的理论框架来讨论好奇心的诱因，说明特质好奇心何时会影响行为，我们则很难为研究做出一个清晰的预测。

3. 个人发展促进模型

最新的特质好奇心模型来自积极心理学，来自人类力量、幸福感和美德的研究（Aspinwall & Staudinger，2003；Seligman & Csikszentmihalyi，2000）。卡什丹和他的同事（Kashdan et al.，2004）提出，好奇心是"一种积极情绪—动机系统，这个系统与新颖的挑战性机会的识别、追求和自我调节有关"（p. 291）。这个特质好奇心模型与第一章提到的兴趣建构功能（Fredrickson，1998）相一致，但在关键部分与之前的模型有所不同。个人发展促进模型假设好奇心起源于人的自我发展（Kashdan，2004），而不是唤醒系统（Berlyne，1960；Spielberger & Starr，1994）、情绪（Fredrickson，1998）或认知性动机（Schiefele，1991；Schraw & Lehman，2001）。这将好奇心重新定位在人格心理学的范畴中，就像有机体需求的天性（Ryan，1995）。

好奇心和探索量表（Curiosity and Exploration Inventory）可以测量好奇心的个体差异，该量表"测量好奇特质倾向，包括：(1) 探索或寻求新信息和经验的倾向；(2) 专注于这些有益的经历或完全沉浸其中的倾向"（Kashdan et al.，2004，p. 292）。该量表包括 7 个项目，例如：

- 当我参与一项活动时，我常常十分投入，以至于忘记了时间。
- 无论我到哪儿，我总是在寻找新事物或新经验。

该量表还给出了探索和专注的分量表得分。结果表明，量表的总分与积极情绪、活力、幸福、希望和乐观呈正相关，与无聊倾向、神经质和社会焦虑呈负相关（Kashdan，2002；Kashdan et al.，2004）。

这个量表还有一个改写的版本，用于测量状态好奇心。

虽然基于个人发展促进模型的研究刚刚起步，但是这个模型具有很好的发展前景。由于这种测量方式是以好奇心理论为基础的，所以这个模型能做出一些预测，例如，好奇心（由量表测得的）是否会影响行为。

（二）教师及同伴报告

与其他研究特质好奇心的方法不同，莫（Maw，1971）的模型关注的是好奇心在儿童群体中的差异。为了避免使用自我报告的方法，他在研究中根据行为表现来测量好奇心，通过同伴和教师的报告来评价儿童的好奇心（Maw & Maw，1970）。研究发现，"当小学生出现以下情况时，说明其表现出好奇心：(1) 靠近、探索或者操纵环境中新的、陌生的、不和谐的或神秘的元素，对其做出积极的反应；(2) 需要或渴望了解自己或自己的环境；(3) 环顾四周，以寻求新的经验；(4) 持续观察和探索刺激，以便更多地了解它们"（p. 124）。研究者将教师和同伴的评分形成一个综合指标，并以此为标准，将儿童分为高好奇心组与低好奇心组。教师在了解好奇心的定义之后，据此为学生的好奇心打分。而在收集同伴评分时，莫创造了一个任务，叫"谁该扮演这个角色"。在这个任务中，有 8 个角色，分别表现出高好奇或低好奇行为，研究者让学生们提名每个角色应该让自己的哪个同学来扮演，这种方式假设孩子们是通过比较自己的同伴与角色的相似性来得出答案的。

之后，莫研究了好奇心不同的儿童在人格方面表现出的差异。大部分差异都是通过自我报告的工具发现的。好奇心高的孩子通常有更高的自尊、更大的自我价值感、更好的适应力、更强的归属感、更少的偏见、更平等的态度以及更高的自评好奇心分数（Maw & Maw，1970）。行为测量发现，不同好奇心的孩子在很多方面存在差异，如怎么问问题，怎么发现荒谬的事物，怎么记忆异常信息，怎么解决拼图和迷宫任务（Maw，1971）。大部分变量都表现出性别差异（Maw，1971；Maw & Magoon，1971）。

在莫测量的与好奇心相关的变量中，智力是相关性最强的变量之一。这一点从理论上是说得通的。兴趣如果促使个体接触不同的经验（参见第一章），那么就应该能促进个体胜任力和智力的增长（Raine，Reynolds，Venables，& Mednick，2002）。反过来说，聪明的孩子应该会觉得自己更能够理解复杂和模糊的信息，从而培养了兴趣（参见第二章）。这一点从方法论的角度看却存在问题：智力可能会混淆对好奇心的评分。事实上，莫的很多发现（如记忆和问题解决）都反映了智力。为了检验这个问题，科伊（Coie，1974）对小学生的好奇心进行了一项综合性研究，涉及教师评分、智力方面的几项测验以及在不同情境下的探索行为。结果发现，教师对学生好奇心的评分在很大程度上受到其对学生智力水平认知的影响。对于男生来说，教师对学生好奇心的评分只能预测学生的智力水平；对于女生来说，教师对学生好奇心的评分可以预测学生的智力水平，以及一些好奇心的行为学测量指标。不过科伊在研究中并未包含好奇心的同伴评分，他的发现很难说明莫的结论是否有问题，因为莫的研究包括教师评分和同伴评分。尽管莫并没有解释教师评分和同伴评分是怎样合成总分的，也没有说明教师评分和同伴评分是否存在不同的效应，但看起来同伴评分似乎不大可能受智力的很大影响。总之，我们对教师和同伴的评分不应该只考虑其表面价值。

很遗憾，莫对特质好奇心进行测量的这种研究思路后来没有继续，使用同伴和观察者评分来测量好奇心也没能成为流行的方法。其他的特质好奇心模型只是依靠自我报告的方式测量好奇心（Kashdan，2004；Naylor，1981；Spielberger & Starr，1994），而只基于自我报告的研究结果是不够稳定的，尤其是在大多数因变量的数据也来自自我报告的时候。

三、兴趣的深度和广度

有些研究者认为，特质好奇心是多维度的，应当分成两个层面。兴趣的深度和广度被认为是关键的维度。郎之万（Langevin，1971）提出，兴趣的深度是指兴趣的强度，兴趣的广度是指一个人感兴趣的事物的广泛程度。这个观点符合我们对深度和广度两个概念的直觉认识。相比之下，安利（Ainley，1998）是这样定义的：兴趣的深度是指“为了了解新客体、新事物和新观点而想去探索和研究它们的倾向”，兴趣的广度是指“想体验多样化和不断变化的经验而去搜寻它们的倾向”（p. 259）。在这种观点中，深度类似于之前我们提到的特质好奇心的概念（Spielberger & Starr，1994；Naylor，1981），广度则类似于感觉寻求（Zuckerman，1994）。

郎之万（Langevin，1971）是第一个提出深度和广度区别的研究者。他通过因素分析探寻测量好奇心的不同工具间的相关性。学龄儿童完成智力测试、好奇心自评量表以及好奇心的行为学测量，此外，教师也对儿童的好奇心进行评分。但是总体而言，这些测量方式之间只存在微弱的相关。一项对好奇心和智力分数的因素分析发现了四个因子：第一个因子包含智力量表的得分，第二个因子包含两个问卷的分数，第三个因子包含瑞文推理测试的分数，第四个因子包含两个好奇心行为学测量的结果。分析发现，两个与好奇心相关的因子并不能解释其中的大多数变异。基于这个发现，郎之万提出了广度和深度的区别，其中第二个因子反映的是好奇心的广度，第四个因子反映的是好奇心的深度。

兴趣存在深度和广度的证据充其量是比较粗略的，尤其是这两个因子使用了两种不同的测量方式（自评量表 vs. 行为学测量）以及不同的施测形式（班级小组会议 vs. 个人施测）。事实上，郎之万（Langevin，1976）在这之后提出，这个深度和广度的区别可能是由方法不同造成的假象。他认为当前的好奇心量表还不完善，不能保证分析是可靠的。因素分析发现，第一个因子无法解释多于20%的变异；许多量表的信度系数都小于0.60。因此，想要得到有意义的因素分析结果，我们就要对好奇心进行更好的测量。

后来的一项研究也采取了类似的方法来研究兴趣的深度和广度。安利（Ainley，1987）对大量有关好奇心和兴趣的量表进行了因素分析。为了避免郎之万（Langevin，1971，1976）遇到的方法学问题，该研究只采用了自陈量表。这个因素分析得出了两个因子，安利将其解释为兴趣的广度因子和深度因子。安利的研究引发了博伊尔（Boyle，1989）的强烈回应，他认为状态—特质模型能更好地解释安利的实验数据。施皮尔贝格尔和斯塔尔（Spielberger & Starr，1994，p. 227）则认为，考虑到安利只分析了特质好奇心的结果，这只是一个暂时的结论。尽管如此，博伊尔对大量好奇心量表和焦虑量表做了因素分析，检验了他的备选模型。博伊尔的分析发现了很多因子，他认为这些结果支持状态—特质模型，而非深度—广度模型。从严格意义来讲，我们不清楚为什么一个多因子结构支持其中一个模型，而非另一个模型。

从根本上说，用这种方法来研究兴趣的深度和广度，效果并不是很好。因为量表是根据头脑中的明确结果设计出来的，所以因素分析不能揭示一个概念的真正本质（Allport，1961）。找到一个双因素模型并不能帮助我们更了解好奇心的本质。这些因素仍需要进一步解释，这就需要外部效标，而且这个效标会偏向一种解释而非另一种解释。如果我们仅靠因素分析的结果，而不增加其他的效度测量指标，我们就没有很好的基础来支持状态—特质模型或广度—深度模型。最终，研究者要看的是这两个模型在实践中的表现情况，而非特征值（eigenvalue）的变化。如果其中一个模型能更好地解释或阐述兴趣，那么，早晚会有研究给出证据。

安利（Ainley，1998）打破了一个循环——仅仅靠改写老量表以寻求新发现，她引入了一个新量表，以此测量兴趣的深度和广度。在她的量表中，共有40项活动，被试需要分别报告自己想参加的程度。在这些活动中，一部分反映了兴趣的深度（如“讨论事件为什么会这样发生”），另一部分则反映了兴趣的广度（如“在午夜走进一座废弃的老房子”）。量表的总分由深度和广度两个维度的得分相加而成。与分析或改写老量表相比，安利的量表是一个创新，看上去未来前景也很好。但是，这个量表的呈现方式可能会出现一些问题。例如，量表询问的是被试有多愿意参加量表所列出的各类活动，这些活动有一定的条件限制，这就将量表的适用范围限制在了特定的地点和群体。如果兴趣的深度和广度存在文化和发展性的差异，那么，也许这些差异反映的更多是活动本身，而非实际的兴趣差异（Loewenstein，1994，p.79）。此外，一个由具体行为清单组成的量表不能涵盖兴趣所有可能的范围，因此，它可能低估了一些有特殊兴趣的个体——相信许多博学多才之人未必对“在午夜走进一座废弃的老房子”感兴趣。无论怎样，目前该量表尚未发表，还需要更进一步的研究来评估其有效性。

尽管历经了三十多年的研究和争论，有关兴趣的广度和深度的研究其实刚刚起步。迄今为止，大多数的研究仅仅分析了旧量表的数据。我们已经知道，兴趣和好奇心的众多自评量表之间并没有很高的相关，在因素分析中，它们形成较弱的因子。安利（Ainley，1998）的兴趣深度—广度量表是第一个专门区分兴趣深度和广度的量表，我们仍需进一步研究才能检验这种区分是否能增进我们对兴趣的理解。

四、兴趣的广度

另一类研究传统专注于兴趣的广度，而不是兼顾兴趣的深度和广度。杰克逊（Jackson，1994）关于兴趣广度的概念模型是其中最为清晰的一个。他说：

> 兴趣的广度或多或少与智力本质有关，而不是它所包含的

东西，如体育活动。在兴趣量表中得分高的人对多种多样的主题都表现出求知欲，低分者关注的范围则相对狭窄。兴趣的广度不是指对任何一个领域的兴趣的强度。因此，高分者不一定是“深刻的”思想者，而低分者也不一定是“肤浅的”思想者。(p. 21)

描述高分者特质的形容词包括好奇的（curious）、感兴趣的（interested）和投入的（involved），描述低分者特质的形容词包括僵化的（inflexible）、狭隘的（narrow）和封闭的（insular）（Jackson，1994，p. 4）。

兴趣广度量表是杰克逊人格量表修订版（Jackson Personality Inventory-Revised；Jackson，1994）中 15 个分量表中的一个。兴趣广度量表由 20 个是/非题组成。有的题目描述的是普遍意义上的兴趣广度，与兴趣的具体内容无关；其他题目则是关于特定领域（如音乐、艺术和政治）中的兴趣。与大多数之前讨论过的有关兴趣广度和深度的研究不同，杰克逊的兴趣广度的概念是建立在坚实的心理测量学基础之上的。杰克逊报告了大量效度方面的研究，其中包括：兴趣广度与其他人格量表关系的研究，同伴评分的研究，以及熟人组的效度研究。

盖德特和汉森（Gaeddert & Hansen，1993）对爱好的广度进行了探索性研究。研究采用邮寄问卷的形式，选取工程师和行政人员为样本。在这个研究中，研究者用几种不同的方法对爱好的广度进行测量。第一步，被试完成杰克逊（Jackson，1994）的兴趣广度量表。第二步，被试填写职业爱好量表，该量表是根据霍兰德（Holland，1985a，1997）的职业爱好六边形模型（参见第七章）编制的。简单地说，霍兰德认为职业爱好是一个六边形结构，相邻的爱好类型是相关度最高的，而相对的爱好类型是相关度最低的。如果被试对相对的两个类别都很感兴趣，则被认为爱好的多样性程度高（Johnson & Stokes，2002）。第三步，被试自由回答“在指定的某一年中，参加过的所有业余爱好活动和（或）休闲活动有哪些”（p. 301）。研究者根据被试的回答，对被试参与活动的确切次数及种类进行编码。第四步，被试需要在量表中评价自己是否拥有比别人数量更多、种类更丰富、情感上更热衷的爱好。第五步，被试需要列出自己阅读过的书和杂志的数量、类型，以及自己所在的组织机构。

结果发现，不同兴趣测量方式获得的结果相关并不高。杰克逊（Jackson，1994）的兴趣广度量表是预测兴趣最好的指标，它与几乎所有的测量方式都有相关，虽然相关系数普遍较低。霍兰德的相邻和相对爱好编码数据基本上与其他方式测得的结果都无关。随后，基于能够预测兴趣广度量表分数的变量，盖德特和汉森（Gaeddert & Hansen，1993）创造了一个复杂的合成分数，这个合成分数与性别和职业差异有关。这个研究最清晰的发现是：杰克逊的兴趣广度量表是目前兴趣多样性最有效的预测指标，它可以有效预测其他测量分数，而其他测量分数之间的相互预测力则很低。

在多林格、鲁宾逊和罗斯（Dollinger，Robinson，& Ross，1999）的个性研究中，他们让被试进行一次主题摄影，拍摄的内容是“回答一个宽泛的问题‘你是谁’”（p. 626），并要求被试把拍成的照片合成一张拼贴画。这个主题摄影依据一个标准化的编码系统编码，这个编码系统基于对个性的思考。编码的维度包括重复性、抽象性、群体中自我的画像、非常规的画像、创意的展示以及隐喻的使用。使用这种方式测出的个性与杰克逊兴趣广度量表的两个研究结果是一致的。个性也能预测创造性，这是一种普遍的、无偏见的研究取向，我们也期待看到一个多元文化的研究前景。

杰克逊（Jackson，1994）的兴趣广度量表也存在局限性。首先，这个量表包含一部分具体的兴趣内容，这会导致高估一部分人的兴趣广度而低估另一部分人的兴趣广度。例如，某人可能兴趣很广泛，但就是对艺术和政治不感兴趣，杰克逊的兴趣广度量表就很可能低估这个人的兴趣广度，因为量表中的许多项目是与艺术和政治有关的。同样，只对艺术和政治感兴趣的人就能得到一个虚高的分数。其次，杰克逊强调的是像艺术和政治这样的“智力兴趣”，而忽略了像运动、看电影这样的普通日常爱好。虽然如此，但这些问题都无关宏旨，毕竟任何一种测量方式都难免存在误差。不过，当我们想知道一个人的兴趣广度时，我们应该去量化这个人实际爱好的数量，而不只是关注这个人对量表中的活动的兴趣。然而，这个量表最大的缺陷不在于此，而是杰克逊有关兴趣广度的概念是非理论性的。目前我们还不清楚这个概念是如何预测兴趣的，对于兴趣意味着什么，这就限制了它对一般兴趣研究的贡献。

五、感觉寻求

根据朱克曼（Zuckerman，1994）的定义，感觉寻求“是一种特质，表现为寻求多样、新异、复杂、强烈的感觉和体验，以及为了体验某种感觉，愿意承担身体、社会、法律和经济上的风险”(p. 27)。对于感觉寻求的研究是从感觉剥夺的研究开始的（Zuckerman，1969），进而扩展到了几乎每个心理学领域。目前，相关研究主要集中在感觉寻求的生理心理学基础及其对神经病理学的影响上（Zuckerman，1994，1999）。测量感觉寻求的量表有很多（Hoyle，Stephenson，Palmgreen，Lorch，& Donohew，2002；Madsen，Das，Bogen，& Grossman，1987），最广为人知的是朱克曼(Zuckerman，1994，pp. 389-392）的感觉寻求量表（第五版）（Sensation Seeking Scale-Form Ⅴ）。这个量表有 40 个迫选题目，如：

A. 我喜欢狂热的、豪放不羁的派对。

B. 我喜欢能与人好好聊天的、安静的派对。

从量表中分别评出“寻求刺激和惊险”“放纵欲望”“寻求体验”“无聊敏感性”四个分量表的得分。这些分量表和其他变量存在不同的关系，同时表现出不同水平的遗传率（Zuckerman，1994）。

（一）感觉寻求的心理生物机制

与赫布（Hebb，1955）、伯莱因（Berlyne，1967）和艾森克（Eysenck，1967）的主流看法一致，朱克曼（Zuckerman，1969）最初假设最佳的唤醒水平是个体差异的内部生理机制。最终，对感觉寻求的研究最终使他放弃了这个假设，进而从心理生物学的角度来看待个体差异（Zuckerman，1994）。心理生物学的观点获得了行为遗传学研究的支持，研究表明，感觉寻求存在遗传成分。在一个双生子研究中，同卵和异卵双胞胎填写感觉寻求自陈量表（Fulker，Eysenck，& Zuckerman，1980）。结果发现，不管是男性还是女性，异卵双胞胎之间的感觉寻求得分相关都是 0.21，而同卵双胞胎的感觉寻求得分相关是 0.63（男性）和 0.56（女性）。进一步分析发现，感觉寻求的遗传率大约是 58%；测量误差矫正后，得到估计值为 69%。这个估计值是个体差异遗传率的上限，并且与认知变量的遗传率十分接近（Zuckerman，1991）。另一个考察不同环境中成长的双生子的遗传研究提供了进一步的证据（Zuckerman，1994，pp. 293-295）。不同环境中成长的同卵双胞胎在感觉寻求得分上的相关为 0.54，异卵双胞胎的相关为 0.32。最近的一项研究以超过 1 500 对双胞胎为样本，得出感觉寻求的遗传率为 48% ～ 63%（Koopmans，Boomsma，Heath，& van Doornen，1995）。

但是，遗传下来的是什么？朱克曼（Zuckerman，1994）认为，“遗传因素通过确定系统活动或敏感性的水平，从而影响人格特质，而这些系统会受到多巴胺、去甲肾上腺素和神经调节剂（如单胺氧化酶）等因素的调节”（p. 23）。许多研究都将单胺氧化酶（monoamine oxidase，MAO）与调节感觉寻求的神经递质联系在一起。双生子研究发现，单胺氧化酶水平几乎完全由遗传因素决定（Zuckerman，1991）。单胺氧化酶水平与感觉寻求得分呈负相关，而且单胺氧化酶水平的变化反映了感觉寻求的变化。例如，单胺氧化酶水平低的人更可能有犯罪记录，滥用酒精、毒品和尼古丁。除此之外，单胺氧化酶水平在年龄和性别上的差异也与感觉寻求的得分在年龄和性别上的差异相似。朱克曼提出了一个复杂的感觉寻求的心理生物学模型，在这里就不讨论了。我们只想强调，对感觉寻求的心理生物机制的兴趣，让它成为本章所讨论的特质中最为特别的一个。

（二）感觉寻求和兴趣

感觉寻求的特质能预测人们对什么感兴趣。不奇怪的是，感觉寻求得分高的人对新鲜事物和陌生环境更感兴趣（Zuckerman，1994）；这在一定程度上定义了特质。更为有趣的是感觉寻求与兴趣表达之间的微妙关系。例如，有研究发现，感觉寻求水平不同的人，对艺术的偏好也不同（参见 Zuckerman，1994）。高感觉寻求的人认为高复杂性、高冲突性的图片更有趣，例如高感觉寻求者偏爱复杂的多边形而非简单的多边形（Looft & Baranowski，1971），更喜欢抽象的图片而非具象的图片（Furnham & Bunyan，1988）。因为艺术的结构特点（如复杂性和连续性）似乎比它所描绘的东西更为重要。

此外，感觉寻求特质对欣赏幽默也有类似的影响。有些模型是根据不确定性的唤起和解除来对幽默进行分类的（Ruch，1992）。以不协调解除为基础的幽默类型，是先制造不协调感，然后通过巧妙的语句将其解除。然而，基于荒谬话语的幽默只会制造出不协调感，而不会对其进行解除。无厘头的幽默通常能制造出更多不确定性和荒谬感，但很少加以解除。接下来，我们以大卫·尼尔森（Nielsen，2001）的滑稽故事为例：

> 警长走到外面，那里有一头粉色的猪。那头猪走过来舔警长那只沾有剩饭的靴子。警长想用自己的耙子赶猪，但是耙子在乔治·华盛顿那里，可他现在不在。如果乔治·华盛顿发现

警长用耙子赶猪，一定会有可怕的后果，他肯定会砍掉警长的头，然后扔到马桶里冲走。所以警长决定不用耙子赶猪。警长看着旁边的切萨皮克海湾（Chesapeake Bay），海湾中有一头红鲸，它冲警长挥舞着鳍并向天空喷水。就在这时，一艘巨大的远洋客轮驶过，将红鲸撞作两半，好恶心。有一条短吻鳄在远洋客轮的甲板上，看到这一幕，它无法忍受，于是捂住了自己的眼睛。太可怕了！然而，乔治·华盛顿没有这样做，他反而将短吻鳄的爪子从它的脸上移开，强迫它看着红鲸流出的血。(p. 6)

感觉寻求水平不同的人喜欢的幽默形式也不同（Ruch，1988）。低感觉寻求的人喜欢传统的不协调解除式幽默，这种幽默可以消除他们的不确定感。高感觉寻求的人喜欢无厘头式幽默，这种幽默能制造并保持不确定性，上述摘自尼尔森的故事就是高感觉寻求者的首选。

六、无聊倾向性

虽然很难确定兴趣和无聊之间的联系，但要了解兴趣，很重要的还是要先了解无聊。尽管把无聊当作兴趣的对立面是具有误导性的，但人们还是这么认为。情绪其实并没有对立面。无聊并不是单纯的兴趣缺乏，因为许多状态都缺乏兴趣。米库拉斯和沃丹洛维奇（Mikulas & Vodanovich，1993）将无聊定义为“一种唤醒相对较低的、不满意的状态，可以归因于缺乏恰当刺激的情境”（p. 3）。人们将无聊归入了情绪的消极—负性象限之中，与兴趣所在的积极—正性象限相对（Feldman-Barrett & Russell，1999）。但是，人们确实注意到了无聊的某些积极作用，例如，无聊能给人们反思与计划的机会（Harris，2000）。此外，人们认为无聊一般是不愉快的，还报告说很难对无聊的感觉进行调节。人们在无聊的时候常常感到缺乏动力，这表明无聊比对单调事物的简单反应更为复杂

（参见 Harris，2000；Spacks，1995）。最后，无聊的唤醒维度目前还不清楚。伯莱因（Berlyne，1960）认为无聊涉及高唤醒，并引用感觉剥夺实验作为支持（参见第二章）。然而，无聊情绪的声音表达显示的是较低的唤醒度（Scherer，1986）。总而言之，无聊反映了一组动机性情境，而无趣是其主要特征之一。

大部分有关无聊的研究都涉及无聊倾向性（boredom proneness）的个体差异，或人们感到无聊的难易程度与频率。法默和森德伯格（Farmer & Sundberg，1986）提出了无聊倾向性的单因素模型，并编制了一个包含 28 个项目的量表，其中的项目如：

- 大部分时间里我都是无所事事的。
- 我需要不断的改变和新鲜的事物来保持兴奋度。
- 年轻的时候，我感觉总是处于单调乏味的状态。

不久，沃丹洛维奇和卡斯（Vodanovich & Kass，1990a）通过对量表的因素分析发现，无聊倾向性包括五个因子，但后面的三个因子较弱。后来的一项研究发现了两个主要因子和一个次要因子（Gordon，Wilkinson，McGown，& Jovanoska，1997）。最后，正如奥尔波特（Allport，1961）所言，“因素分析得不到任何结论，除非先将结论放进去”（p. 330）。仅仅分析最原始的量表，并不能终结关于无聊倾向性结构的争论。然而，一个替代性的新理论模型需要新的测量结果，需要以理论为指导。目前现存的量表中找不到支持替代性理论的证据（Silvia，1999）。

撇开心理测量不说，已有研究已经发现无聊倾向性量表和很多个体差异变量之间的关系。男性比女性更容易感到无聊（Vodanovich & Kass，1990b），非洲裔美洲人比白种人更容易感到无聊（Watt & Vodanovich，1992a）。无聊倾向性得分高的人的特征是：比较浮躁（Watt & Vodanovich，1992b）；表现出更多的敌意和攻击性（Rupp & Vodanovich，1997）；有更多的青春期犯罪行为（Newberry & Duncan，2001）；表现出更多的认知错误（Wallace，

Vodanovich，& Restino，2003)；自我实现感更弱（McLeod & Vodanovich，1991)；对自己的工作满意度更低，去工作的可能性也更小（Kass，Vodanovich，& Callendar，2001)；体验到较少的积极情绪，感受到较多的焦虑和抑郁情绪（Vodanovich，Verner，& Gilbride，1991)；报告了更多的健康问题（Sommers & Vodanovich，2000)；做出更简单、更稳定的归因（Polly，Vodanovich，Watt，& Blanchard，1993)；报告的认知需求更少，但有更多的自我聚焦（Seib & Vodanovich，1998)；经常拖延（Vodanovich & Rupp，1999)。确实如此，无聊倾向性高的人生活似乎更黯淡无光。

无聊倾向性是一个很有研究前景、有待发展的概念。经过了将近二十年的研究，我们仍不太清楚无聊倾向性在活动和体验中的作用。无聊倾向性是否普遍？是否有生物学机制？是否仅仅是感觉寻求的一个方面？无聊倾向性背后的机制仍不清楚。测量无聊倾向性的量表可以预测许多变量，但做出这种预测的原因尚不清楚。目前，只有少数研究从相关的问卷研究转移到了因果关系研究上，探索无聊倾向性对行为、体验指标的影响机制（Kass，Vodanovich，Stanny，& Taylor，2001)。未来的研究需要界定远端特质与瞬时动作之间的中介过程。无聊倾向性能起作用也许是因为它涉及低唤醒，兴趣的缺乏在于环境、不恰当的情绪调节技巧；也可能是因为它与感觉寻求类似，也是通过心理生物过程起作用（Zuckerman，1994)；又或者这些假设都不正确。将来的研究不是要发现无聊倾向性与其他特质更显著的相关，而是应该尝试解读它的内部机制。

七、经验开放性

大五人格模型的目标是厘清个体差异的基本维度（John，1990；McCrae & Costa，1999)，而经验开放性是大五人格的五个维度之一。这个因子是"一个广泛且普遍的维度，体现在幻想的生动性、艺术的敏感性、感觉的深度、行为的灵活性、求知欲和非常规的看法等方面”（McCrae，1996，p. 323）。在大五人格特征中，经验开放性与兴趣的个体差异关系最紧密，也是五个因子中最具争议的一个。研究者们对经验开放性是否能反映智力或文化，争议很大，他们还质疑经验开放性是否算是一个普遍特质。《欧洲人格杂志》（*European Journal of Personality*）曾就此出过一个特刊，详述各家之言（De Raad & Van Heck，1994），但这一争论至今仍未停止（De Raad，1998）。

对经验开放性的研究，与其他大五人格特征的研究一样，遵循两条路径：一是通过自我报告来研究；二是通过自然语言中出现的特质词语来研究。因为这两种方法反映了经验开放性的不同方面，我们将对这两个领域分别进行评述。问卷研究支持开放性这一结构因子，认为它是一种对新经验和想法的感受性；特质词语的研究则认为开放性就是智力，在这些研究中经常找不到第五个因子。

（一）问卷研究

许多自评量表都可以测量经验开放性，最常用的应该是科斯塔和麦克雷（Costa & McCrae，1992）NEO 人格量表（NEO Personality Inventory）中的开放性分量表。他们将开放性定义为六个侧面：幻想、审美、感情、行动、思想和价值观。其他的开放性量表都只有一个宽泛的维度，并没有定义开放性的不同侧面。开放性与许多其他的变量相关，如政治价值观、独裁主义（McCrae，1994，1996）以及创造力（Feist，1998；Wolfradt & Pretz，2001）。好奇心似乎是开放性的重要组成部分。关于这两个概念是如何联系的，卡什丹（Kashdan，2004）提出了一个有意思的观点：

> 好奇心是开放性的一个基本动机成分。然而，高开放性还需要富有想象力的、艺术性的和与众不同的敏感性，这些都不是好奇心本身所必需的，也不是产生好奇心的充分条件。同样，个体可以是高开放性的，表现出更强的了解自己的意愿，心胸更开阔，但同时又不愿意挑战和拓展自我。好奇体验看起

来更像是行动的机制（认知的、情感的和/或行为的），而开放性则更像是一种心理倾向。(pp. 126-127)

卡什丹和他的同事（Kashdan，Rose，& Fincham，2004）发现，特质好奇心量表（如前所述）与经验开放性的测量方式之间有高相关。然而，他们的研究表明，特质好奇心存在独特的预测效度，且这个效度超越了更高阶开放性因子的预测效度（参见 Paunonen & Ashton，2001）。

行为遗传学研究表明，经验开放性这一特征具有遗传成分(Bergeman et al.，1993)。在研究中，成长于相同环境和不同环境中的同卵双胞胎和异卵双胞胎分别完成了一个经验开放性量表。结果发现，在相同环境中成长的同卵双胞胎之间以及在不同环境中成长的同卵双胞胎之间开放性分数的相关都很高（相关系数分别是 0.51、0.43），而在相同环境中成长的异卵双胞胎之间以及在不同环境中成长的异卵双胞胎之间开放性分数的相关都比较低（相关系数分别是 0.14、0.23）。模型拟合分析估计：40%的开放性分数变异能被解释为基因影响；余下的 60%则归因于环境，其中只有 6%能被共同的环境所解释。遗传性的估计没有发现性别和年龄的差异。

麦克雷和科斯塔（McCrae & Costa，1997）用大五人格量表进行了跨文化研究，结果表明，经验开放性是普遍存在的。研究者用不同语言版本的 NEO-PI 量表分别对美国人、中国人、德国人、希伯来人、韩国人、日本人和葡萄牙人的样本进行施测，通过比较每种文化下的因子结构与美国人样本的因子结构，对经验开放性这一因子的普遍性进行了评估。结果发现，因子结构的相似程度是相当大的。因此，麦克雷和科斯塔（McCrae & Costa，1997）认为经验开放性可以看作普遍的特质。然而，许多研究的结果没能发现大五因子。一般来说，需要五个以上的稳定因子来代表一个广泛的题库（Block，1995）。尽管最原始的五个因子有时并不能被重复验证，但在很多时候这些因子还是稳定的（例如，Benet-Martinez & Waller，1997；Paunonen & Jackson，1996）。其他研究则发现这五个因子可以被两个更高阶的因子描述（Carroll，2002；Digman，1997），这两个因子类似于自我控制和自我恢复能力（Block，2001）。也有研究发现特定的某个方面的量表似乎比五个宽泛的因子更有效（Paunonen & Ashton，2001）。例如，在研究好奇心的个体差异时，特质好奇心量表可能比广泛的开放性因子更有效。

（二）词汇学研究

大五人格研究的第二个传统是词汇学研究。词汇学研究关注的是描述人格的自然语言词汇之间的关系。这种取向“回避了外显理论”（shuns explicit theory；De Raad，1994，p. 231），让语言为自己说话。研究者希望通过研究语言的特质结构，来深入了解人们是如何理解人格概念的。研究者假设，人们会发展出描述他们日常生活中最显著的个体差异的词语。词汇学研究涉及复杂的方法论，我们在这里就不讨论了（参见 De Raad，1994，1998），只集中对研究结果进行讨论。

词汇学研究对经验开放性的信度和意义提出了疑问。使用自然语言描述特质的研究普遍无法验证麦克雷和科斯塔（McCrae & Costa，1999）提出的大五人格结构。相反，词汇学研究发现了更多的因子，或更少的因子，或五个有不同解释的因子。经验开放性是五个因子中最不稳定的（De Raad，1998）。例如，对意大利语（Di Bias & Forzi，1999）和土耳其语（Somer & Goldberg，1999）的特质词汇学研究就没能验证开放性因子。即使一个开放性因子得到验证，它通常也被解释为与智力、想象力或者文化类似的因子，而不是和经验接受性有关的因子（De Raad，1994；Goldberg，1994）。

（三）对经验开放性的评估

经验开放性像是一所被分隔的房子，不同的研究者有不同的定义。一些研究者将开放性看成一个分类范畴，是一个可以将特质描述语进行组织的有用概念（Goldberg，1994；John，1990）。他们认为开放性像一个伞状的分类，将本章中提到的其他概念都囊括其中。另一些研究者则认为开放性是一个真实存在的特质，有其生物基础和行为表现。或许观点间的冲突只是表面现象。自然语言的研究本身是一个有意思的科学话题，但是对于它能否撼动科学人格心理学研究的发现，我持怀疑态度。一个概念要成为合法的科学概念，是否一定要出现在科学家所使用的语言系统中甚至世界上的每种语言中？研究 D4 多巴胺受体基因的德国科学家，并不需要在意 D4DR 是否属于德国人的日常词语，而且也没必要知道 D4DR 这个词是否存在于其他语言中，如荷兰语、英语、土耳其语、中文、意大利语和西班牙语等。在制造单胺氧化酶（MAO）系统之前，任何自然语言都没有关于它的词，那么科学家们就要怀疑单胺氧化酶系统的存在吗？

如果科学想超越常识，那么科学家需要切断其与自然语言的联系（Atkinson，1964）。瑞典研究者发现，探究同卵双胞胎和异卵双胞胎在开放性上的遗传特征（Bergeman et al.，1993）似乎比探究瑞典语言中是否有表示开放性这一概念的词语更有意义。此外，人们不禁会问：词汇学研究究竟想要解释什么？如果目的是了解特质描述语，那么研究特质概念是恰当的。然而，似乎词汇学研究的真实目的是：研究不同文化下的心理学是否包括某些如大五人格理论中所陈述的特质概念。所有研究者似乎都同意，开放性是很难从几个单独的特质词语中总结出来的（De Raad，1994，1998；McCrae，1994），所以，坚持对单一特质词语进行词汇学研究是不合理的。

就我们自己的目的而言，经验开放性的相关研究的兴衰与大五人格模型的兴衰无关。我们更关注开放性是否是一个可辨别的维度，以及它可否增进我们对兴趣的认识。值得我们注意的开放性研究包括：遗传学的研究（Bergeman et al.，1993），开放性在长时间内的稳定性的研究（McCrae & Costa，1990），探究开放性如何预测对艺术作品的情绪反应的研究（Rawlings，2000，2003），开放性在友谊和亲密关系形成中所起作用的研究（McCrae，1996）。然而，许多开放性问卷的研究结果并不理想。布洛克（Block，2001）声称："因为研究任务没有经过深思熟虑，所以，被设计用来测量五个给定因子的人格问卷与任何可用的效标都有相关。"（p. 99）因此，他认为大五人格的研究文献是"大杂烩，这种报告对人格研究的核心问题几乎没有什么影响"。事实上，几乎没有研究关注开放性在个体活动和经历中的根源和功能。目前，大多数有关开放性的研究只关注测量开放性的量表和其他量表之间的相关（McCrae，1994，1996），这样的研究只构建了一个结构，仅此而已。

八、混合模型

到目前为止，我们回顾了有关兴趣、好奇心、内在动机的个体差异的主要模型。下面，我们将讨论几个关于特质好奇心的"迷你理论"（mini-theories）。在过去的四十年里，心理测量的方法有了长足的进步（DeVellis，2003），大部分旧量表和旧方法已经不能满足现代心理测量的信度和效度标准了（参见 Langevin，1976）。关于旧方法的讨论可以在其他地方找到（Ainley，1987；Langevin，1976；Olson & Camp，1984；Vidler & Rawan，1974，1975）。

戴（Day，1971）的安大略内在动机测试（Ontario Test of Intrinsic Motivation，OTMI）是测量好奇心个体差异的最复杂的模型之一。该量表的编制是受有关研究的启发，这些研究考察人们对多边形的稳定偏好程度（Day，1966，1967，1968）。尽管戴更为强调特定类型的好奇心，但他还是采用了伯莱因对好奇心的区分方式：特定好奇心和多样性好奇心（参见第二章）。OTIM 包含 110 个项目，如：

- 我会阅读所有报告新的科学发现的杂志。
- 我希望有人能解释为什么在管弦乐队中，所有不同的乐器一起演奏的声音能如此协调悦耳。

根据一个“10 × 3 × 3”立方体模型，有 90 个项目是测量特定好奇心的。立方体中每 30 格为一个面。其中，立方体的第一个面测量的是库德偏好记录里的 10 类职业兴趣（参见 Darley & Hagenah, 1955），第二个面测量的是能唤起好奇心的刺激的三个方面特征（新颖性、复杂性、不确定性），第三个面测量的是反应的方式（询问、观察和思考）。立方体的 30 个小房间中，每个小房间有一个项目。另外两个均包括 10 个项目的量表分别测量多样性好奇心和社会赞许性。这样，OTIM 共产生 19 个分数：和各类兴趣有关的分数 10 个，和刺激有关的分数 3 个，和反应方式有关的分数 3 个，和多样性好奇心有关的分数 1 个，和社会赞许性有关的分数 1 个，还有 1 个是整合后的总分。

因素分析的结果大致支持特定好奇心和多样性好奇心的区分（Olson & Camp，1984；Olson et al.，1984）。所有的三个和刺激有关的量表都能预测与好奇心和探索相关的谚语表述（Maw & Maw，1975）。思考方式分量表的分数能预测大学课堂上提问的情况，询问和观察方式分量表则没有这种预测力（Evans，1971）。自愿参加心理学实验的人，更愿意报名参加与其 OTIM 兴趣领域相关的实验（Day & Maynes，1972）。一些分量表预测了被试参加实验的频率和对实验复杂程度的偏好。然而，OTIM 的一个风险是它的灵活性：任何一个有 18 个可能的好奇心分数的量表，在给定大样本的情况下，几乎总能得到显著相关（Murphy & Myors, 1998）。加之更为简便可靠的替代方法不久后就出现了，因此，鲜有研究者使用 OTIM。

利特曼（Litman）最近开发了一些新的测量好奇心的方法（Collins et al.，2003；Litman & Jimerson，2004；Litman &

Spielberger，2003)。这些研究回到了伯莱因（Berlyne，1960）的分类方式：知识性的好奇心（epistemic curiosity）和感知的好奇心（perceptual curiosity)。知识性的好奇心是由接触不完整、不连贯或不确定的知识引起的，感知的好奇心则与越来越强的感官体验有关。这些研究开发了简短的量表，来测量知识性的好奇心和感知的好奇心；每个量表都包括几个分量表，分别评估特定好奇心和多样性好奇心（Berlyne，1960；参见第二章)。使用这些量表进行研究，虽然还处在早期的初级阶段，但其显然已经超越了过去对知识性的好奇心和感知的好奇心的个体差异的研究（Litman，Hutchins，& Russon，2005)。在一个新的转折点上，利特曼和金默森（Litman & Jimerson，2004）提出，好奇心的个体差异可以反映好奇心的两种状态之一，一种是兴趣状态时体验到的感觉，另一种是匮乏状态时体验到的感觉。他们主张，大部分的模型将好奇心与积极情绪联系在一起（例如，Kashdan，2004)，而忽略了在信息匮乏和不愉快唤醒的基础上产生的好奇心的负面体验。这个让人耳目一新的观点有待进一步研究。

九、寻找好奇的人

在寻找好奇的人的过程中，兴趣心理学能发现什么呢？早期对兴趣个体差异的研究大多并不成功，比较令人沮丧，因为其测量方法是不可靠的、折中主义的，理论模糊或缺乏（参见 Loewenstein，1994)。时隔多年，关于兴趣的研究终于重新活跃起来，本章提到的研究大部分是近期的，甚至有少数是尚未发表的，例如：新的特质好奇心模型（Kashdan et al.，2004)，兴趣的广度和深度模型（Ainley，1998)，知识性的和感知的好奇心模型（Collins et al.，2003；Litman & Jimerson，2004；Litman & Spielberger，2003)，以及有关经验开放性的各种相互冲突的观点（De Raad，1998；McCrae，1996）等。就连“感觉寻求”这样的老概念，最近也在心理生物过程的基础上被重新定位了（Zuckerman，1994，1999）。

当兴趣和个体差异领域的研究欣欣向荣，新观点层出不穷，呈现出一个健康研究领域的迹象时，我们很难对这个研究领域做出评价。我们不妨静观其变，看这些新方法和研究是否能结出理论的硕果，或者走向失败。与其花功夫去评价一个方兴未艾的领域，不如规划将来的研究工作应该强调的一些特征。当然，在此之前，未来研究的首要任务仍是打下坚实的理论基础。个体差异的研究在阐明了具有普遍性的问题时，就是取得了成功（Cronbach，1957；Underwood，1975）。本章中提到的最有信息含量的模型，都开始解决兴趣心理学中的概念性问题（Kashdan，2004；Litman & Spielberger，2003；Spielberger & Starr，1994；Zuckerman，1994）；信息含量稍少的几个模型则简单地记录和测量了人与人之间的个体差异（Ainley，1987；Farmer & Sundberg，1986；Jackson，1994；Maw，1971；Naylor，1981）。理论可以让我们从个体差异概念中的获益最大化。

如果可能的话，今后的研究应该包括行为测量、无干扰测量和内隐测验（例如，Litman et al.，2005）。自我报告的方法主导了个体差异研究，但自我报告的风险被低估了（Knowles & Byers，1996；Nicholls，Licht，& Pearl，1982；Osberg，1985；Schwartz，1999）。在研究积极品质（如好奇心）时，社会赞许性是一个严重的问题。人们保持良好自我形象的策略是用以消除敌意的，具有普遍性且难以察觉（Dunning，1999）。社会赞许性是不能通过“社会赞许性量表”在统计上加以控制的，因此，研究者只能笼统地从大量的普通“伪装者”中辨别出核心的“伪装者”。此外，人们往往缺乏一些必要的反思技巧和能力，无法做出准确的自我报告（Wilson，2002）。就好比在评价自己的作品时，一个不擅长写作的人会比一个擅长写作的人做出一个更具赞许性的评价（Kruger & Dunning，1999）；在对自尊心进行自评时，失败的人会比成功的人报告更强的自尊（Wicklund，1998）；报告积极的种族态度的人会表现出种族主义行为（Biernat & Crandall，1999）。我们应该对自我报告有更深刻的思考。

十、本章小结和结论

情绪倾向的个体差异是情绪和人格之间最常见的桥梁。本章介绍了与兴趣、好奇心、内在动机相关的个体差异。兴趣是一个涉及范围广阔的心理学主题，人们的兴趣各有特点，强度各不相同，表达方式也是多种多样。因此，个体差异其实是兴趣研究中最常见的主题之一。现在，兴趣这一研究领域正蓄势复兴，我预计，未来十年，关于兴趣的动力学将出现更多的新观点，我们的认识也将有所拓展。

接下来的两章探究兴趣整体上完全独特的方面。正如奥尔波特（Allport，1961）所质疑的："认为所有人都拥有相同的人格基础成分是合理的吗？所有生命的组织单位必须是一样的吗？除了权重不同以外，是否所有因素必须是一样的呢？"（p. 329）因此，我们将由个体差异领域转向人格领域。接下来，我们将一起看看人们是如何发展自己独特、神秘，有时有些奇怪的兴趣和爱好的。第五章将介绍前人关于特殊爱好发展的理论；第六章将基于情绪知识和因果归因，提出一个新的理论模型（Duval & Silvia，2001；Heider，1958；Weiner，1986）；第七章将关注职业爱好——与现代社会的职业密切相关的人类爱好。

第五章　爱好和动机的发展

为什么人和人之间的动机会如此不同呢？如果人们成年后拥有的那些偏好、目标和爱好不是与生俱来的，那么它们又是如何形成和发展的呢？关于动机发展（motivational development）的研究探讨了这些问题。在那个伟大的人格和动机理论大行其道的时代，行为主义者、人本主义者和弗洛伊德学说的支持者对动机发展的问题所给出的参考答案是：(1) 动机之间相互转化；(2) 动机通过二级强化形成；(3) 动机产生于更深层次的需求、本能和内驱力。然而，在这期间假设远远多于研究，几乎没有心理学家检验自己的动机发展理论。

尽管人们一直对动机研究保持高涨的热情，但是，在现代心理学领域，似乎这些都与动机发展的问题无关。人类动机的研究通常强调的是普遍性动机，如有机体的需求（Deci & Ryan，2000）、进化的社会动机（Baumeister & Leary，1995）或者基本的认知动机（例如，Dunning，1999；Silvia & Duval，2001a，2004），少有研究关注人们是如何形成和发展个人独特的动机的。尽管有关特殊动机——个人的努力、个人的目标、当前的关注对象（Emmons，1999）——的研究已经使动机的一些独特部分成为研究焦点，但是这些理论与个人的动机是如何发展和变化的没有太大关系（参见Emmons，1999；Klinger，1971）。

爱好发展是动机发展的一个特例。在这个领域，研究者想知道的是一个人怎样获得一些爱好而非另一些爱好，以及为什么不同的人拥有不同爱好。这样看来，爱好发展的研究和动机发展的研究同时进行也就不足为奇了。早期研究多半是理论上的，充斥着未证实的假设和未解决的争论。当代大部分研究并不关注爱好是怎样发展的。有关职业爱好的研究脱颖而出，并成为一个重要特例；有关职业爱好来源的理论也已经被广泛检验（Holland，1997；Lent，Brown，& Hackett，1994；Savickas，1999）。关于这一点，我们将会在第七章进行讨论。

在本章，我们将会看到过去的理论是如何解释特殊爱好的发展模式的。几乎所有的理论取向都为爱好形成提供了解释。因此，我们将试图在被强化的肮脏性欲与遗传本能之间找到一些折中的观点。在本章，我们的任务包括：第一，理论回顾，展现前人对于“爱好是怎样发展的?”这个问题的各种思想。第二，我们希望阐明这些理论共有的广泛的连续性——理论之间明显的差异会掩盖理论间基本的相似性。第三，我们试图开辟一条有关爱好如何形成的新思路，这一点会在第六章着重描述。在本章的最后，我们对于动机发展的思想历程会形成一个更好的理解。

一、理论主题

本章描述的理论蕴含着两个主题。第一个是理论间的相似性维度，也是研究者用于解释爱好发展的基本框架。最常用的解释框架是“动机×联结”模型（motivation×connection model）。根据这些理论，特殊的动机形成于两个过程的相互作用。动机部分是指唤起和奖励某个活动的过程，联结部分则是指将动机和特定的活动联系起来的过程。没有动机，一个人会失去行动的基础；没有联结，一个人会失去对特定活动的偏好。一个人会视动机为强度成分，而视联结为方向和选择成分。尽管理论的特定表述在变化，但是在这一章出现的许多理论都采用了这个“动机×联结”模型。一些理论把动作看作基本的情绪，另一些理论则提出基本的内驱力。一些理论认为联结是通过不断重复的活动而产生的，另一些理论则研究中性活动和偏好活动之间的界限。

第二个是描述这些理论的维度是爱好来源于内在动机还是外在

动机。许多理论假定爱好来源于内在动机，如兴趣的情绪感觉或好奇的天性。在一些理论中，爱好意味着“纯粹为此”（for its own sake）的动机。其他理论则假定爱好来源于外在动机。在这些理论中，爱好服务于其他动机，如产生紧张的内驱力或性本能、攻击本能（Freud，1923；Hull，1952）。一些支持外在动机理论的学者认为内在爱好来源于外在动机的转化（例如，Allport，1961）。

依据本章介绍的理论所强调的发展过程，我们系统地梳理了这些理论：第一类理论认为爱好的发展源于相似的动机；第二类理论认为爱好来源于外在动机向内在动机的转化；第三类理论认为爱好来源于深层的心理需求，认为爱好是以需求满足为其内部机制的。我们发现，我们并不是总能轻易地对理论进行独立分类，而且理论间的相似性贯穿整个爱好的形成和发展系统。尽管如此，分类还是能让我们在这些纷繁复杂的想法中找到一个立足点。

二、爱好由相似的动机发展而来

第一类理论描述了新的动机结构如何出自性质相似的来源。在这些理论中，爱好是被放大的或被明确表达的一类相似动机的产物。然而，尽管“爱好”和“动机”两个词发音不同，爱好仍保持了原始结构的核心动机本质。这些理论不是假设外在动机会变成内在动机，或者表面动机会变成内在动机，而是认为原始的动机和作为结果的动机保持了核心性质的连续性。在每种情况下，爱好最终都来源于一些类似兴趣的动机源。例如，持久的爱好也许会植根于一种普遍的好奇本能或者植根于一种兴趣情绪中。下面，我们将会探讨三个理论：麦独孤的好奇本能理论、汤姆金斯的脚本理论以及普伦泽尔（Prenzel）关于爱好的选择性坚持理论。

（一）好奇本能理论

麦独孤（McDougall，1908/1960）假设了一组泛文化的、进化的动机系统，被称为本能。其他理论家把本能定义为刺激控制下的一种呆板的行为程序，而麦独孤认为本能拥有认知、感情和意动的属性。他认为“每个本能行为的实例都包含一种对事物的认识、一种关于这个事物的感觉以及一种靠近或远离某个目标的努力”(p. 23)。认知和行为会随着经验的改变而改变，例如，如果人们熟悉那些激发本能的更大范围中的事件，就能发展出对这些事件做出回应的方法。相反，情感会在主观特性和动机功能方面保持不变。

本能和情绪是动机发展的“原料”。每种本能都使某种情感的发展成为可能，“情绪倾向的组织系统，是以某个目标为中心而展开的”（McDougall，1908/1960，p. 137）。尽管每种情感在复杂程度、组织程度和抽象程度方面有差异，但这些情感都参考了某个目标，参考了本能所具有的稳定的情感特征，这为情感提供了动力。举个例子，父母的本能会促使他们建立和孩子之间的依恋关系。这种发自内心的情感（即“温柔的情绪”）会促进亲子间的互动和抚育。这种与孩子有关的情感是一种新的动机，这种动机源自本能，并继续以温柔的情感为动力。

好奇的本能与探索和学习密切相关，“好奇心使我们更接近那些使我们感到兴奋的事物，并推动我们探究、检测那些事物”（McDougall，1908/1960，p. 49)。惊奇（wonder）是一种被唤醒的好奇本能所拥有的情绪特质。麦独孤之所以很少提及与其他本能相关的好奇本能，是因为他认为在像人类这样的高级动物身上，这种本能在逐渐减弱。然而，很多现代心理学家持相反的观点，他们注意到高级动物更依赖学习，也因此需要更强的知识寻求机制（Fredrickson，1998)。

在麦独孤看来，爱好是源于好奇本能及其惊奇情绪的一种情感。与联想主义全盛时期的观点一致，麦独孤认为情感是通过简单的重复而形成的。一个人偶然遇见一个能够唤醒好奇本能的事物，就会产生一种基本的情绪感受；如果他不断重复遇到该事物，最终就会产生一种清晰的、强有力的兴趣情感，这种情感会让与之相关的活动充满活力。如果一个人之后不再经历类似的体验，那么这种情感就会消减。麦独孤的好奇本能理论也因此成为“动机×联结”理论的范例。好奇本能为我们提供了与客体间互动的动机，并且重复会加强动机和特定目标之间的联系。

（二）脚本理论

西尔万·汤姆金斯（Tomkins，1976，1979，1987，1991）关于人格的脚本理论也许是动机发展理论中最复杂的模型。脚本理论描述的是情绪经验怎样发展成（或没有发展成）整合的、具有导向性的动机。脚本理论最基本的单元是情景（scence）。汤姆金斯（Tomkins，1991，p. 74）把情景定义为“生活之所以鲜活的最基本因素，最简单、最原始的情景应该包括至少一种情感和至少一种包含那种情感的事物”。正如主观感知到的那样，情景是情绪生活的一个片段。许多情景在生活中都是完全独立的。人们常常经历许多不同的情景，例如，因一个笑话而大笑或者咒骂一个司机。这些短暂的情景在很大程度上保持了与其他经验的分离，它们也因此对于人格的结构和功能几乎没有任何影响。然而，有时候情景之间会变得有联系并且形成脚本，甚至形成数套关于预测、解释、回应和控制情景的规则。在这里所说的脚本类似于传统概念上的脚本和图式（Schank & Abelson，1977）。脚本是有选择性的，指的是特定类型的情景；脚本又是不完整的，因为它不可能说明某个具体情景中发生什么；同时，脚本多少有点儿精确性。因此，脚本会随着经历的变化而不断修订。

由此，脚本理论设想生活是一系列情绪性情景。一些情景被结合成脚本，成为理解过去和未来生活情景的方式。现在，关键的问题就是情景如何发展为脚本。这是一个放大的现象，或者说是“在两个充满情感的情景间建立联系”（Tomkins，1991，p. 75）。放大，是一种认知过程，在该过程中，一系列特征类似的情景组合成一组。对不同情景相似之处的知觉，可以把情景放大成一个脚本，并从这类情景中提取意义。

为了清晰地阐明这些过程，我们来看看一个简单的“成瘾脚本”（addiction script）是怎样通过放大而形成的。一个一直感到很沮丧的人去参加聚会，并且喝醉了。酒精减少了他的消极情绪，并且使他产生了愉悦情绪。这就是一个事物（酒精）用积极情绪代替消极情绪的一个简单情景。如果被带入的情绪极其强烈，那么这种单一情景也会形成一个脚本。最有可能形成脚本的状况是相似情景的发生与叠加。如果一个人再次用酒精来抚平自己的消极情绪，那么这些相似的情景会叠加，组合成一个新的酒精成瘾脚本。放大的第二个方面，是从情景中提取意义。在上述例子中，成瘾脚本显示服用酒精是一种减少痛苦的好方法。由此，短暂的情绪体验已经被强化成一种稳定且有指导性的观念。

最初，情景决定了脚本的发展，在此之后，脚本又决定了情景的进程——这些脚本会把它们解释的视角强加到经验之上，并影响着我们对环境的选择和创造。举个例子，当一个人因拥有一个成瘾脚本而感到焦虑时，这个脚本就指向了应对焦虑的有效方法，还包括怎样获取、到哪里取得那些方法，以及可能的结果，等等。因此，脚本放大了那些与脚本相关的附加情景，而这些附加的情绪性情景又能够扩大脚本，最终可能在一组总脚本中占据垄断地位。

脚本理论是怎样解释爱好的呢？尽管汤姆金斯从未专门提到爱好，但是爱好会被归类为丰富脚本（affluence scripts），“这类脚本和人类生存环境中的损坏、限制、污染和毒害无关，而是和另外一些情景有关，这些情景保证和传递强烈的和/或持续的积极情绪体验(兴奋和高兴)。这些脚本源于个体对于生活的热爱”（Tomkins，1991，p. 107）。丰富脚本特指个体会寻找那些让自己感兴趣或快乐的事物。所有脚本都开始于一个单一情景，情景中包含一种情绪和一个客体。当一个活动唤起了兴趣感——也许是一个高中生恰巧看到一个法制电视节目，并且对其中专家如何以现场线索为证据抓住犯罪嫌疑人很感兴趣时，一种爱好就得以形成。在这种情况下，我们不太可能知道一个爱好脚本是否形成了，除非这种体验十分强烈，以至于它自己就形成了一个脚本。但是，也许这个高中生在下周偶然又看到同一档节目，并且对法律专家如何分析有争议的诉讼案件产生了兴趣，这就形成了脚本的雏形。这两种经历将连贯起来，被赋予核心的相似点，并且被兴趣的情绪感受所放大。也许，这个新脚本就会显露出一个简单的意义——“司法学很有趣”。

这个高中生现在能够预测和预期将会让他感兴趣的环境，即脚本会影响情景。例如，如果这个学生感到无聊，该脚本就会提示司法科学更有可能是一门有意思的学科。与此同时，如果融入了更多的情绪性情景，那么这个脚本就会拓展成一个更广阔、更有导向性的脚本。当他阅读一本剖析犯罪的书时，他很可能会产生有趣的体验——这些体验将会被同化，并进一步放大这个脚本。这个脚本也许最终会变得足够强大，以至于影响他重大的人生决定；这个高中生可能会申请司法学课程比较好的大学。如果这些年的情景持续产生兴趣和快乐，那么，这个脚本将最终影响其职业生涯的选择。但是，如果它们不能产生这样的效果，那么脚本将会发生改变，不是被缩小（把情景和相对微弱的情感相结合），就是变成包含对立情感的情景。

脚本理论是一个与人格有关的普遍性理论。汤姆金斯的所思所想远比我们论述的要复杂得多，他的假设涉及不同的脚本类型、情绪经验中不同的相似点、根据积极情感和消极情感构建出的脚本的差异性（Carlson，1981；Carlson & Carlson，1984）。然而，从本质上来说，脚本理论拥有一个简单的框架结构。就像麦独孤的好奇本能理论一样，脚本理论假定动机发展取决于动机的强烈程度和联结的强度。在脚本理论中，情绪提供了动机的来源，然后，放大过程把情绪和某个特定客体联系起来。当有趣的情绪体验越来越强烈，同时相似的有趣经历越积越多时，兴趣脚本就变得更加强大。

因此，脚本理论也代表了另一种“动机×联结”理论。

（三）关于爱好的选择性坚持理论

几乎任何东西都有可能让人觉得有趣。仅有某些东西具有无穷的魅力，没有什么东西会对每个人都具有无限的吸引力。例如，一群人也许会因为好奇而去听斯科特·菲茨杰拉德（F. Scott Fitzgerald）的讲座。其中的大部分人也许只是单纯地听一场讲座而已，不会和菲茨杰拉德有任何正式的关系。然而，也许一些人在讲座结束之后会读菲茨杰拉德的著作。少数人也许会沉浸在批评文学中，读有关菲茨杰拉德的传记，最终形成对菲茨杰拉德及其作品的一种持久的爱好。这样的情境是普伦泽尔（Prenzel，1992）有关爱好发展理论的开端。在他看来，爱好的本质是个体在一段时间内自主选择与某个事物相互作用。关键问题是，为什么有时人们会回过头去找寻曾经觉得有意思的活动，有时又把它抛在脑后。

正如普伦泽尔（Prenzel，1992）所写的那样，他的理论“试图解释一个人沉浸于某个事物时到底发生了什么，从而导致其在此之后还会继续做这件事（坚持），并且集中精力于这个领域的特定方面（选择）”（p. 79）。认知冲突是普伦泽尔理论中的一个重要概念，这与伯莱因的对照变量（参见第二章）类似。当一个活动或事物违反了目前已有的知识，产生了不确定性和新颖性，或看上去似乎很复杂时，认知冲突就会发生。普伦泽尔假定：一个事物最初的吸引力（从广义上说）会导致人们第一次遭遇认知冲突。在这个过程中，特定的经历会影响未来坚持的可能性：解决认知冲突，感受到有趣、快乐和幸福，并且感知“持续、潜在且可解决的认知冲突”（p. 84）。未来面对的选择性（沉浸于某些客体而不是其他客体中）基于有趣和快乐的先前体验，也基于一种知觉，即对“有趣客体和客观图式之间未解决但可解决的冲突”（p. 84）的知觉。这个理论可以被看作爱好发展的“新伯莱因模型”。当一个活动有足够多的冲突而变得让人感兴趣时，人们就会持续沉浸于这个活动中，未解决的差异激发了随后的认知冲突。在个体第二次进行这项活动时，早期的冲突很可能已被解决，如果没有新的冲突产生，那么这个人可能不会第三次来做同一个活动了。

有两点可以增强一个人对某个事物形成长期爱好（也就是不断和该事物互动）的可能性：第一点是个体知识结构的重组。与事物的互动通常会促进个体对该事物做进一步详细了解。当一个人拥有更丰富的、更详尽的知识时，由于冲突的原材料增加，冲突的潜在可能性也会增加。例如，一些刚接触弗洛伊德学说的人绝不会对一本名为《西格蒙德·弗洛伊德和犹太神秘主义的传统》（*Sigmund Freud and the Jewish Mystical Tradition*；Bakan，1958）的书感到特别好奇，那么这本书就不会与任何东西产生冲突。然而，一些熟悉弗洛伊德反宗教的理性主义思想的人在听过他有关古老的卡巴拉教经文的观点后，会体验到冲突。因此，我们可以通过提高知识的复杂性来确保冲突的连续性，从而维持爱好。

第二点涉及爱好的本质。许多持久的爱好在冲突的数量上没有上限。几乎没有具体的事物会持续地产生新的认知冲突——这就是为什么人们很少会对单一事物形成爱好。一个人也许会在一段时间内对新电脑很感兴趣，但是很难对某台电脑形成和维持长期的爱好。电脑的性能将变得越来越熟悉、可理解且可预测。然而，从一般意义上来说，人们可能会对电脑形成爱好，因为技术的演进为此提供了新颖性、复杂性和不确定性。普伦泽尔观点的一个优势在于解释了为什么有时爱好会减弱，甚至消失。当一个人不再能体验到认知冲突时，这个领域就不再是有趣的了。

三、爱好由不同的动机转化而来

第二类理论描述了新动机如何从旧动机中产生，而新旧动机之间有一些显著的差异。在第一类理论中，爱好从初期状态发展成为成熟的爱好，爱好会与它们的动机之源保持联系。例如，好奇的情感与好奇的本能有关（McDougall，1908/1960）。在第二类理论中，爱好来源于不同的动机。动机的性质会发生转化，源于不同动机的爱好在功能上不再与它们的源头保持联系。我们接下来将介绍三种关于转化的观点：杜威（Dewey，1913）关于直接爱好和间接爱好的理论、奥尔波特（Allport，1937，1961）的功能自主原则，以及认知失调理论（Festinger，1957）。

（一）直接爱好和间接爱好

在杜威（Dewey，1913）的小册子《教育上的兴趣和努力》中，他探讨了学习动机的两个模型。“努力模型”认为学习需要严格的自我控制，需要意志力的作用。“爱好模型”则认为学习任务需要处于快乐或有趣的氛围之中。杜威对这两种模型都不认可，因为它们都假定学习任务对一个人来说是外在的，结果是学习需要发挥意志力或者需要被弄得很有趣。此外，这两个模型都促进了“分离活动”（divided activity），即孩子在乏味的任务和他真正想做的任务之间分配注意资源，或者在任务的有趣外表和真实无聊的本质之间分配注意资源。在杜威看来，真正的兴趣会引发一种统一整合的活动（unified activity），会让全部感兴趣的孩子都投身于有趣的活动中。

杜威认为，孩子们将会不可避免地追求自己的独特爱好，即直接爱好，尽管杜威无法指出直接爱好是如何形成的。教育者需要创造间接爱好。所谓间接爱好，是指那些与直接爱好相关的事物被揭示出来时所产生的爱好。杜威认为，“任何不令人感兴趣的或令人讨厌的事物，当人们把它看作能达到已经支配着注意的目的的手段时，它就变得有趣了”（p. 25）。例如，教一个孩子识乐谱的最好方法就是等这个孩子对弹吉他产生了浓厚的兴趣时去教。当孩子意识到识乐谱会加深自己对吉他的兴趣时，他就会努力用一种自我持续、统一的方式来学习识乐谱。在教育上，我们可以通过合乎规范地运用兴趣爱好，来展示一个学习任务如何成为孩子持久爱好的重要组成部分。“比方说，仅仅通过把数字依附于偶尔唤起愉悦反应的事物，从而使数字变得有趣，这是一回事；通过介绍数字，使它的功能成为继续进行一项范围更广的活动的真正方法，从而使数字变得有趣，这是另一回事。”（pp. 42-43）杜威坚信，间接爱好将会转变成直接爱好。一个人对吉他的直接爱好“弥漫着、充满着因而改造着”（p. 25）对识乐谱的间接爱好。这其中的要义在于，如果允许自主学习，人们将会产生许多真正的爱好。当需要产生间接爱好时，每个新形成的爱好就会植入新的直接爱好。

总之，杜威认为，一个人不可避免地会拥有爱好，尽管他没有考察这些爱好是怎样出现的。当一个人意识到一个事物可以促进已有爱好的展开时，新的爱好就开始产生了。这个事物将凭借它自身最终变成一个爱好，尽管对这个过程的性质描述得不够详细。杜威理论的一个局限是不太关注爱好的内部机制——杜威对于教育实践的务实内涵的兴趣远远大于对动机发展的动态性探索。尽管如此，杜威在预测奥尔波特（Allport，1937）的功能自主理论，以及之后有关的本能动机理论方面，仍然走在了同时代人的前面。

（二）功能自主

奥尔波特（Allport，1937，1961）提出的功能自主理论是为了“试图突破统一的、严格的、抽象的以及保守的理论局限，试图承认大多数成人的动机具有自发的、变化的、前瞻的、具体的特性”（1961，pp. 226-227）。功能自主（functional autonomy）是指动机通过脱离外在的动机源而成为自主动机的转化过程。例如，一个男孩开始打篮球也许是为了在学校里变得更加受欢迎，然而，一段时间后，对于篮球的爱好也许就从最初的被社会接纳的动机中剥离开来——男孩很可能开始打心底里喜欢上了篮球。对于篮球的爱好就变成了初始动机的一种自主运作。

奥尔波特（Allport，1961）描述了两种类型的功能自主。第一种是持续（perseverative）的功能自主，这种功能自主会在以下情况中发生："因为某个动机，一个行动机制至少在一段时间内持续地'自给自足'。"(p. 231) 第二种更重要的类型是恰当（propriate）的功能自主。奥尔波特把功能自主的恰当动机定义为爱好、价值和感情（p. 236）。这些动机被认为是比较恰当的，是因为它们影响了信息、情境和行为的选择，同时，它们也组织、整合了一个人的生活方式。例如，在教育改革中，爱好影响了人格的其他方面、未来目标和动机的发展。

爱好来自一个功能自主的过程。但是，动机在功能上是怎样自发地运作的呢？霍尔和林齐（Hall & Lindzey，1957）认为"奥尔波特对功能自主内部机制的解释不够充分。他告诉我们现象会发生，却没有对现象发生的原因和机制给出令人满意的解释"(p. 291)。奥尔波特（Allport，1961）推测了动机的自主动作是如何形成的，而且他还假定，如果人类是不断发展和分化的，那么人类的动机也会不断发展和分化。此外，功能自主原则不会考虑动机是否始于本能。奥尔波特不关心某些动机在转化前是不是本能，也没有讨论这种可能性。

功能自主理论出现在近期一个有关爱好发展的理论中。托特和施赖伯（Todt & Schreiber，1998，p. 34）认为，特殊的爱好会在"长期做某件事情的压力"之下产生。但是，在解释"重复如何促进爱好的发展"这一问题时，他们比奥尔波特的理解更为独特。如果伴随练习活动的是积极的情绪体验，那么个体就会期望将来这项活动会带来一种快乐的体验。这种期待会促进个体进一步练习和参与这项活动，从而形成了一个良性循环，持续的积极体验又会加强这种期待。

（三）认知失调

认知失调理论描述了一致的动机是如何影响人类行为和态度的(Festinger，1957；Wicklund & Brehm，1976)。当两种认知不一致时，个体会产生一种失调的负面状态，这种负面状态会驱动个体开展活动以恢复到一致状态。认知失调的一个原因是在活动中投入的努力或活动中的不适感。如果一项活动的消极方面与投入时的预期不一致，人们就会增加该活动的吸引力。阿伦森和米尔斯（Aronson & Mills，1959）用一个经典实验证明了这个假设。实验要求女大学生被试参加一个和性有关的小组讨论。一些女生不得不经受一段不舒服的过程——在一个男性主试面前阅读有关性的详细资料，参与这个过程只是为了参加之后的小组讨论。之后，被试会听到一个既乏味又无聊的讨论。与没有阅读性资料的被试相比，那些阅读了性资料的被试会觉得之后的讨论更加有趣（Gerard & Mathewson，1966）。看来，兴趣的产生还有可能源于参加乏味之事。

另一个实验是让被试钓手电筒，有些手电筒中放了钱，有些没有放钱（Aronson，1960）。垂钓任务的复杂程度不同。当垂钓任务比较复杂并且很费精力时，被试普遍喜欢钓那些颜色漂亮却没有放钱的手电筒。这种结果可能反映了个体减少失调的一种模式。如果人们为了得到一些东西付出了努力，然而没有收获任何外在奖励，那么失调就会产生。人们会通过转变自己对于一个事物的态度来恢复一致性，以至于这个事物变成了一种内在的奖励。尽管偏好和我们所说的爱好有一定差异，但是这个研究表明，缺乏外在激励可以增加一个事物的内在价值。

韦克（Weick，1964）所做的一个实验表明失调是如何通过增加活动的兴趣度而减少的。当一个任务无法提供外在奖励时，人们就会通过增加任务的价值和有趣性来为其努力辩护。这种价值提升可以导致更多的努力，进而人们会有更出色的表现，并以此来验证价值提升的有效性。在实验中，被试要完成一项概念形成的任务，之后判断任务的有趣性。第一个小组的被试很轻松地完成了实验，并且得到了奖励。研究者告诉第二个小组的被试，因为自己忽视了被试组协调者的警告，所以第二个小组的被试没有奖励。尽管如此，第二个小组的所有被试还是同意参加该实验。韦克发现，与获得外在激励的小组相比，没有任何外在激励的小组在认知任务上付出了更多的努力，表现得更好，设定了更多的合理目标，并且评价这个实验是更为有趣的。

四、爱好反映更深层次的需求

第三类理论根据更深层次的需求来解释爱好。在这些理论中，爱好在概念层次上不再是最主要的，它们是更为重要的动机系统运作模式的反映。这些理论倾向于对深层需求（而不是爱好）的理解。因此，爱好有时听上去似乎有些肤浅，仅仅被看作更为重要过程的副产品。我们将会探讨弗洛伊德的心理动力学、罗（Roe）有关早期需求满足的理论，以及把爱好和强化模式联结起来的学习理论。

（一）心理动力学

弗洛伊德认为，两种基本动机参与了我们所有的活动。生的本能，又称厄洛斯（Eros），包含不受抑制的性冲动和自我保护的本能。这种动机负责生物机体的发展、合并以及分化倾向，“厄洛斯通过把分散的基本部分结合起来的方式，使生命更为复杂，当然同时也保护生命体”（Freud，1923，p. 38）。厄洛斯受到死的本能的约束，“死的本能的任务是把有机的生命带回到无生命的状态”（p. 38）。这种动机来源于生命物质的某个属性，这个属性会引起退化和死亡（Freud，1920；参见 Bakan，1966）。

如果爱好因为本能的作用而得以产生和发展，那么它通常被认为是危险的或不被社会所接受的。因此，这种能量要转化成更易接受的、与欲望行动相似的行为。例如，一个人的破坏性冲动可以被踢足球或用弓箭狩猎替代，一种用排泄物涂鸦的欲望很容易被画画替代。弗洛伊德认为爱好不会给自身带来快乐，它们的价值也仅仅是因为它们减少了本能的紧张。爱好仅仅是替代性活动，它们服务于其他的心理功能，因此，不能代表内在动机。事实上，在弗洛伊德的理论中，内在动机是不存在的，因为自我依赖于其他的能量源（White，1963）。正如弗洛伊德（Freud，1923）所写的："自我（ego）在功能上的重要性在这个事实中表现出来，这就是把对能动性的正常控制转移给自我。这样，在自我和本我（id）的关系中，自我就像一个骑在马背上的人，它得有控制马的较大力量；所不同的是，骑马者试图靠自己的力量做到这一点，而自我则借力而为。"(p.19)

在弗洛伊德的理论中，我们看到了"动机×联结"模型的另一个例子。本能为活动提供了弥散的、普遍的动机，自我选择了特定活动以减少紧张，而紧张减少会产生奖励体验，从而形成或加强了内驱力和特定活动之间的联系。

（二）需求满足

罗（Roe，1957）是职业心理学的先驱之一，曾提出爱好源于对爱、归属与被接纳的深层社会需求。在童年早期，个体对于爱的需求会通过父母得到满足或受挫。如果父母满足了孩子的这种需求，孩子就会形成人际取向的爱好。当然，如果父母拒绝了孩子的这种需求，孩子就会形成非人际取向的爱好，如对无生命客体、动物或者抽象观点的爱好。在更为复杂的情况下，罗认为那些需求未被满足的人也许会通过发展人际取向的爱好来补偿自己，尽管这是她理论中未被证实的、很小的一部分。

罗（Roe，1957）在自己理论的第一个版本中，认为有六种类型的亲子关系。慈爱的、安全的和要求高的亲子关系促进了孩子人际取向爱好的发展，拒绝的、忽视的和非正式的亲子关系会促进孩子非人际取向爱好的发展。然而，研究结果并没有支持这个理论。在一项研究中，被试为护士学校的女学生，结果发现，亲子关系的回溯报告和人际取向的爱好之间没有联系（Grigg，1959）。还有一项研究以化学、政务和神学专业的男生为被试，也没有发现父母教养方式和爱好之间的联系，即使把父母的教养方式分开分析，结果也是如此（Switzer，Grigg，Miller，& Young，1962）。

在该理论的修订版本中，罗和西格尔曼（Roe & Siegelman，1964）假定亲子关系是以维度而不是以类型来区分的。他们还认为不恰当的测量方式对以往的研究可能是一个阻碍。一项综合性的研究检验了该理论的修订版本。其中，男性和女性工程师代表了具有非人际取向爱好的人，男性和女性社会工作者代表了具有人际取向爱好的人。工程师和社会工作者参加了结构化访谈，完成了一系列评估他们的爱好、童年时期与父母之间经历的问卷。父母在三个维度上被加以描述：慈爱的—拒绝的、非正式的—要求高的、外显的关注程度。

爱好上的差异出现在不同的职业群组中：相对而言，社会工作者的爱好更多为人际取向的。但是，爱好的不同与童年经历的感觉并不相符。工程师和社会工作者在父母对待子女的三个维度上没有显著差异，即使把父母的性别或被试的性别分开来看，结果也同样如此。进一步的分析发现了一些复杂的交互作用：女性被试群体中没有发现显著的效应；男性被试群体尤其是男性工程师群体中发现了一些效应，这些效应会受到父母性别的调节。

总的来说，上述研究结果所发现的模式是比较复杂的，而且也不支持罗的理论。经过反思，我们明白了为什么这项研究没能发现童年时的经历和成年时的爱好之间的强相关。许多人格特征，尤其是特殊目标和动机，很少与早期经历发生强相关（Lewis，1997；McAdams，1996）。至于父母教养方式的回溯报告，也包含复杂的偏差；有时回溯报告与父母教养方式的实际测量结果是完全分离的（Lewis，1997）。尽管如此，罗还是首先对爱好发展理论进行经验性检验的心理学家之一。

（三）学习理论

在行为主义的全盛时期，简单的学习原理被寄予厚望来解释有关人格和文化的复杂模式（Dollard & Miller，1950）。尽管这些理论通常被合称为学习理论，但它们常常不认同动机和行为的内部机制。桑代克（Thorndike，1935b）的学习理论是动态的，是可以接受主观变量的。他认为“思想和行为的发生在很大程度上服务于欲望、爱好和态度，并且被它们所激发和引导”（p. 4）。这些状态被视为主要动机：“活跃的欲望、爱好或态度本身就是一种力量，或者作为一个人某个时候整体动态系统的一小部分”（p. 4）。爱好的定义没有比这个更准确的了。桑代克常用爱好指代动机，如“自我保护的爱好”或“社会支配的爱好”。

桑代克认为效果率是爱好和态度的深层动机：“我们现在知道，那些能够改变欲望和情绪的基本力量和改变观念、行为的力量一样，引导个体进入理想通道。一个人通过某种需求、爱好和态度去学习如何应对生活中的情境，正如他通过某种认识、想法和动作去学习如何应对生活情境一样。”（Thorndike，1935b，p. 217）例如，为了让学生爱好代数，教师只需要让代数处于正刺激的环境中，并且提供奖励，通过奖励“让令人满意的事物与期望的行为联系起来”（Thorndike，1935b，p. 22）。桑代克认为爱好也能够通过角色扮演和模仿而产生。例如，仅仅把自己扮演成一个对体育感兴趣的人，很可能会让你对体育产生一种真正的长期爱好。

另一个学习理论把爱好当作内驱力减少的副产品（Dollard & Miller，1950）。更深层的动机是内驱力，在赫尔（Hull，1943）早期的理论中，这种动机被认为是与饥饿、口渴、性和痛苦有关的特殊内驱力，而在赫尔（Hull，1952）后期的理论中被认为是普遍的刺激。减少内驱力是令人愉悦的，所以任何减少内驱力的事物（如食物）都让人喜欢。通过次级强化原则，任何与内驱力减少有关的事物（如食物盒子的颜色）也都可能会变得让人喜欢。次级强化可能会离实际的强化刺激很远。例如，一个青春期的男生很可能喜欢踢足球，因为他喜欢和父亲一起踢足球；他喜欢父亲是因为父亲用食物喂养他；他喜欢食物是因为食物直接减少了内驱力。这样，爱好与动机实际来源间隔了几个步骤。尽管这个理论简洁明确，但是，它在两个原理上都错了。首先，在动机心理学领域，有关普遍内驱力的概念很久以前就消失了（Bolles，1967）。其次，从来没有研究支持次级强化为动机之源的说法。通过次级强化形成的动机发展理论在很大程度上是推测出来的。实验发现，次级强化的作用非常不稳定，并且严重依赖初级强化物（Atkinson，1964）。

这两个学习理论具有不同的爱好模型。桑代克的理论属于联结理论，他不关心人们最初为何会开始做某些事，然而，一旦人们做了，那么该活动及其结果之间就会形成联结。与之相反，赫尔的内驱力理论是一个典型的“动机×联结”理论。内驱力为基本的爱好提供了动机，由于内驱力减少而带来的强化形成或加强了个体和特定活动之间的联结。

五、本章小结和结论

这一章我们回顾了人们如何发展特殊爱好的一些理论。乍一看，这些理论间的差异是很明显的。心理学家对爱好产生的原因分别给出了不同的说法：与好奇、性和死亡有关的本能；爱好的情绪性感受；由认知失调造成紧张不安的感觉；内驱力减少，需求满足；被一个活动吸引的模糊观念。进一步讲，把动机和特定活动联结起来的机制也有很多：源于内驱力减少的习惯，一个活动的重复，意识到情绪事件和积极情绪结果之间的相似性。现代心理学回避了有关动机发展的问题，或许，这一点也不足为奇。过去的工作无法提供理论上的共识，也不能提供有效的支持证据。大部分理论都未被证实，某些理论甚至不清楚如何才能被验证。

尽管如此，有关爱好来源的各种思想不应掩盖它们在理论上的连续性。大部分理论采用了相同的方法去解释爱好是怎样形成的，即动机的普遍来源与动机和特定活动的联结机制之间的相互作用。尽管动机的来源和联结的类型多种多样，但是通过这一章的阐释，我们看到了“动机×联结”理论的例子。一些理论认为，爱好来源于内在动机，如爱好的情绪或者好奇本能。其他的理论则认为，动机的来源是外在的，如内驱力或攻击本能。现代理论似乎更倾向于内在动机的说法。

在回顾以往爱好发展理论的基础上，我们会在第六章详细描述我们预想的新理论。与本章呈现的许多理论相似，我们的新思路包含“动机×联结”框架。这个理论是建立在情绪和情绪知识如何影响动机发展的假设之上的。我们将会看到爱好是如何发展的，其中涉及关于活动如何影响情绪体验的因果知识的发展。我们也会呈现一些支持该理论的新证据，其中包括操纵爱好发展的相关实验。

第六章　爱好是怎样形成的——构建情绪和人格之间的桥梁

回顾第五章，我们探讨了动机发展的问题，即动机是如何形成和变化的。作为动机发展的一个实例，爱好的发展受到许多心理学家的关注。从心理动力学的视角到认知失调的视角，心理学家提出了许多理论、机制和预测。大多数理论阐释了动机发展问题的各种解决方法，但并未得到实证研究的支持。

在本章中，我们将会思考一个新的爱好发展理论。有关这个主题的想法有很多，因此，从过去的理论中得出一个折中的结论是极富吸引力的思路（Allport，1968）——我们可以从这里找一些有效的构念，从那里发掘一些已被充分验证的假设，再把它们组织成一个独立的模型。在同一框架下组织过去的理论很可能产生一个有趣的模型，但是，这种模型往往是不明朗的：它们经常无法形成新的、特定的预测。① 为了发展出一个爱好形成的理论，我们将追本溯源到指引本书的主题——兴趣和爱好、情绪和人格、短暂的经历和持久的心理结构之间的区别。

本章通过描述兴趣的经验如何演变成持久的爱好，在情绪和人格之间架起一座桥梁。简而言之，这个理论认为爱好的发展涉及情绪知识的发展。元情绪经验（meta-emotional experience）方面的能力可以让人们对自己的情绪做出归因，并且对不同行为可能的情

---

① 有关兴趣和爱好的早期论文试图把以往理论整合成一个普遍的模型（Silvia，2001b）。像大多数模型一样，它不能发挥一个理论的功能——它不能做出让它有别于其他理论的清晰的预测。本章所发展的理论取代了过去的理论。

绪效应做出预期。通过强调认知过程和元认知过程，这个理论打破了过去的理论建构，并且提出了有关动机发展动力机制的新构想。

在批评了以往理论没能为自己的假设提供实验证据（参见第五章）后，我们将用证据来支撑我们的构想。在回顾了情绪—归因理论的基本原理之后，我们将会展示一些实验，这些实验涉及该理论的主要预期。这些实验，可能是仅有的操纵爱好发展的实验室研究，却为这个理论提供了可靠的初步支持。我们会从有关动机发展的一些更为宏观的问题视角来总结这一章。

一、思考情绪

虽然人们花了很多时间来思考情绪的问题，但人们常常忘记自己能够思考自己的情绪。人类不是经验的被动接受者。人类凭借自己的认知能力，拥有元情绪经验。也就是说，人们能意识到自己正在经历某种情绪（Russell，2003），能思考这种情绪体验（Seager，2002），并且能思考自己对情绪的想法。在情绪心理学领域，元情绪经验对于情绪心理学而言非常重要，如何夸大都不为过。这种思考情绪的能力使情绪知识成为可能：人们可以分析情绪的成因，考虑其他人在相同的情况下会有怎样的感受，并且对事件如何影响情绪体验形成预期。它是人类和其他非人类的动物在情绪生活中最为重要的差异之一。例如，其他物种也可能会害怕，但它们不知道自己正在害怕或无法在概念上表达害怕。

在此，我们想强调人们能够思考情绪的某个特定方面：情绪产生的原因。因果归因（causal attribution）的过程包括把事件以因果关系的方式组合起来（Duval & Duval，1983；Försterling，2001；Heider，1958；Hewstone，1989）。归因是理解和引导社交世界的基础。正如海德（Heider，1958）所言，“一个人之所以想要知道自己经验的来源，即这些经验从哪里来，又是怎样产生的，不仅是因为他的求知欲，而且是因为这样的归因使得他理解了自己所在的世界，并能预测、控制有关自己和别人的事件”（p. 146）。很难想象人们在不使用与自身环境有关的因果框架、不使用“什么导致什么”等因果知识的情况下，是怎样做出决定、影响他人，并形成计划的。预测不同决定的可能结果，想象另一个人将会对不同的影响策略做出怎样的回应，考虑一个计划的不同部分是怎样互相联系的，这些都依赖于因果关系的知识。

人们会对所有的事件进行归因，包括情绪体验。正如人们会思考地震、离婚和电脑死机的原因一样，人们也会思考自己为什么有不同的感受。有时，归因过程是清晰的、可意识的（Krull & Anderson，1997）。在这些情况下，人们会有意识地推论自己为什么感到高兴，自己为什么陷入情绪低谷，以及为什么会生气。当然，更为普遍的是，这个归因过程是自发的。归因的自动性对于理解情绪经验的归因很重要。尽管归因过程是建构性、推理性的，但是人们通常把归因当作知觉性的。因果归因是如此自然，以至于人们主观地感觉到世界的因果框架是可以直接理解的，而不是构造的（Heider，1944，1958；Schlottman，2001）。正如拉塞尔（Russell，2003）所说的，“大部分情感归因的现象学体验都觉察不出任何的归因过程；相反，一个人可以主观地体验到自己对某个客体的简单情感反应”（p. 159）。当情绪和可能的诱因都非常明显时，归因过程会在意识之外进行。例如，当看到一条毒蛇在小路上蜿蜒爬行时，人们将体验到恐惧，而将恐惧感归因于蛇的归因过程则经常体验不到。仅仅是暂时的空间上的接触就能导致人们对两个事件之间因果联系的知觉（Duval & Duval，1983）。

我们为什么要关注情绪的归因？它与爱好发展的问题又有怎样的联系呢？这两个问题之间的关联在于因果归因的三个特征。第一，因果归因可能是不精确的。一个事件被感知到的原因不一定是这个事件真正的原因。第二，对于过去事件的归因会影响对于未来事件的预期（Weiner，1986）。第三，归因无论正确与否，都会引导行为（Duval & Silvia，2001；Heider，1958）。一个事件被感知到的原因会影响我们对这个事件的回应。

（一）理解（或误解）情绪产生的原因

如果因果归因总是准确的话，那么心理学家对这件事就会失去兴趣。如果人们每天都能对发生在自己身上的事件（生理的和心理的）做出准确的归因，那么科学事业将变得多余。事实上，我们感知到的因果关系和真实的因果关系是有偏离的。但是这种偏离有多少，我们并不清楚，除非我们知道一个事件的真实原因。归因很灵活，人们会对同一事件做出各种各样的归因。一场地震是由自然力、被激怒的神，抑或是地球报复人类污染而导致的吗？一个耶稣的形象出现在烤熟的玉米饼上（Nickell，1993），这是一个神圣的信号、一个恶作剧，还是玉米饼烤了成百上千次以后能够被预料的结果？显然，不是所有的归因都是正确的。

此外，与诱因无关的过程也会影响人们的归因。例如，人们倾向于将事件的发生归因于显著的刺激，即使当刺激与结果毫无关系时也是如此。例如，一段描述的纯语言学特征，如主语和宾语在一个句子中的位置（Pryor & Kriss，1977）或者动词的类型（Rudolph & Försterling，1997），都会影响因果归因。如果人们只看到了对话双方中的一方（即使看到哪一方是随机的），也会倾向于把会话结果归因于双方中被看到的这一方（Lassiter，Geers，Munhall，Ploutz-Snyder，& Breitenbecher，2002）。最后，动机会影响因果归因（Sedikides & Strube，1997）。许多实验发现，人们会对成败做出自利归因（Duval & Silvia，2002），即把自己的失败归咎到他人身上（Silvia & Duval，2001），还会做出支持个人信仰和态度的归因（Regan，Straus，& Fazio，1974）。

人们对自己情绪的归因可能是错误的，正如人们可能会对其他任何事情做出错误归因一样。让我们想象一个感到极度不开心的人，这个人可能会对这种消极的情绪体验做出许多不同的归因。也许他认为这种不开心来源于无法控制的生理问题、不切实际的标准或者持续几周的阴天。也许他会把它归因于过去生活中所经历的焦虑（参见 Evans，1974，p. 45）。这些归因中至少有一个压根儿就不正确，而其他归因也不会在所有不开心的情况下都是正确的。

为什么人们对情绪经验的归因通常不准确呢？情绪的三种特征会造成情绪的真实原因和个体感知到的原因之间产生分离。

第一，情绪通常是自动发生的，并且在意识之外（Smith & Kirby，2001）。对于事件有意识的评价会产生情绪（Lazarus，1991，Weiner，1985），但是无意识的和内隐的评价会在情绪生活中同样发挥着巨大作用（van Reekum & Scherer，1997）。情绪产生中的许多加工过程会抵制内省（Wilson，2002），一些加工过程在原则上是不能通达的（LeDoux，1996）。确实，尽管这个观点看起来自相矛盾，一些研究者仍然认为情绪状态本身是无意识的（Berridge & Winkielman，2003；Stapel，Koomen，& Ruys，2002）。考虑到情绪过程的复杂性，期待完全理解情绪感受的成因是不太现实的。

第二，人们的情绪观念（Russell & Lemay，2000）阻碍了他们对情绪成因的精确理解。每个人都拥一套情绪如何运作的“通俗理论”（lay theories）。当人们对情绪内省时，会因为用错了情绪理论而产生错误的判断（Wilson，2002）。举个例子，人们相信天气会对自己的情绪产生强烈的影响，但事实上天气对情绪的影响是很小的（Watson，2000）。相似的，对于“忧郁星期一”（blue Mondays）的看法，即一个人在星期一的时候情绪最差，通常也是错误的（Watson，2000）。一个人既有的因果关系知识会影响他对因果关系解释的真实性，并且在一些情况下，既有的因果关系知识可能会被唤醒，并自动应用到事件中去（Krull & Anderson，1997）。例如，某社会团体相信，人类的不开心反映了过去生活中未解决的悲剧（Evans，1974），该团体为其团体成员提供了一套其他团体所没有的归因方式。

第三，人们之所以对自己的情绪做出错误归因，主要是因为情绪状态并不能从本质上表明它们的原因。意识层面的情绪不会显示出其真实原因（Clore & Colcombe，2003），这与我们的情绪主观体验相矛盾。正如拉塞尔（Russell，2003）所指出的那样，一种情绪好像包含因果关系的信息，其实不然。如果情绪状态真的可以明确表明其发生的真实原因，那么，用一种新的归因来代替内置的归因将会是很困难的。然而，许多有关归因偏差（misattribution）的实验显示，操纵情绪经验的归因是很容易的。例如，当告诉人们一个看似可信（实则不可信）的原因时，人们会把自己的感受归结于这个新的原因。因此，被情绪唤起的预期和行为也会随之改变。“归因偏差”是一个令人遗憾的术语，因为它暗含的意思是：真实的归因是默认的，不正确的归因只能通过外在干预才会产生。尽管如此，情绪的归因是很灵活的，这一基本观点对许多情绪状态都适用。

有一个实验操纵了恐惧经验的归因（Ross，Rodin，& Zimbardo，1969）。电击的威胁使人们感到恐惧，但是，我们可以引导一些人把恐惧归因于不寻常的爆炸声。这就改变了个体对恐惧的归因，同时也改变了应对恐惧的行为结果。当人们把恐惧归因于电击时，他们更喜欢执行允许其避免电击的任务。当人们把恐惧错误地归因于声音时，他们更喜欢执行能赚钱的而不是避免电击的任务。

在另一个实验中，个体对安慰剂的认知不一致，因而对负面情绪出现归因偏差。研究者要求被试写一篇文章反驳自己的真实态度（Zanna & Cooper，1974）。这样的不一致产生了一种不愉快的情感状态，被称为认知失调（Elliot & Devine，1994；参见第五章）。这种不愉快的体验促使人的态度向与行为相一致的方向转变。实验组一的被试服用了安慰剂，他们期待安慰剂会引起不愉快的、焦虑的感受。实验组二的被试则期待安慰剂会引起愉悦的、放松的感受。控制组的被试不服用安慰剂。正如其他许多实验的结果一样，控制组的人会改变自己的态度来与自己的行为相匹配。但是，当人们认为那个药（安慰剂）是不愉快感受的来源时，他们没有表现出态度变化。进一步来看，相对于控制组，那些认为药应该带来放松感受的人们态度表现出更大的转变，这可能是因为虽然服了放松的药，但负面情绪体验意味着更大的态度—行为的不匹配。

在最近的一个归因偏差实验（Duval & Silvia，2001，pp. 45-47）中，研究者告知被试，他们在一个任务上失败了。研究者操纵被试对失败这个不愉快经验的归因。在实验组一，研究者引导人们相信，能力上的缺乏是导致失败最可能的原因。在实验组二，研究者引导被试相信，又小又狭窄的房间毫无疑问会使人感到不舒服，这会是被试消极情绪的一个可能原因。这样的操纵影响了人们对于自己感受的归因。进一步说，这些归因又反过来影响了被试之后的表现。那些把失败归因于自身的人，会更加努力地在第二次任务中改进表现。而那些把失败归因于实验室环境的人则不会加倍努力。

有关归因偏差的实验很多，这其中涉及共情（Coke，Batson，& McDavis，1978）、焦虑（Dutton & Aron，1974）、一般性唤醒（Schachter & Singer，1962）以及积极和消极的情绪状态（例如，Cooper，1998；Gendolla，2000；Keltner，Locke，& Audrain，1993；Ottati & Isbell，1996；Schwartz & Clore，1983）。归因偏差是一个清晰而稳定的发现。总而言之，这些实验有一个很重要的共同点：对于情绪的归因不是“固定”在情绪经验上。情绪归因的灵活性能够解释为什么相似的情绪会引起不同的预期和行为。

（二）归因对期待的影响

归因是很重要的，因为它影响了期待的形成。海德（Heider，1958）认为，“通过归因，一个经历导致一种信念，而这种信念对事件的预期和控制来说至关重要”（p. 162）。通过分析当前和过去事件的原因，人们能形成对于未来事件可能结果的预期。根据海德（Heider，1958）的说法，其中的理由很简单。归因过程包含对环境中稳定特征的识别，人们会将某些属性特征赋予人或物，赋予属性能帮助人们对人和物将来的行为做出预测。例如，某个人将另一个人的吝啬、刻薄的话语归因于其“攻击性”，这个人会预期这个对手在将来是刻薄、吝啬的，之后的不友好行为源于其攻击性的特质。理解了环境的因果关系框架，能使人们更好地预测并控制未来事件。如果结果Y被归因于原因X，那么人们就会预期X产生后会带来Y。例如，如果我把别人的微笑归因于我刚讲的笑话，那么我就会预期，我可以通过笑话引起别人微笑。

维纳（Weiner，1986；参见第四章）分析了大量的研究，发现归因信息影响了预期的形成。与海德的解释一致，在预期形成过程中，我们对行为结果原因稳定性（stability）的感知尤为重要。如果人们把成功归因于稳定的人格特征，那么他们会期待再次成功。相反，如果人们把失败归因于稳定的人格特征，那么他们会预期失败。同样的原则也适用于对其他人行为的归因上（Weiner，1991，1995，2000）。把一个人的迟到归因于一个稳定的特质，例如懒惰，就会导致未来这个人会迟到的预期。把迟到归因于一个不稳定的事件，例如车子出现了故障，则不会导致未来迟到的预期。

当然，对于情绪的归因遵循同样的法则。把一种情绪状态归因于一个事物，会影响未来这一事物对情绪产生作用的预期。想象一个年轻人第一次看外国电影，并且体验到快乐和乐趣。这个人会对这些情绪做出不同的归因。他可能把这些感受归因于外国电影：这部电影引起了自己积极的情绪感受。他也可能把这些感受归因于他的伴侣，在他看电影过程中依偎在他身边的女伴引起了他积极的情绪感受。由这些归因产生的预期就会出现分歧：如果他认为是电影引起了自己积极的情绪，那么他将会期待有机会观看类似的外国电影，并且期待和他相似的人（如他的朋友）也会喜欢这部电影；如果他认为是他的女伴引起了这种积极情绪，那么他可能不会期待自己喜欢类似的电影或者他的朋友喜欢这部电影，而是期待和这个女伴一起去看几乎任何一部电影。

许多归因理论研究者指出，我们日常的归因过程和严格的科学推理方法存在相似之处（Heider，1958；Kelley，1967，1973；Weiner，1986）。① 科学家也在寻找导致事件发生的稳定原因，例如，评价会影响兴趣（参见第二章），文章的连贯性会影响基于文本的兴趣（参见第三章），自我效能信念会影响职业爱好的发展（参见第七章）。当一个实验表明一个自变量影响一个因变量的时候，研究者会期待：（1）相似的自变量将会对因变量产生相同的影响；（2）相同的自变量对不同类型的因变量产生相同的影响。例如，如果观看复杂的多边形会影响自我报告的兴趣强度，那么我们预期，复杂的音乐、绘画和文本也会有类似的影响。此外，我们预期，观看复杂的多边形会影响使用不同方式（如自我报告、注视时间、选择看什么等）测量到的兴趣强度，出现这些预期结果会提升理论的预测效度。

我们可以用研究的术语来重新描绘归因—预期的关系画面。上面提到的那个年轻人在预测自己看第二部外国电影是否会开心（即因变量）时，会考虑两个自变量：电影的类型和是否有约会。如果他把积极情绪归因于电影——快乐情绪中的大部分变异都可以由电影的类型来解释，那么，“电影的类型”这个变量将被看作是决定性的。他将会期待看下一部外国电影，与他是否约会无关。但是，如果他把积极情绪归因于约会，那么“有约会”这个变量将会被看作是决定性的，他不会期待独自一人去看一部外国电影。

也许，一个更有趣的例子会强化归因和预期之间的关系。想象一个不开心的人在打扫了一整天的房子之后，去做了一次宗教礼

① 当然，科学家和普通大众的根本不同在于，他们以不同的方式检验预期，检验相关的证据类型。这也是为什么有关自然界和社会的科学预测会比常识性预测更准确（Sagan，1995）。

拜，然后感到开心多了（Proudfoot & Shaver，1975）。如果他把积极情绪归因于神圣的介入，就会导致他形成这样的预期：独自祈祷会增加快乐。如果他把情绪归因于情境的变化，就会导致他形成另外一种预期：去任何地方，不管是宗教寺院还是其他什么别的地方，都能使快乐增加。如果他把情绪归因于礼拜中的社会接触，就会导致他形成不同于上述的两种预期：与人会面，不管是否有宗教信仰，都能使快乐增加。对情绪体验变化的每种解释都暗示了个体未来修复消极情绪的方式。

错误的归因是导致错误预期的主要根源。当人们误解了自己感受的原因时，他们所建立的错误的因果关系模型会对未来事件产生错误的预期。情感预期（affective forecasting）的相关研究显示，当人们真的被置于某种情境中时，人们实际的感受与自己对感受的预期不同（Gilbert & Wilson，2000）。错误的预期主要是因为不能正确地理解情绪的运作方式（Gilbert，Pinel，Wilson，Blumberg，& Wheatley，1998）。例如，人们相信，能够控制一个决定，会让自己对决定的结果感到更满意。然而，事实上，当人们能够控制决定时，也会因为考虑本来可以做出更好的决定而后悔（Gilbert & Ebert，2002）。因为控制不一定会带来更强烈的幸福感，这种源于因果信念形成的预期可能是不可靠的。

（三）归因对行为的影响

前面我们已经了解了归因是怎样影响预期的，现在我们将探讨它是怎样影响行为的。在行为和自我调节心理学中，因果关系的知识有着独特的地位。如果人们缺乏因果关系的知识，世界将会是令人困惑的、神秘的且棘手的。环境中的因果关系知识（如什么导致什么，为什么是这样）使人们能够预测未来的事件，并控制环境（Heider，1958）。对于一个事件的归因，暗含了促进或阻止这个事件在未来发生的方法。人们用归因来指导自己的计划、意图和行为，因为归因阐明了结果和途径之间、目标和达成目标的方式之间的关系。

举个例子，有这样一些人，他们把负面情绪归因于过去生活中未解决的灾难（Evans，1974）。这个归因影响了他们对未来负面情绪的预期（Weiner，1986）——这个原因是稳定的、内在的，因此很可能持续下去，除非你能对此做些什么。那么能做什么呢？关于原因的知识有助于制订行动计划。如果把负面情绪归因于过去的悲痛，那么这些悲痛就会是行动的目标。基于过去生活的特殊疗法似乎是合理的，能够起到缓解负面情绪的作用。归因不能提供制订计划所需要的全部手段—目的信息，但是可以在以下两个方面提供重要的线索：什么导致了这个问题？这个问题会如何变化？

通过一些例子，我们可以看到归因在指导行为方面扮演的角色。归因偏差的实验展示了情绪归因如何影响情绪反应。把恐惧归因于电击，增强了避免电击而不是赚钱的意图；把恐惧归因于其他事件，增强了赚钱的偏好，而不是避免电击的偏好（Ross et al.，1969）。如果人们把消极情绪归因于态度和行为之间的不一致，则会改变自己的态度以适应自己的行为。如果人们把消极情绪归因于药物，则不会改变自己的态度（Zanna & Cooper，1974）。如果把自己体验到的同情心归因于受害者的困境，人们会愿意为别人提供帮助（Coke et al.，1978，研究1）；如果把同情心归因于药物，人们则很少会自愿帮助他人。把失败的经历归因于自身因素，会促进个体改进自身技能；把失败的经历归因于实验室空间太狭小，则不会增加个体的练习行为（Duval & Silvia，2001，p. 45）。

归因影响行为的例子还有很多。当人们把自己糟糕的表现归因于缺乏努力时，他们就会在下一次尝试中更加努力。当人们把自己的失败归因于标准不切实际时，他们就会把标准改得更加适度，重要的是，个体在下一次尝试中不会更加努力（Duval & Lalwani，1999）。人们认为问题出现的原因——努力程度或确定的标准——决定了自己要努力改变什么，从而可以更好地应对问题。所有这些发现都阐明了归因的直接影响：识别一个事件的来龙去脉，意味着知道如何改变、维持或重建这个事件。

归因会影响我们的预期，从而间接地调节我们的行为。例如，在决策过程中，人们会对各种决策行为的情绪反应做出不同的预测。决策情绪理论假定，人们会使用预期的情绪来指引行为选择（Mellers，2000；Mellers & McGraw，2001）。基于情绪方面的因果关系知识——什么事件引起什么感受，人们会评估不同的结果会带给自己怎样的感受。例如，一个计划去国外读书的学生，也许会面对一个选择：去澳大利亚还是去德国读书？他预期的情绪与每个选择有关：学习一门外语和使用英语相比，哪个更快乐？哪个国家的气候更好？便捷地去邻国旅游是否能带来乐趣和享受？……所有这些都会左右这个人的最终决定。对决定所引起的情绪的预期，比基于主观效用的古典决策理论能更好地预测人们的决定（Mellers，Schwartz，& Ritov，1999）。这个研究很好地展示了情绪的因果信念是如何通过影响预期来影响行为的。

（四）总结

我们已经回顾了情绪归因的三个重要特征：（1）归因不能正确地表征事件的原因；（2）归因可以对未来事件提供预期；（3）归因能指导行为。总体来看，这些特征使因果归因成为影响深远的基本心理过程（Heider，1958；Hewstone，1989）。当我们回顾归因的内在基础时，我们看到了归因对于动机发展问题的重要意义。接下来，我们会描绘情绪和归因在爱好发展中的作用。

二、情绪、归因和爱好的发展

人们不是被动的情绪经历者，而是会主动思考自己的情绪。情绪的认知过程（如因果归因）、情绪的元认知过程（如基于归因的期望和计划），共同形成了情绪知识的基础。根据情绪—归因理论，爱好的发展包含情绪知识（和爱好有关的情绪经验）的发展。对于爱好经验的归因告诉人们：为什么会觉得有趣；感觉到什么是有趣的；通过影响预期和提供手段—目的知识，人们怎样在将来产生有趣的感觉。在这个理论中，认知和元认知过程是短时经验和持久人格特征的桥梁。这个理论虽然简单明了，但是在爱好发展的取向方面，它是具有创新价值的。

爱好发展的情绪—归因理论做出了一些特定的预期，这些预期是关于如何操纵爱好发展的。爱好需要情绪经验和情绪知识。接下来我们将一一介绍这两个成分。

（一）情绪经验

情绪经验包括主观的暂时感受：离散的情绪，如兴趣、快乐、生气和恐惧；普遍的积极和消极心境；弥散的、不能区分的情感状态（参见第一章）。情绪经验从本质上来说是有意识的，尽管人们不是总能意识到自己有意识的情感经历。情绪可以在没有意识表征的情况下被体验到（Russell，2003；Seager，2002）。例如，恐惧的经历会充满我们的意识经验，但是人们只是在可怕的事件过去之后才会意识到自己害怕。

在情绪中，兴趣和快乐的情绪体验是爱好发展的中心。“感到有趣”这一点在爱好发展过程中的作用应该是显而易见的。体验到兴趣，并把兴趣归因于一个活动，导致我们期待那个活动在未来会引起有趣的体验。快乐也有自己的作用，它是人们解决不一致状态、理解因果关系后的奖赏体验。根据汤姆金斯（Tomkins，1962）的观点，兴趣和快乐有不同的功能（参见第一章）。兴趣使人们参与新鲜的、复杂的、不确定的并且多变的活动，而快乐使人们参与熟悉的、简单的活动。兴趣和快乐看似相互对立，但它们是协同作用的。兴趣确保人们能够找出并学习新事物，而快乐确保人们不会忽视安全、确定和有效的事物（Fredrickson，1998）。

（二）情绪知识

情绪知识，即对情绪经验的认知理解，包括对情绪经验的因果归因、事件对情绪影响的预期、关于环境因素如何影响情绪经验的手段—目的知识。我们已经讨论了因果归因，但还是需要重复一下我们前面的观点：情绪经验不会伴随内置的归因发生（Russell，2003）。考虑到归因的自动化性质，情绪唤起的原因似乎是不言而喻的（Krull & Anderson，1997），但还是会涉及归因。如果情绪的归因是灵活的，那么，有趣的情绪经验可能也会被归因于许多因素。还是借用先前的例子，一个年轻的男子在第一次看外国电影时感到很愉快，那么他可能把这种感受归因于电影本身或他的约会。

我们对以往情绪的归因会影响我们对未来情绪经验的预期。如果人们把自己在公共场合发言时的焦虑归因于观众的存在，那么，他们就会预期自己在其他观众面前发言时也会感到焦虑。如果焦虑被归因于自己准备不充分，那么人们预期只有在没有准备好发言时才会感到焦虑。当然，如果最初的归因偏离了引起焦虑的真实原因，那么这些预期也许是不准确的。把焦虑归因于准备不充分的人很可能会感觉到，尽管做了大量的准备，但在随后的交谈中还是会感到焦虑。考虑到是否做好准备与焦虑之间缺少相关，因此，最初的归因会改变，人们把焦虑归因于观众的存在（Försterling，2001；Kelley，1967）。归因变化了，随之而来的预期也会改变。

最后，归因和预期会影响与情绪经验有关的手段—目的知识。通过手段—目的知识，我们表明有关事件和情绪之间偶然事件的信念，以及这种偶然事件能被怎样操纵的信念。例如，想象一个人把自己活跃的积极情绪归因于刚刚喝的三份意式浓缩咖啡。这个归因提供了喝咖啡后可能结果的预期，并且由此，它还表明了达到一个可能结果（快乐）的一种手段（咖啡）。归因形成了手段—目的知识的基石，因为它们阐明了环境的因果关系框架（Heider，1958），但是，归因不是唯一的影响因素。例如，人们间接地了解了手段—目的关系，因而他们不需要经历事件来理解它的情绪性后果。同样，归因和预期也许不会包含有关怎样操纵偶然性的信息。例如，人们也许会感到开心，因为他们感到自己完全沉浸在环境中(Csikszentmihalyi，1975)，但是这种归因并没有暗含一个完整的因果联系。这样，人们能够理解一个因果效应的关系，却不知道如何才能让原因出现。

（三）爱好的发展

如果爱好可以通过对情绪经验的归因及其结果而产生，那么我们就能知道如何操纵爱好的发展和改变。

首先，改变情绪经验将会改变爱好的发展。尽管产生积极的情绪经验对爱好的发展显然是有重大影响的，但是所有的情绪都在爱好的起源中发挥了重要作用。兴趣和快乐情绪促进了爱好的发展，消极情绪会通过改变人们有关一个活动的情绪结果来抑制爱好的发展。如果人们在以前的一个有趣的活动中经历了消极情绪，那么他们会对这些情绪做归因。如果他们把这些情绪归因于活动，那么他们对活动的情绪结果的预期将会改变。兴趣和快乐的预期看上去似乎不太可信，相比之下，消极情绪的预期似乎更为可信。

例如，一个看了魔术表演的人把快乐和兴趣归因于这个活动，那么之后，这个人就会开始涉足手法灵巧的魔术。最初学习魔术基础知识也许是有趣的，但是随后练习复杂的灵巧技艺表演很容易令人沮丧。如果是这样，那么，我们对魔术所引起的情绪结果的预期做出改变的时候，我们对魔术的初期兴趣也许会消退。人们将会预期沮丧的感受，而不是兴趣和快乐的感受。为了避免这些感受，那个人也许会回避这个活动，因此这个爱好也随之走向终结。

其次，对情绪归因的操纵会影响爱好的发展。如果有关情绪原因的观念影响人们的预期和行为，那么改变这些观念将会影响到爱好。例如，之前介绍的有关错误归因的实验表明：提供貌似可信的原因会把情绪的归因转移到不准确的原因上，那个活动之后会伴随不精确的归因。此外，情绪的成因可能是模糊不清的，如一种自由弥散的情绪状态，以及在意识之外被唤醒的情绪（参见 Johnson-

Laird & Oatley，2000）。在这些例子中，归因的作用就更加明显了。对情绪的归因也许并不总是那么易于操纵，因为一段经历和一个可能原因之间的联系（Duval & Duval，1983；Hewstone，1989）以及一个原因的凸显性（Pryor & Kriss，1977）都足以产生一个归因。尽管如此，对情绪的归因在原则上还是灵活的（Russell，2003）。因此，通过操纵人们对于自己兴趣经历的归因，我们就能够操纵爱好的发展。

三、情绪—归因理论的检验

情绪—归因理论预测，情绪、归因、预期以及手段—目的知识等会联合起来共同影响爱好的发展。到目前为止，已有两个实验检验了该理论的核心假设，即情绪归因在爱好发展中起着重要作用（Silver，2004）。这些实验的基本结构包括：产生兴趣感，操纵情绪经验的归因，测量反映情绪知识发展的信念和行为。

在第一个实验中，被试看了一个魔术表演视频。在魔术归因的条件下，被试回答了一些开放式问题，这些问题促使被试将积极情绪归因于魔术表演。在归因偏差的条件下，被试写了一些可能对自己当前的感受造成影响的其他因素（例如，过去一周内的积极事件、房间里其他人的出现、实验之前的积极事件）。在控制条件下，被试仅仅看了视频。情绪归因对爱好发展的标志有预期的影响。在归因偏差的条件下，被试对于学习魔术表现出最低的欲望，对于收到描述简单的纸牌魔术的免费小册子，同样表现出最低的欲望。他们也最不可能在未来自愿参加和魔术相关的研究。

在第二个实验中，被试在电脑屏幕上阅读一首有趣的非语义诗歌（asemic poem）——一种“超语言水平”（infra-verbal level）的即兴创作艺术（Gaze，2000，p. 1）。在归因偏差的条件下，主试告知被试，一幅积极的图片将在意识的阈值之下呈现在非语义诗歌的字里行间。在向被试展示表面上的积极图片（如微笑的婴儿）

之后，主试说这种潜意识的画面很可能影响他们的情绪（参见 Gilbert & Gill，2000）。结果表明，与控制条件下的被试相比，那些把自己的积极情绪归因于潜意识影响的人报告说，自己对非语义诗歌兴趣不大，并且不想学习那种写作风格。此外，在归因偏差的条件下，被试更不可能自愿参加相关的研究，或拿与非语义诗歌有关的免费小册子。

总之，这些实验共同支持了情绪—归因理论的基本假设。爱好的发展依赖于对兴趣和快乐体验的因果归因。在实验期间，归因预测了被试想要学习更多的跟主题有关的知识，预测了被试自愿参加相关的研究，预测了被试把有关魔术和诗歌的信息带回家。当归因被转移到其他因素，如环境和阈下意识的图画上时，实验期间的兴趣经历就不能作为预测爱好发展的指示器了。这些实验在爱好发展的其他实验中显得尤为突出。以往几乎所有研究都使用了相关的方法。仅仅少数研究尝试在实验室里操纵爱好的发展（参见第七章），但是它们当中没有一个把归因当作关键的因素来考虑。情绪—归因理论的其他方面当然也需要实证检验，但到目前为止，我们认为这些发现已经非常令人鼓舞了。

四、情绪—归因理论的含义

（一）爱好的稳定性

理解爱好是如何变化，以及为什么变化，是所有爱好发展理论必须面对的一个任务。一些理论围绕这个问题构建起来。例如，如果爱好是植根于童年时期不被满足的需求（Roe，1957），那么成年时的爱好为什么会发生、发展并走向消亡呢？童年时期的特定经历似乎不能解释成年时期的爱好的变化。根据情绪—归因理论，爱好是一类情绪知识。拥有对某些事物持久的爱好，也就是知道过去对特定事物产生了兴趣，预期未来还是会对它们产生兴趣，并且知道如何产生这种兴趣感受。按照情绪知识来定义爱好，是探索爱好的稳定性的新视角。

在情绪—归因理论中，对活动的持续体验会导致爱好的变化。从根本上讲，情绪知识从根本上是动态的，当新的情绪经验导致新的归因和对结果的预期时，情绪知识也会随之改变。就这个意义而言，爱好的情绪—归因理论没有把爱好看作是固定的、统一的或固化的（Swanson，1999）。只有在个人经验及对经验的解释保持稳定时，爱好才能保持相同程度的稳定。例如，一个选修心理学导论课的大学生，当他①觉得整门课很有趣，并且在把这种兴趣归因于课程内容（而不是归因于教师）后，他决定选修更高级的心理学课程。当他对心理学特定领域的情绪反应出现分化时，他对于心理学广泛的爱好将会改变。如果他觉得社会心理学很乏味，并且把他的这种无聊之感归因于内容的话，那么他对于心理学的广泛爱好将分化，并排除社会心理学。如果他格外喜欢发展心理学，并把自己的快乐情绪归因于此，那么他的爱好会进一步分化。最后，当他对发展心理学不同领域的情绪反应出现分化时，他可能会对发展心理学中的某个部分产生特定爱好。他可能会发觉心理理论的研究很有趣，而依恋关系的研究很没意思。

期待是引起爱好分化的另一个原因。一个当前的爱好会暗含其他潜在的、让人感兴趣的活动。当人们计划自己的行为时，他们通过对以往事件的归因，能预测一个新活动可能产生的情绪结果。这种情绪知识中的元认知部分使得复杂的情绪调节策略成为可能。例如，一个年轻人被邀请去攀岩，他之前从没有攀岩过，但是他知道自己喜欢远足。如果他认为自己喜欢远足是因为这项运动显得很有活力，并且发生在户外，那么他会预期自己喜欢攀岩。如果他认为自己喜欢远足是因为这项活动提供了和朋友聊天的机会，那么他也

① 原著中使用的是“she”，译者译为“他”。在汉语中，“他”可以在没有必要区分性别时使用。——译者注

许不会期待像攀岩这样相对独立的活动。关于归因和期待的想法，能够让人们预测未来事件的情绪反应。我们不是简单地找到一些与有趣的活动类似的活动，活动之间的相似性必须是因果关联。

（二）在情绪和人格之间架起桥梁

情绪和人格之间的关系是贯穿本书的一个主题。鉴于这两者有许多交叉，因此描述情绪在人格中的作用是很微妙的。情绪和人格之间最广为人知的桥梁是情绪特质。特质理论在情绪体验的频率或强度中寻找抽象的个体差异（Watson，2000）。特质焦虑模型、特质愤怒模型、神经质模型和抑郁特质模型就是很好的例子。与兴趣有关的个体差异，如特质好奇心、感觉寻求和经验开放性（参见第四章），都是这种研究取向在兴趣心理学中的应用成果。其他一些研究者试图在特异性生活故事的层面上架起情绪和人格的桥梁（Haviland-Jones & Kahlbaugh，2000），如著名心理学家情绪生活的案例研究（Magai & Haviland-Jones，2002）。传记研究的方法可以对个体一生中情绪发展的结果提供深刻的剖析。这样的研究会在普适性上产生问题，尽管普适性并不总是研究的目标（Bruner，1990；Ogilvie，2004）。

在情绪和人格之间架起桥梁有一个难题，那就是情绪太短暂了，稍纵即逝（Ekman，1992）。情绪经验是灵活、短暂且多变的（Brehm，1999）。要识别联结一个人的短时经验和持久特质的内部机制是一个挑战。我们会通过识别人们思考自己短时经验的方式，观察能够在不同情境中持续存在的指导思想，来找到情绪和人格之间的桥梁。情绪表征包括这些短暂的、基本的情绪经验片段。在反思这些情绪时，人们试图理解自己经验产生的原因，以及情绪对于自己思想和行为产生的影响。反过来，人们也能分析自己的归因方式，并且把自己的想法应用到新的情境中，以及其他人的经历上。通过表征情绪，人们会对自己的情绪生活形成稳定的观点。这种情绪知识在非情绪情境中也能够提取和使用。

（三）动机心理学的强迫性重复

我们已经把爱好的发展放到了更为广泛的动机发展问题中进行探讨，即兴趣通过归因和预期机制影响爱好。联想主义为动机发展提供了另一种机制。这个观点假定心理概念是相互联系的，并且这些联系存在强度的变化。像麦独孤、奥尔波特、桑代克以及赫尔这样的动机理论家，他们都从这个角度出发，认为重复是联结强度的关键（参见第五章）。这些研究取向通过重复把经验和属性联系在一起：随着经验的重复，它会累积并形成持久的特质。随着经验的重复，作为结果的动机会变得“统一化”“渠道化”或者“固化”，就像车辙经过不断碾压，最终形成很深的凹槽。

重复作为动机发展的机制之一，比和它类似的联结主义概念（如习惯的强度、内驱力的减弱）更为长久。现代理论仍然使用重复这个概念来解释爱好是怎样形成的。例如，一些教育心理学家认为，有趣的短暂感觉会通过重复和持久的出现来影响爱好的发展。他们主张，通过重复和延续，情境兴趣（短暂的情绪感受）会形成个体兴趣（持久的爱好）。情境兴趣和个体兴趣的差别，将在第八章分析，大致与兴趣和爱好的差别类似。如果情境兴趣重复的次数足够多，那么个体兴趣就会形成。这种观点在很多文献（例如，Hidi，1990，2000；Hidi & Berndorff，1998；Krapp，1999，2002b；Schraw & Lehman，2001）中都出现过，但一直没被检验过。

相反，情绪—归因理论把动机发展当作是认知的、主动的和反射性的。人们不会被动地经历事情，他们会思考自己的经历，以及思考这些思考本身。仅仅是经验的重复，远没有关于经验的推理和预期来得重要。人们通过努力理解事件发生的原因，把自己的世界渲染得充满意义。兴趣的归因让人们明白自己为何会感到有兴趣，并且因此会影响自己对未来的预期，即未来什么将引起兴趣。如果重复影响爱好的发展，那么它也会通过影响归因达到同样的效果。

事实上，归因理论轻易地解释了重复的效果：有趣的活动和兴趣的情绪感受之间的协同效应促进了对于事物兴趣的归因（参见Försterling，2001）。重复不会通过隐喻的方式或联结强度的构建来影响爱好的发展，它会影响人们如何理解自己经验产生的原因。作为结果的情绪知识（而不是事件的重复），会影响爱好的发展。这种对重复的不同理解就像重复的方法一样，没有被验证。尽管如此，它仍然解释了情绪—归因理论是如何重新解释以往理论的，并且对爱好发展的动力特征做出了新的预测。

（四）情绪—归因理论和其他理论的关系

情绪—归因理论和以往理论的核心差别是，它特别重视认知和元认知过程。这个理论并没有假定人们本身就知道自己情绪产生的原因。情绪需要归因过程提供的解释，而爱好源于这些解释。此外，人们在计划行动时，会考虑自己对于该事件的归因和预期。对情绪的元认知理解使得复杂的情绪调节策略成为可能，并且促成了爱好的形成和分化。其他的动机发展理论都没有如此强调认知和元认知过程，另外，它们也没有对这些过程如何促进爱好发展提出具体的预测。

情绪—归因理论与我们在第五章提到的脚本理论（Tomkins，1979）极为相似。脚本理论认为，爱好是不连续的兴趣经验被认知过程放大而出现的脚本。就像脚本理论一样，情绪—归因理论把爱好的发展看作一个动态、连续的过程，该过程是建立在对情绪经验的认知基础上的。然而与脚本理论不同的是，情绪—归因理论关注特定的认知过程，并由此做出可供检验的预测，即兴趣的情绪经验会在何时影响爱好发展。脚本理论的核心机制——放大——是很难被测量或操纵的，因此，其理论预期很难确定。

普伦泽尔（Prenzel，1992）提出的有关爱好的选择性坚持理论是另一个相似的理论。两个理论都认为爱好的发展始于短暂的、让人感兴趣的经历。然而，普伦泽尔并不是特别关注引起持久兴趣的原因机制。他提出，人们第一次对一个事物感兴趣是因为渲染了这个事物的有趣特性（Berlyne，1960）。如果参与活动会产生新颖感，那么人们将会愿意再次参与此活动。这样，爱好会通过放大的冲突性、新颖性、不确定性和复杂性来吸引人。这个机制虽然有趣，但它会使爱好发展的过程看上去似乎是被动的，因为个体是遇到一个又一个未解决的冲突而受到激励的。此外，这个机制掩盖了其中反复起作用的基本认知过程。人们试图理解为什么自己会感到好奇，并且对某个事物感兴趣。如果人们不把这个让人感兴趣的冲突归因于特定事物，那么他们将没有理由做第二次尝试。与此相反的是，人们会根据自己看到的引发兴趣感受的原因来行动。另外，如果人们认为对某事物再做尝试是无聊的——这种预期来自之前的归因，那么他们将没有动力去坚持此项活动。和选择性坚持理论中所强调的过程相比，情绪—归因理论所强调的过程似乎更为基础和具体。

五、本章小结和结论

在本章中，我们提出了一个爱好发展的理论。我们根据情绪知识、对情绪经验的原因和后果的理解，重新组织了爱好发展的问题。与过去那些强调联结、重复以及无意识动机的理论不同，情绪—归因理论关注情绪理解的认知和元认知过程。与过去的理论决裂后，情绪—归因理论提供了爱好发展机制的新预测。新的实验支持了这个理论的基本预测。情绪的归因预测了一些活动，这些活动反映了爱好的发展。实验证据让情绪—归因理论超越了以往的理论，以往的理论因未经检验而表现不佳。

在第七章，我们会探讨职业爱好心理，或与工作有关的个体爱好。职业心理学已经致力于研究兴趣和爱好数十年，其中也包括一些其他领域还未涉足的问题。尽管职业爱好的研究有新奇的想法和复杂的研究主体，但是它始终与主流的兴趣心理学是分离的（Tinsley，2001）。我们将回顾职业爱好研究中主要的理论和主题，希望能阐明它们对兴趣更宽泛研究的贡献。我们还会阐明职业爱好和兴趣心理学其他领域之间的连续性。

第七章　爱好和职业

无论怎样，当今社会大多数人都需要一份工作。如果必须工作的话，我们还是找一份让自己既感兴趣又充实的工作。八十多年前，心理学家就建议人们要根据自己的职业爱好来寻找满意的工作。研究职业爱好容易，要给职业爱好下定义却很难。萨维科斯（Savickas，1999）认为，“兴趣的定义……似乎是迥然不同的，而且通常都无法将其与其他动机结构区分开来”（p. 19）。许多研究者对职业爱好的定义非常模糊，例如，职业爱好“是代表个人偏好的个体差异变量”（Crites，1999，p. 164）；或者从操作而非概念的角度为其下定义，例如，职业爱好是“对职业相关活动的喜欢、不喜欢或者中立的态度模式”（Lent，Brown，& Hackett，1994，p. 88）。

在前几章中，我们曾提到，有关兴趣的实证研究太少了。但在本章中，出现了反转，职业爱好的研究文章多如牛毛。事实上，在兴趣心理学的研究中，职业爱好的研究可能占据了绝大部分，其悠久的历史也为研究兴趣心理学提供了许多新奇的想法和工具。从斯特朗（Strong，1943）的开创性工作开始，心理学家们已经发展出了各种测量职业爱好的复杂方法，既有复杂的量表，又有简单的卡片排列任务（Hartung，1999；Prince & Heiser，2000）。最重要的是，许多心理学家对兴趣发展构建了理论（参见第五章），职业心理学家通过大量的研究对这些理论进行了验证（Holland，1997；Savickas & Spokane，1999）。

对职业爱好的研究横跨基础和应用两大领域。一些研究侧重于理论，例如，职业爱好的结构，职业爱好的发展，爱好对职业选择、满意度、成就的影响（Holland，1997；Savickas & Spokane，

1999)。其他研究则侧重于理论在实际生活中的应用，特别是职业咨询领域。职业研究是很热门的，每年都有成千上万人进行职业爱好测试，所以，了解爱好的实际用途是很有必要的。因此，许多职业爱好的研究重点关注爱好的测量方式、爱好量表的效度，以及是否应当按性别、种族和文化背景来对爱好评估进行确认。

爱好评估这个利润丰厚的行业对于职业爱好的研究来说，喜忧参半。一方面，与其他学术领域相比，职业爱好有着更广泛的受众群体，超越了一般的学术圈；另一方面，理论研究没有得到足够的重视（Walsh，2001）。科学理论的效度会因为某个量表或测量工具的效度不足而受到负面影响。例如，萨维科斯（Savickas，1999）曾说过，"已积累的职业爱好文献大多是实证方面的，理论概念方面的较少"（p. 19）。职业心理学的科学性正在逐渐减弱（Gottfredson，2001；Tinsley，2001），一项对 260 名攻读咨询心理学博士学位的学生的调查发现，只有不到 1%的人认为自己是研究者（Krebs，Smither，& Hurley，1991）。

本章我们将主要介绍职业心理学家对职业爱好的研究。我们的主要目的是回顾职业爱好研究中的突出问题和理论。我们将主要侧重两个和职业爱好有关的理论问题：（1）职业爱好是否存在一致的结构？职业爱好是否存在不同的类型？如果存在，不同类型的职业爱好是如何组织的？（2）职业爱好是如何形成和发展的？为什么人们会对某些职业而不是其他职业形成爱好？我们也会对爱好测量的结构进行简单的回顾，但不会具体展开细节。因为爱好量表比较复杂，其他文献资料较好地对其进行了介绍（Prince & Heiser，2000；Savickas，Taber，& Spokane，2002）。

一、职业爱好的结构

职业爱好是有组织的吗？职业爱好究竟是存在一定的结构，还是由一系列相互独立的爱好"清单"（laundry list）组成的呢？职业爱好的研究通常探讨其包含的基本维度和类型，但并不是所有的研究都会进一步探讨各种爱好之间的相互关系（Rounds & Day，1999）。早期的研究采用的是因素列举的方法，即利用因素分析得到基本的几种爱好，但该方法缺乏理论支持（参见 Darley & Hagenah，1955）。例如，在“尘暴经验主义”（dustbowl empiricism）的基础上，斯特朗（Strong，1943）开展了职业爱好问卷方面的开创性工作（Campbell & Borgen，1999）。吉尔福德等人（Guilford，Christensen，Bond & Sutton，1954）的一项经典研究也使用了类似的方法。他们对 1 000 个项目进行因素分析，分析出 18 个爱好因子，而其中有些因子很难理解，如“攻击性”“生理驱力”“冒险对保守”。

相比之下，现代的研究则侧重依据理论来分析爱好的结构。这种方法已经成为职业心理学的主流。事实上，爱好的结构理论可能是职业心理学对兴趣心理学的最大贡献。我们将会回顾三种关于爱好结构的模型，包括非常有影响力的霍兰德（Holland，1997）的 RIASEC 模型、普雷迪格尔（Prediger，1982，1996）的维度模型，以及球形模型（Tracey，2002b；Tracey & Rounds，1996b）。其他不是那么重要的模型（例如，Gati，1979，1991；Roe & Klos，1969）在其他地方进行了描述和评价（Rounds & Day，1999；Tracey & Rounds，1993，1994）。

（一）霍兰德的 RIASEC 模型

数十年来，约翰·霍兰德（Holland，1973，1985a，1996，1997）的 RIASEC 模型一直主导着职业心理学。他的理论比较复杂，在此我们只讨论与职业爱好有关的部分。霍兰德的第一个假设是，大多数人都可以被归类为六种人格类型中的一种，这六种类型分别是现实型（Realistic）、研究型（Investigative）、艺术型（Artistic）、社交型（Social）、企业型（Enterprising）、传统型（Conventional），英文缩写即为 RIASEC。每种类型代表了一组抽象特征的集合，包括自我信念、技能、价值观，以及最重要的——爱好（详细描述参见 Holland，1997，pp. 21-28）。

- 现实型的人喜欢使用工具、机器和自己的双手进行工作。他们偏好具体的事情、传统的价值观以及解决问题的实际方法。现实型的人的职业首选是技工和电工。
- 研究型的人重视智慧、学识、逻辑和学习。他们喜欢抽象概念和创新型问题解决方法。研究型的人喜欢科学工作，如研究员、科学作家、技术人员。
- 艺术型的人重视自我表现和想象。他们认为自己是自由的、直觉的且富有创造力的。艺术型的人通常会成为音乐家、艺术家和作家。
- 社交型的人喜欢与他人沟通，喜欢培养和帮助他人。他们认为自己是乐于助人的，更倾向于与人互动，而不是和机器、工具一起工作。社交型的人通常会选择咨询师、教师和社会工作者之类的工作。
- 企业型的人重视领导力、说服力、雄心以及个人成就。他们重视权力的获得，重视对他人的影响。企业型的人通常会从事那些与商业、销售、管理有关的工作。
- 传统型的人喜欢有组织的系统性活动。他们认为自己做事有条不紊、值得信赖且擅长文书工作。传统型的人通常喜欢那些与组织具体信息相关的工作，如会计行业和银行业等。

霍兰德的 RIASEC 类型是数十年前从职业研究中提炼出来的（Astin，1999），早于现代的人格结构分类。第四章曾提到的大五人格模型对人格差异进行了综合分类（John，1990），认为人主要有五种宽泛的特质，分别是经验开放性、尽责性、外倾性、宜人性和神经质（McCrae & Costa，1997）。许多研究探讨过霍兰德的六种人格类型与大五人格特质的对应关系（Costa，McCrae，& Holland，1984；De Fruyt & Mervielde，1997；Tokar & Swanson，

1995)。对这些研究的元分析发现，RIASEC类型中的一部分与部分大五人格特质存在稳定的相关（Larson，Rottinghaus，& Borgen，2002)。其中的许多相关都不足为奇：尽责性能预测传统型的爱好；经验开放性能预测艺术型和研究型的爱好；外倾性能预测社交型和企业型的爱好。然而，该分析还发现了一些独立的类型。例如，现实型与大五人格中的任何一种特质都不存在显著的相关。与此相似，神经质也不与任何一种RIASEC类型有关。

霍兰德（Holland，1977）认为RIASEC六种类型形成了一个连贯的空间结构，也就是一个六边形（Cole，Whitney，& Holland，1971)。这个六边形已经成为职业爱好研究领域的一个里程碑，甚至还曾出现在《职业行为杂志》（*Journal of Vocational Behavior*）的封面上。从图7-1即可看出这六种类型在六边形上的分布。霍兰德认为，这六种类型的循环顺序是固定的，依次为R、I、A、S、E、C，即六边形的结构及六种类型的顺序都是不变的，不同的文化、群体或性别也不会影响这种顺序。此外，该六边形也说明了不

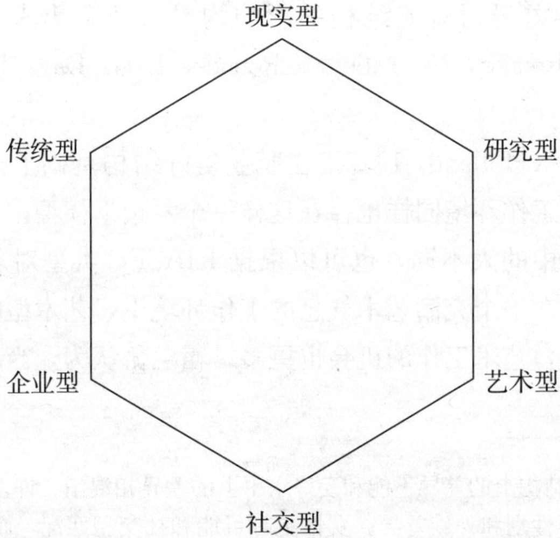

图7-1　霍兰德的职业爱好RIASEC六边形

同类型之间的相关程度，相邻的类型更加相似，相对的类型相关性最低。例如，一个在社交型上得分较高的人在其相邻的类型（艺术型和企业型）上的得分也相对较高，而在其相间的类型（研究型和传统型）上的得分较低，在其相对的类型（现实型）上的得分最低。

这个六边形的结构是相当稳固的，在许多不同的爱好量表中均有体现（Savickas et al.，2002）。是否需要用职业头衔、大学专业和活动清单偏好来测量爱好，看起来似乎无关紧要（Fouad，1999）。同样，不管 RIASEC 类型的得分是否连续，或者是否用一个“高分点”（high point code）来表示六个类型中最喜欢的一个类型，六边形的结构都存在（Tracey & Rounds，1992）。爱好类型的六边形模型也得到了许多跨文化研究的支持，尽管在某些文化中的契合程度比在其他文化中更高（例如，Einarsdóttir，Rounds，Ægisdóttir，& Gerstein，2002；Rounds & Tracey，1996；Tracey，Watanabe，& Schneider，1997）。在大样本的研究以及元分析中，种族和性别差异对爱好结构的影响均没有体现出来（Anderson，Tracey，& Rounds，1997；Day & Rounds，1998；Day，Rounds，& Swaney，1998）。①

霍兰德（Holland，1997）在职业爱好结构基础上提出了一个观点，认为工作环境同样也存在这样一个六边形模型。他认为，每种工作环境中的人不同，也可以根据 RIASEC 类型对环境进行分类。例如，在一个充满艺术气息的工作环境中，艺术型的人应该会占绝大多数，艺术工作的机会也更多。霍兰德认为，当环境类型和

① 爱好结构上的差异不能和爱好水平上的差异相混淆。许多研究在爱好水平上发现了性别和种族差异。女性更有可能和社交型匹配，而男性更有可能和现实型和研究型匹配（Fouad，2002）。但是，RIASEC 结构不存在性别差异（Anderson et al.，1997）。

人格类型匹配时，工作满意度和成就会提高。一个现实型的人在现实主义的工作环境——一个充满了现实主义的人、工具和活动的环境——中将会取得成就，而在社交型环境中却会困难重重、疲于应付。简言之，工作满意度和成就并不只是取决于对工作的爱好和技能，也会受到爱好和情境因素交互作用的影响。但几乎没有研究从环境特征的角度探讨霍兰德的模型，因此，对这个“一致性假设”（congruence hypothesis）还存在争论（Spokane，1985；Tinsley，2000）。

（二）普雷迪格尔的维度模型

普雷迪格尔（Prediger，1982，1996；Prediger & Vansickle，1992）对霍兰德的六边形模型进行了巧妙的重构，他认为RIASEC类型的六边形模型没有表现出爱好的核心结构。在他看来，爱好的基本结构包括两个维度及在此基础上细分的六种类型，而不只是六种类型。然而，霍兰德的理论是在分类学的基础上形成的，普雷迪格尔的维度模型却并不包含独立的类型。在普雷迪格尔看来，不同类型的爱好是混合在一起的，因为每种类型在这两个维度上的分值不同。霍兰德认为六边形结构是爱好结构的首要框架，而普雷迪格尔则认为两个独立的维度才是爱好结构的首要框架。

图7-2描述了普雷迪格尔的两维度与霍兰德的六种类型之间的位置关系。第一个维度是“人对物”。这个维度代表一种偏好：愿意与他人打交道还是与工具、物体和机器打交道。“人”这一极对应社交型，“物”这一极对应现实型。第二个维度是“数据对观念”。这个维度代表另一种偏好：在工作中愿意处理具体的数据还是抽象的概念。“数据”这一极对应传统型和企业型，“观念”这一极对应研究型和艺术型。由于这些维度是两极化的，因此在某个维度的一极上得分较高意味着在另一极的得分就较低。例如，某人在工作中喜欢与数据打交道，那么，他在工作中应该不喜欢处理抽象概念。

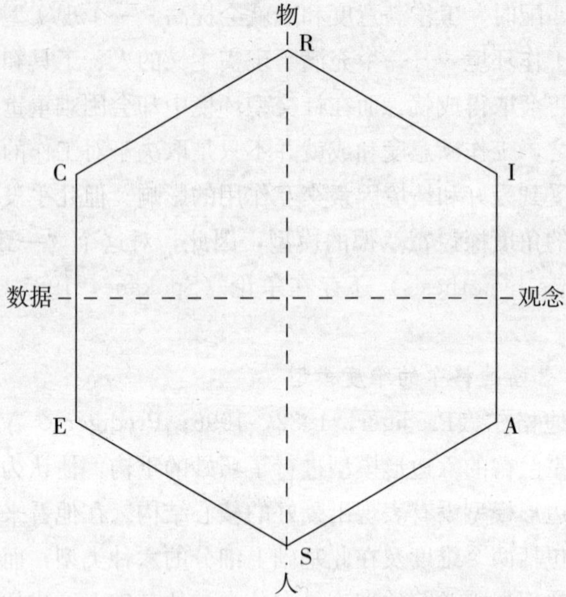

图7-2 普雷迪格尔对 RIASEC 六边形的维度表征

普雷迪格尔的模型更多的是对霍兰德模型的补充而不是驳斥。与霍兰德一样，普雷迪格尔假设 RIASEC 类型形成了一个连贯的双维结构。两个模型都认为 RIASEC 类型有固定的顺序。所以，如果霍兰德的类型顺序被认为是无效的，那么普雷迪格尔的维度模型也会被推翻。两个模型实质拥有相同的爱好结构，也就是六种爱好分布在一个二维环形上（Rounds & Tracey，1993）。“数据—观念”和“人—物”的双维模型是一个简单的爱好圆环，而 RIASEC 类型模型形成的爱好圆环更为分化。究竟一个人是倾向于 RIASEC 类型模型还是双维度模型，可能取决于其理论和实践目的（Tracey & Rounds，1995）。

（三）球形模型

球形模型是有关职业爱好结构的最新模型（Tracey，2002b；Tracey & Rounds，1995，1996a，1996b），也可能是最复杂的模型。特雷西（Tracey）和朗兹（Rounds）对霍兰德理论的核心——关于六种职业爱好构成了一个六边形的假设——提出了质疑，并给出了一种新的结构模型。他们认为，RIASEC类型只是“从职业爱好圆环上无限个可能的代表点中任意提取的”（Tracey & Rounds，1996b，p. 36）。

什么样的结果模式能够表明RIASEC类型的任意性特征？特雷西和朗兹（Tracey & Rounds，1995）的研究想检验的是：爱好究竟是均匀地分布在一个圆环上，还是簇拥在六个结点上。霍兰德的理论认为，对职业爱好的测量应该会形成六个集群，即问卷中的项目可以被归为六种爱好类型。然而，很多研究发现，对爱好的测量形成一个均匀的环状分布，即爱好以一种圆环模式均匀分布（Tracey & Rounds，1995，1996b）。简而言之，爱好的结构更像是一个圆环，而不是六边形。

霍兰德（Holland，1997）认为这是一个小问题：“这些质疑及统计上的答案既不会影响对RIASEC类型的陈述，也不会影响其使用”，包括“对六边形模型的许多质疑也都是如此”（p. 159）。在霍兰德看来，这些不相干的问题其实就是“爱好的结构究竟是环形还是六边形”。霍兰德对该问题的摒弃可能太过贸然了，因为他的理论内涵就是从这个环形结构中衍生出来的。圆由无数个点组成，因此可以按许多合理的方式进行切割。霍兰德将环形分割成了六个部分，但还可以分割为四个部分（例如普雷迪格尔的模型）、八个部分或其他任何数量的部分。如果环形本身是职业爱好的核心结构，那么理论家有理由提出任何一种切割方式。霍兰德的六边形理论认为最理想的类型数是六个，而环形理论并不认为存在最佳的分割方式。

现在，我们明白了为什么球形模型会挑战霍兰德的RIASEC模型。如果爱好的结构是一个圆，那么爱好类型模型的重要之处就不再是类型本身，而是类型的顺序。将环形分割成六部分只是一种分割方式，只要爱好的结构模型是环形的，那么，任何一种分割方式都是成立的。所以，如果是基于理论目的，所有的分割方式都是同等任意的；而如果是基于应用目的，就应根据实际需要进行分割。例如，咨询师在为那些对工作缺少了解的人提供咨询时，可能会发现采用一个简单的分割方式（如普雷迪格尔的四类模型）是最有用的；而在对那些有特定职业抱负的人提供咨询时，就应考虑使用有区分度的环，这样才能在每种 RIASEC 类型中分化出许多不同类型来。

如果特雷西和朗兹试图通过爱好的环形结构来代替霍兰德的六边形模型，为什么他们的理论被称为"球形模型"而不是"环形模型"呢？特雷西和朗兹认为，爱好的环形结构——无论是六边形结构还是双维度结构——都忽视了职业爱好的一个很重要的方面，那就是职业声望（occupational prestige）。人们会根据声望水平对工作进行区分（Plata，1975；Rounds & Zevon，1983），并且在选择职业时也会考虑职业声望（Gottfredson，1996）。然而，已有的职业爱好结构模型并没有纳入这一维度。特雷西和朗兹提出，职业声望这个维度与兴趣圆环是垂直的，加入这个维度后，环形结构就变成球形结构了。

图7-3即为爱好的球形模型，包括 18 种爱好（参见 Tracey，2002b，p. 120）。在爱好的球形模型中，球形的赤道面包括霍兰德的 RIASEC 六种类型和普雷迪格尔的两个维度。区别于之前理论的是，球形模型将赤道面的环形分割成八种爱好类型。在这个模型中，声望水平越接近两极，八种类型的区别也会越小。图 7-3的上半部分代表的是职业声望较高的半球，下半部分代表的是职业声望较低的半球。随球形结构由赤道面逐渐移动至两极，职业爱好的类型也从原来的八类缩减为四类。在半球的北极点和南极点，职业爱好的圆环集中为一点，分别被定义为"高声望"和"低声望"的爱好。

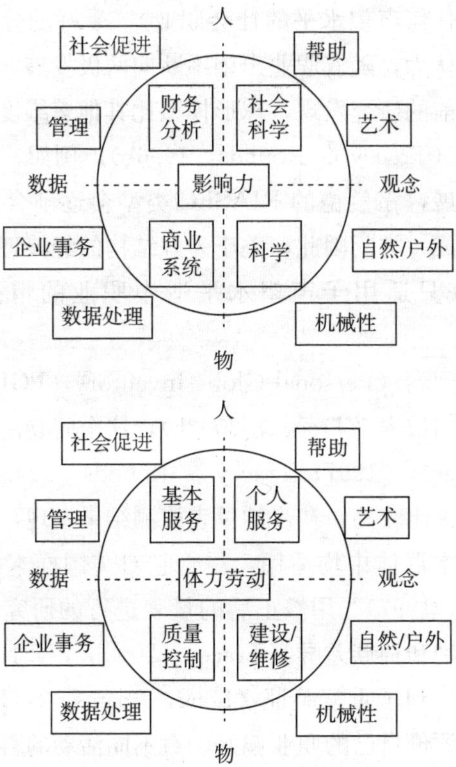

图 7-3　职业爱好的球形模型

（Tracey，2002b）

注释：上半部分是职业声望较高的半球，下半部分是职业声望较低的半球。由赤道向两极，爱好间的差异逐渐减小。

职业爱好的球形结构的提出引起了很大的争议。球形不是职业爱好三维表征的唯一可能，另外一种可能的三维结构是圆柱形（参见 Tracey & Rounds，1996b）。在圆柱形模型中，无论职业声望的水平如何，职业爱好的环形结构依然存在。也就是说，无论声望水平如何，霍兰德的 RIASEC 类型（或者其他的任何一种环表征）在圆柱的任何一个横截面上都存在。因此，圆柱形模型认为，无论职业的社会声望如何（有声望的社会职业、无声望的社会职业、介于有和无之间任何声望水平的社会职业），爱好的分类都存在。然而，球形模型认为，随着职业声望不断向两极发展，爱好圆环也会随之缩小。目前的研究发现，球形模型比其他三维度模型更符合爱好的空间分布（Tracey & Rounds，1996b）。例如，随着职业声望不断向两极发展，霍兰德的 RIASEC 类型会逐渐合并为更少的类型，并最终变成一类。因此，关于爱好结构的经典理论（如霍兰德的理论）也许只适用于声望水平适中职业的情况（Harmon，1996）。

个人球形问卷（Personal Globe Inventory，PGI）包含测量爱好的球形模型的量表（Tracey，2002b），这个问卷由几个初级问卷发展而来（Tracey，1997；Tracey & Rounds，1996b）。球形结构的可信度看上去比较高，初步的量表施测结果发现，球形结构在美国和日本的样本群体中均适用，尽管它对美国样本的适用度更高（Tracey et al.，1997）。用修正后的量表进行的研究发现，球形结构并不存在性别和种族差异（Tracey，2002b），而且，该结构在中国的样本中也得到了重复验证（Long，Adams，& Tracey，2005）。此外，人们在评价自己的职业偏好、对不同活动的喜爱程度以及对不同活动的胜任能力时，球形结构就会出现（Tracey，2002b）。

（四）爱好结构的总结

从最初对爱好结构的早期研究开始，职业爱好的研究已经有一个比较长的历史，这些研究在寻找一系列“基本爱好”，而不关心这些爱好是如何相互联系在一起的（Darley & Hagenah，1955）。在探索最佳的爱好结构模型的过程中，研究者们提出过六边形模型、环形模型、维度模型、嵌套层次模型、三角锥模型以及最近的球形模型（Rounds & Day，1999）。有关职业爱好结构的研究为兴趣心理学中其他系统性较差的领域提供了榜样。

那么，我们的结论是什么呢？爱好的结构究竟是怎样的呢？RIASEC 模型（Holland，1997）和球形模型（Tracey & Rounds，

1996a，1996b）的争论尚未尘埃落定。一部分职业心理学家认为，“还没有足够的证据可以证明球形模型能够取代六边形模型，近二十多年来，六边形模型一直在职业行为与生涯咨询领域提供了很好的服务”（Borgen & Donnay，1996，p. 43）。除了对爱好的球形结构进行评价（Tracey，1997；Tracey & Rounds，1996b），以及编制测量该模型的量表（Tracey，2002b）之外，几乎没有研究对该模型进行过检验。然而，即使这类研究很少，但依然是引人注目的。这些研究提醒人们需要重新思考爱好的结构，也显示了环形结构和球形结构的可行性。随着越来越多的研究评价球形结构模型的效度，该模型也许会成长为一个更为强大的体系。

尽管很难预测球形结构的命运，但我们期望对职业心理学领域的基本科学问题感兴趣的研究者们会喜欢这个模型。与其他结构模型相比，球形模型更加通用，RIASEC 类型模型和“数据—观念/人—物”两维度模型都是球形模型的特例。球形模型并没有否认 RIASEC 类型模型的有效性，而是认为职业爱好类型模型只是爱好环形结构中的一种，包含于球形模型之中。此外，球形模型提供了新的思路和假设，并对职业心理科学如何看待职业爱好有重要影响（Harmon，1996）。

职业爱好结构不仅突显了该领域作为基础学科和应用学科的双重身份，也突出体现了这种认同身份带来的压力。职业心理学家们希望爱好的结构理论既能推进基础研究，又能应用到实际生活中。新的爱好结构理论要想获得认可，就必须既能对科学有所贡献，即解决概念性的问题并提出新的观点，又能为职业咨询提供应用基础。新的科学理论可能会在应用方面遇到一些阻碍。那些非常基础的模型不会流行起来，因为它们无法超越当时在职业生涯咨询实践中盛行的理论。

在职业心理学领域，霍兰德（Holland，1997）的理论无论是在基础领域还是在应用领域都占据着主导地位。在基础领域，他的理论激励着人们对爱好的结构、爱好对职业选择和职业满意度的影响、爱好和工作环境的相互影响进行研究。在应用领域，许多咨询师都把六边形模型作为职业咨询的基础，并且所有主要的爱好问卷都会测量 RIASEC 类型。相比之下，球形模型更注重科学性而非实用性，很明显是根植于职业心理学的理论传统。许多批评家都认为，球形模型也许永远不会用在应用研究中。例如，汉森（Hansen，1996）认为，“虽然从科学性和理论层面来看，特雷西和朗兹的球形模型非常吸引人，但是它的复杂程度远远超过了来访者对工作情境的理解能力”（p. 75）。博根和多奈（Borgen & Donnay，1996）也有着类似的观点，认为“职业爱好的球形模型也许对理论和研究具有启发价值，但实际应用的可能性微乎其微”（p. 50）。

因缺乏应用价值而熄灭人们对新理论的研究热情是不幸的。一个理论要对科学和应用都带来革命性的变化，这个期望未免太高了，评价一个理论最根本的还是其科学价值。许多无效的理论都很容易应用到实际生活中，也给很多人带来过帮助。例如，基于伪科学理论的治疗方法（如触摸治疗和对过往生活的回溯）是非常容易学习的，并且至少对一部分人很管用（参见 Lilienfeld，Lynn，& Lohr，2003），但心理学家认为，这些方法是形成好理论的重要障碍。职业心理学应该先衡量理论的科学性，再考虑理论可能带来的丰富的应用价值。

二、职业爱好的测量

职业爱好最典型的测量方法是自我报告，即爱好问卷。在许多爱好问卷中，只有很小的一部分是用于研究的。尽管在项目类别、评分方式和反应模式上存在差别，但主要问卷都是类似的（参见 Savickas et al.，2002）。根据爱好问卷的得分，人们能够预测最终的职业选择，区分不同行业的人（Fouad，1999）。如果爱好与职业不匹配，则工作满意度更低，职业转变的可能性更大（Holland，

1997)。爱好问卷同样能够区分不同的大学专业，命中率高达66%(Hansen & Tan，1992)。

RIASEC类型通常是由霍兰德编制的问卷测量的。其中，职业偏好问卷（Vocational Preference Inventory；Holland，1985b）包含代表不同爱好类型的职业名称，自我导向搜索问卷（Self-Directed Search；Holland，Fritzsche，& Powell，1994）提供了一系列与六种人格类型相关的职业、活动和能力。由于霍兰德的模型占据着职业兴趣心理学的主流，现有的问卷都涵盖对霍兰德的职业爱好类型的测量（Campbell & Borgen，1999）。目前，所有主要的职业爱好测量都会提供RIASEC的得分（Prince & Heiser，2000）。

特雷西（Tracey，2002b）的PGI是最新的职业爱好问卷，并很可能成为主要的研究工具。与其他问卷不同，PGI是模块化的，问卷的标尺可以经过调整而代表几种职业爱好模型。问卷分数经过不同的组合，可以代表RIASEC六类爱好的得分、八类爱好的得分（Tracey & Rounds，1996b）、普雷迪格尔的“数据—观念”和“人—物”二维度的得分及整个爱好球形类型的得分，这使得PGI非常通用。

卡片分类任务是自我报告问卷的一种灵活的变形。测量职业爱好的很多卡片分类任务是可用的（参见Hartung，1999），职业爱好卡片分类任务是最直接的测量任务（Athanasou & Hosking，1999；Hosking & Athanasou，1997）。在该任务中，人们要看七张卡片并对其进行排序。每张卡片的正面都有一个职业爱好类型的标签（户外型、实际型、科学型、创造型、商业型、办公型、交际型），背面是对这些类型的描述，人们只需要按照自己的喜好，对这七张卡片进行排序即可。这种快速而又简单的卡片排列任务是高效的：任务得分的信度较高，并且，对卡片的排列顺序与爱好问卷的测量结果一致（Athanasou & Cooksey，1993；Cooksey & Athanasou，1994）。

一些研究通过爱好表达（expressed interests）的方式来测量职业爱好，或者通过一些开放性的问题进行测量，如“大学毕业后你打算从事什么工作”（Crites，1999）。然而，爱好表达的测量方式引起了出人意料的争议。与职业爱好问卷相比，这种方式能更好地预测人们的职业选择（参见“职业爱好的测量”）。这种不一致让人们感到沮丧，也让人们去思考，为什么这两种测量方式的结果不同（Borgen & Seling，1978；Dolliver，1969；Spokane & Decker，1999）。然而，这个问题似乎很荒唐，因为爱好表达的测量方式实质上测量的是人们拟采取的行为而不是爱好本身，而职业爱好问卷测量的才是职业心理学传统意义上的爱好。因此，这两种测量方式产生的结果差异是不足为奇的，因为对职业计划的陈述当然比对一般爱好的测量能更好地预测职业选择。为不同的概念贴上类似的标签会使它们看起来比实际更为相似（Silvia，2001a）。

三、职业爱好的起源

职业爱好是如何发展起来的呢？职业爱好的主要理论都没有提到职业爱好的起源（Holland，1997；Strong，1943，1955）。霍兰德（Holland，1997）对 RIASEC 类型做了大量论述，却没有推测人们究竟是如何形成一种爱好的。其他主要的理论强调的都是爱好的结构和测量（Strong，1943，1955），或者提出一些很难验证的普遍观点（Super，1943，1955）。职业心理学对爱好结构的重视，也许是导致人们相对忽视爱好发展的原因。所有主要的结构模型都没有提及，人们为什么会发展出对某些事物而不是其他事物的爱好（Holland，1997；Prediger，1982；Tracey & Rounds，1996b）。

因此，在职业心理学中，爱好结构的研究与爱好发展的研究是相互分离的。一直以来，对爱好发展的研究都不及对爱好结构的研究那么成功。爱好结构的理论明确提出了爱好之间是如何相互联系的，因此，我们可以很容易地检验相互矛盾的假设（例如，Tracey &

Rounds，1993，1994）。与之相反，爱好发展的理论则没有那么精确。正如萨维科斯（Savickas，1999）所说的，“有关职业爱好的起源及发展的假设和理论似乎全是陈词滥调，缺乏实际内容，因而无法得到科学的检验”（p. 19）。所以，想要提出一个明确的预测和检验相互竞争的假设是非常困难的。

和爱好结构的研究一样，有关职业爱好起源的研究同样也会追求基础研究和应用研究的目标。职业爱好的发生发展是一个非常有意思的科学问题。基础研究的思路是形成理论，并检验爱好发展的原因（Lent et al.，1994；Nauta，Kahn，Angell，& Cantarelli，2002）；应用研究的思路是编制测量工具，并将基础研究成果应用到干预和咨询实践之中。例如，减少职业爱好的性别差异，尤其是对数学和科学爱好的性别差异，是爱好发展研究的一个共同的应用目标（Betz，1999；Hoffman & Häussler，1998）。

（一）能力和爱好

职业爱好的一个直观模型认为，人们会对自己擅长的事情感兴趣。能力和爱好的关系研究无疑是研究爱好发展最古老的取向（参见 Strong，1943）。然而，根据沃尔什（Walsh，1999）的观点，“就我们所知道的，有些奇怪的是爱好和能力的关系并没有那么密切”（p. 374）。早期研究者在深入研究后发现，爱好和能力只有中等程度的相关（Darley & Hagenah，1955；Super，1949）。最近一项对当代研究的元分析也证实了这个令人失望的结果，即能力和爱好之间的相关程度（$r=0.20$）很低（Lent et al.，1994，p. 110）。因此，我们将重新探讨爱好和能力的关系，分析能力的不同内涵，讨论能力在自我报告中存在的偏差，考虑能力—爱好的关系问题是否仍具有重要的研究意义。

1. 什么是能力

许多有关能力和爱好的研究都忽视了一个非常重要的问题：什么是能力？能力通常被认为是完成一定难度任务的潜能或倾向，如解决数学问题或将高尔夫球准确地打进洞中。这在本质上是早期世俗心理学对于能力的观点（Heider，1958）。然而，能力是一个关系概念，描述的是一个人与特定事件之间的关系。任务及其难度是能力的参照，正如能力水平是任务难度的参照一样，它们表达的其实是一个意思。一项技能在日常用语中要称得上是“能力”，它必须是出众的（Jones & Davis，1965）。当所有人都拥有某种能力的时候，它就算不上是能力了。例如，成千上万以英语为母语的人在造句、快速识别单词及理解各种口音的口语方面都很出色，但这并不能算是一种能力；而当我们说某个人的艺术水平很高时，我们只是部分地描述这个人具有的这种能力。如果我们把一个有能力的人置于一群能力更高的人之中，或者如果每个人的表现都一样，那么没有人会被认为是有能力的。

2. 对能力的评价

为了研究能力和爱好之间的关系，研究者必须假设人们可以既理性又准确地报告自己的能力。然而，自我评价的研究发现，很少有人能准确地判断自己的能力（Sedikides & Strube，1997；Silvia & Gendolla，2001）。相反，人们通常会夸大自己的能力。“高于平均水平效应”（better-than-average effect）指的就是人们倾向于自我抬高，认为自己的各种能力和特质，如驾驶能力、领导力、社交水平、写作能力以及接吻水平，都高于平均水平。但是，从统计学上来看，这是不可能的，因为不可能所有人都在平均水平以上（Kruger，1999）。

能力评价的偏差比“认为自己高于平均水平”的观点更深刻。高能力是准确评价自己能力的先决条件。克鲁格和邓宁（Kruger & Dunning，1999，2002）认为，无能的一个表现就是不知道什么算是高能力。在某方面很糟糕的人通常并不知道自己在这方面很糟糕，因为除非人们知道标准，否则他们不会认为自己低于标准水平。例如，糟糕的作家不仅自己的作品糟糕，而且也无法区分优秀的作品和糟糕的作品，所以他们不认为自己的作品比较糟糕。相反，优秀的作家知道好作品的标准，所以他们能够更准确地评价自己的能力。这种不一致的结果是：表现优异和糟糕的人对自己的评价可能是相似的，但只有那些表现优异的人的自我评价才是准确的。

有几个实验发现，实际能力决定了是否能准确评价自己的能力（Kruger & Dunning，1999）。一项研究对被试欣赏幽默的能力进行了客观测验。测验完成后，被试需要根据自己的表现估计自己在同龄人中的百分等级。总体来说，被试普遍认为自己的能力超过66%的人，这也验证了“高于平均水平效应”。然而，被试的实际能力——以幽默测验得分衡量——影响着对自己能力判断的准确程度。那些幽默测验得分处于前25%的被试能够很准确地判断自己的实际能力，而得分处于后25%的被试对自己的判断则出现了较大偏差。例如，在幽默测验上的得分实际只超过了12%的人，却认为自己超过了58%的人。另外一项研究是让被试先进行一个标准化的逻辑测验，然后对自己的能力进行主观判断。结果发现，那些在测验中得分只超过12%的被试却认为自己的得分超过了68%的人。相反，那些在逻辑测验中得分较高的人却会低估自己的能力，得分比86%的人要高的被试却认为自己的得分只比74%的人高。

总而言之，人们对自己能力的判断通常是不准确的（Sedikides & Strube，1997）。人们一般倾向于对自己的能力和特质持乐观态度（Kruger，1999）。更糟的是，在爱好和能力的研究中，人们的实际能力是准确评价自己能力的前提。当自己能力不足时，人们会缺乏对自己和他人能力的认知（Kruger & Dunning，1999）。因此，能力判断会出现系统性偏差，那些能力不足的人容易高估自己的能力。这也对那些使用自我报告评估能力和爱好的研究提出了质疑。

（二）自我效能感和职业爱好的发展

20世纪80年代，自我效能理论（Bandura，1997，1997；Maddux & Gosselin，2003）开始成为职业心理学的重要研究内容。研究发现，较低的自我效能感会阻碍女性的职业发展（Betz & Hackett，1981；Hackett & Betz，1981），这表明自我效能感在职业爱好发展中起作用。二十多年后，自我效能感俨然成了职业心理学中占主导地位的概念（Betz，2000；Betz & Borgen，2000），有关职业爱好发展的研究几乎可以等同于有关自我效能感与职业爱好的研究，以前的爱好发展模型（如对能力和爱好的研究）被掩盖、同化或冷落。

研究自我效能感和职业爱好有两种传统思路。第一种思路偏重于应用，即探索自我效能感和职业爱好之间的关系，包括编制测量自我效能感的量表（Betz，Harmon，& Borgen，1996）、区分自我效能感和职业爱好（Donnay & Borgen，1999）、将自我效能感信息整合到职业咨询中（Betz，1999）。应用方向的一项重要的工作就是编制与 RIASEC 有关的自我效能感量表（Betz & Gwilliam，2002），例如，技能自信量表测量的就是对六类职业爱好的自我效能感（Betz，Borgen，Kaplan，& Harmon，1998；Betz et al.，1996）。对某类爱好的自我效能感与相应的爱好有高相关（例如，如果对艺术的自我效能感比较高，则对艺术的爱好相应也比较高），这种高相关意味着（而不是展示出）它们之间存在某种因果关系。

第二种思路侧重于自我效能感和职业爱好的理论方面。伦特等人（Lent et al.，1994）的社会认知职业理论致力于建立自我效能感和职业爱好之间的因果关系，对已有的研究发现进行梳理，为未来的研究做出新的预测。他们的理论可能在职业爱好发展领域占据了主导地位。该理论以班杜拉（Bandura，1986，1997）的社会认知理论为基础，探讨了爱好发展以外更大领域的问题，如职业选择和工作绩效。接下来，我们将主要讨论这个关于爱好发展的理论模型。

该理论认为，“人们会对那些他们认为自己能够做好并且有着乐观的结果预期的事情产生持久的爱好”（Lent et al.，1994，p. 89）。图7-4描绘了爱好发展的理论模型。根据该理论，我们可以得出：（1）自我效能感直接或间接地影响着爱好。（2）自我效能期望能够直接提高职业爱好，尽管该理论并没有明确地解释其中的原因。（3）自我效能感还通过影响结果预期进一步影响爱好。当人们认为某个活动能够带来积极的结果时，对该活动的爱好也会随之提高。

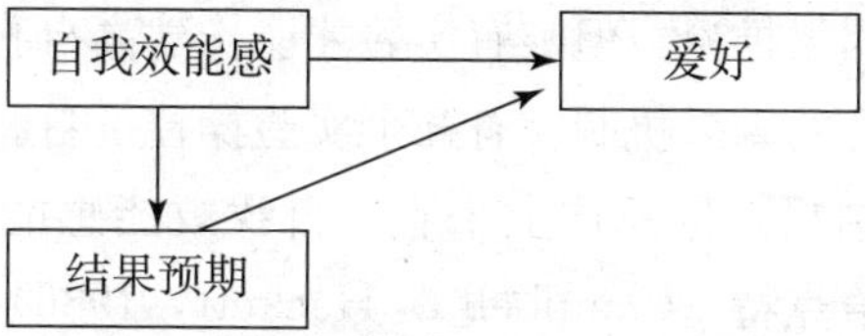

图7-4 自我效能感和结果预期是如何影响爱好的

研究普遍支持了该理论对爱好发展的预测（Rottinghaus，Larson，& Borgen，2003）。一项小型的元分析（Lent et al.，2004）也发现，职业爱好与自我效能感和结果预期有关，自我效能感与结果预期有关。有研究对整个模型进行了检验（Lopez，Lent，Brown，& Gore，1997），让高中生完成自我效能感问卷，并测量他们对数学和科学的爱好程度。结果表明，代数组学生的自我效能感能显著预测结果预期的分数，结果预期能显著预测爱好分数。在该样本中，自我效能感不能直接预测爱好分数。而在几何组学生中，整个模型都得到了证实：自我效能感既能直接也能间接影响爱好分数。

我们之前认为，因为缺少指导性的理论，对爱好和能力无法深入研究，而社会认知职业理论却对能力和爱好进行了全新的分析。对能力的自我感知是自我效能感预期的一个来源（Bandura，1997）。或许对能力的知觉间接地影响了爱好的发展：能力影响自我效能感，而自我效能感又影响了职业爱好。最近的一项研究支持了这种猜想（Brown，Lent，& Gore，2000）。这项研究测量了人们自我报告的能力和爱好以及 RIASEC 活动的自我效能感，结果与理论推测一致：自我效能感在能力和爱好之间起着中介作用。当把自我效能感加入分析后，能力就对爱好没有预测效力了。

1. 自我效能感的因果效应

大多数关于自我效能感的研究都是相关研究（Bandura，1997），对爱好和自我效能感关系的研究也不例外。爱好量表和自我效能感量表的高相关、“因果模型”的路径图都诱使研究者们在二者之间做出因果推论，但唯有实验才能构建高自我效能感是否引起爱好水平提升的因果机制。有几个实验操控了自我效能感，并没有得出一致的结果，但总体上来看，自我效能感能引起爱好的变化。坎贝尔和哈克特（Campbell & Hackett，1986）在研究中让一些被试（包括男性和女性）完成一项数学任务，这项任务可能简单，也可能比较困难。结果发现，与困难任务组相比，简单任务组的被试表现出了更高的自我效能感，也表现出对这项任务更大的爱好。该实验表明，成绩对自我效能感和爱好均有影响。

在一项以学龄前儿童为被试的研究中，巴拉克、夏伊洛和豪斯纳（Barak，Shiloh，& Haushner，1992）在孩子们玩玩具时，对他们的认知重组（cognitive restructuring）进行了操控。在一些活动中，要求孩子们重复那些强调愉悦感和强调能力感的句子（如“我在某项活动中非常有天赋”“我在这方面做得非常好”“我非常喜欢这项活动”等，p. 492）。这种认知重组的操控不仅包括自我效能感，还包括自信心的成分（参见 Barak，1981）。在另一些活动中，孩子们会因为玩耍而获得一些外在的奖励。两周以后，孩子们需要指出自己对活动的偏好。结果发现，认知重组会使孩子们更加喜欢某项活动，而外在的奖励却会降低他们对活动的喜好程度（参见 Deci & Ryan，2000）。

另一个实验是对一项干预技术进行评价，干预的目的是提升大学生的数学和科学的爱好水平，这些学生尚未确定专业（Luzzo，

Hasper，Albert，Bibby，& Martinelli，1999）。这些一年级的大学生，如果其数学成绩在平均成绩以上，还没有确定自己的职业选择，则被邀请参加该实验。这个实验操控了自我效能感的两个来源。第一组是替代—学习诱发组。被试要观看一个15分钟的视频，视频中有两个学生介绍自己在大学阶段的数学和科学的成就如何为自己以后从事数学和科学的相关职业做准备。第二组为成就—表现诱发组。被试需要解答一道数学问题，以此来获得成就感。第三组同时接受替代—学习诱发组和成就—表现诱发组的操作。控制组的被试则观看一段介绍自己大学的就业指导中心的视频。

在干预前后，被试分别对数学和科学的自我效能感、爱好程度打分。四周以后，被试完成更多的测量自我效能感和爱好的问卷，写下下一个季度打算选修的课程及做出的职业决策。研究者根据与数学和科学的关联性，对选修的课程以及职业规划进行编码。结果发现，对自我效能感的操控并没有在干预之后立即对爱好产生影响。然而，四周以后，成就—表现诱导组中的那些表现成功的被试对数学和科学展现出了更高的爱好水平，下一个季度打算选修的课程与科学和数学的关系也更密切。尽管经历两种自我效能感诱发的被试在四周后表现出了特别高的兴趣，但替代学习对爱好本身的影响很小。鉴于对自我效能感的操控比较简单，这些效果还是非常显著的。

贝茨和斯基法诺（Betz & Schifano，2000）设计了一种干预方法来提高女大学生对现实型活动的自我效能感。被试是那些现实型任务的自我效能感较低，而现实型爱好处于平均水平的女大学生。实验组被试接受了长达7小时的干预，在这段时间里，她们要参观建筑工地，重新给电灯接线，学习使用工具，以及制作架子。控制组被试则讨论她们对最近一些电影的态度。两周以后，被试填写测量现实型任务的自我效能感以及现实型兴趣的问卷。结果表明，这种干预取得了部分成功：实验组被试的现实型自我效能感得到了提升，但是现实型爱好没有变化。在一些与现实型爱好有关的项目（这些项目与干预中的任务直接相关，例如给灯重新接线的爱好）上，分数确实提高了，显示出自我效能感的一些任务—特定的效应。然而，总体来说，自我效能感的改变并不会带来职业爱好的变化。

2. 爱好是否会影响自我效能感

相关研究与实证研究的结果部分支持了社会认知职业理论的爱好发展模型：测量到的或被操控的自我效能感可以预测爱好的水平。然而，爱好可能也会影响自我效能感。在前面的章节中，我们已经了解了兴趣这种情绪是如何影响能力发展的（参见第一、二章）。在好奇心的指使下，人们会参与各种活动，在活动中坚持的时间也会更久（Fredrickson，1998；Rathunde，1998；Sansone & Smith，2000a）。相应的，丰富的知识和技能也会提高胜任感及对成功的预期。根据类似的理由，班杜拉（Bandura，1997）也认同这种相互影响："社会认知理论假定感知到的自我效能感与职业爱好之间存在相互但不对称的关系，自我效能感的信念起着更强的决定性作用。"（pp. 424-425）

直到最近，才有研究探讨职业爱好和自我效能感之间是否存在相互影响。这些研究（尽管是相关研究）从纵向角度评价了爱好和自我效能感。在一项有关儿童爱好的研究（Tracey，2002a）中，研究者要求五年级和八年级的学生完成 RIASEC 爱好测验和一学年课程的胜任感测验。广泛的分析发现，交互模型是最佳的：自我效能感影响爱好的发展，而爱好也会影响自我效能感的发展。并且，这种相互作用的强度是等同的。这个结果挑战了班杜拉（Bandura，1997）的观点，班杜拉认为自我效能感对爱好的影响超过了爱好对自我效能感的影响。

大学生的职业爱好也表现出了类似的模式（Nauta et al.，2002）。研究者在一学年的三个时间点上，分别测量大学生的 RIASEC 爱好及对 RIASEC 爱好的自我效能感。实验初始时的职业爱好能预测实验中期的自我效能感，而实验初始时的自我效能感却不能预测实验中期的职业爱好。第一阶段没有发现相互影响：爱好影响着自我效能感，而自我效能感却对爱好没有影响。在实验的中期和后期，相互的影响才显现出来。中期的职业爱好能够预测后期的自我效能感，自我效能感也能预测爱好。与特雷西（Tracey，2002a）的研究一样，爱好和自我效能感有同等强度的效应。虽然对于整个时间段（从第一阶段到第三阶段）来说，该模型有些弱，却表明爱好和自我效能感之间存在相互影响。

通过呈现自我效能感和职业爱好之间的相互关系，这些研究表明：爱好发展的社会认知职业理论模型应该得到修正。如果自我效能感和爱好之间的相互影响是等同的，我们可能不应该如此重视自我效能感。不过，仅根据两个实验就下定论还不够谨慎。通过纵向研究考察因果关系是很有诱惑力的，但我们仍需实验研究才能确定爱好是否会导致自我效能感的改变。

3. 非线性效应

社会认知职业理论的最后一个问题就是非线性效应的可能性。该理论的预测是一种线性关系（Lent et al.，1994，p. 114），然而我们也有理由猜想，高自我效能感可能会产生无聊。当活动失去新颖性和复杂性的时候，人们往往会感到无聊（参见第二章）。当人们有极高的自我效能感时，就会对事情的结果有足够的把握，而不确定性的缺乏会让事情变得无聊。练习和学习的经验会提升自我效能感，但同时也会降低活动的新颖性和复杂性（Walker，1980，1981），从而导致无聊的产生。

约翰·杜威（Dewey，1913）第一次提出了自我效能感对爱好存在非线性效应："毫不夸张地说，任何一个正常人都需要克服一定的难度，这样才有可能对自己做的事情有一个全面、清晰的了解，进而对自己所做的事情产生浓厚的兴趣。"（p. 52）后来，班杜拉（Bandura，1997）也曾说过，“产生或维持对某件事的兴趣至少需要适度的效能感，而过高的效能感（超过了某个阈限）却不利于兴趣的提高。事实上，极度的自信会让事情失去挑战性，因此就不再感兴趣了”（p. 220）。

伦诺克斯和祖比希（Lenox & Subich，1994）测量了现实型、研究型和企业型职业爱好与自我效能感之间的曲线关系。为了扩大自我效能感的范围，他们招募了五组自我效能感不同的被试，每组的人数相同。结果发现，企业型爱好与自我效能感呈线性关系，现实型和研究型爱好与自我效能感则呈曲线关系，然而这种曲线关系与杜威或班杜拉的预期不一致。研究发现，当自我效能感很高时，人们非但没有感到无聊，反而觉得更加感兴趣了。自我效能感从低水平到中等水平时，爱好与自我效能感的关系曲线很平缓；自我效能感从中等水平到高水平时，爱好与自我效能感之间存在积极的线性相关。

相关研究并不是检验非线性效应的最好方法。首先，自我效能感的自然变化范围可能很小。有多少学生能对职业任务有着“极度的自信”呢？其次，测量自我效能感的量表也许只能测到自我效能感的真正范围的一部分。量表观测到的范围和变量实际的范围之间的关系经常是不明确的（DeVellis，2003）。例如，在伦诺克斯和祖比希（Lenox & Subich，1994）的研究中，那些对探索型爱好的自我效能感最高的学生，他们的分数真的代表了自我效能感的上限吗？职业科学家应该比这些学生的探索型自我效能感更高：量表的最高分（如 10 点记分量表中的 10 分）与变量实际的最高分有所不同。

与职业心理学领域的其他理论问题一样，解决这个问题的最佳方法就是实验。通过操控自我效能感来控制其范围，如果范围更大了，倒 U 形模式可能就会出现。最近的两个实验发现，高自我效能感会使兴趣感降低（Silvia，2003）。第一个实验测量了人们对一系列活动的自我效能感和爱好水平。这些活动的难度不同，从低难度（“如去商店买一瓶苏打水”）到中等难度（“如一天开车8小时”）再到高难度（“如学习说五种语言”）。结果表明：自我效能感会随着难度的提高而降低；从低难度到中等难度，爱好水平会随难度的提高而不断上升，但从中等难度到高难度，提高难度导致爱好水平下降。第二个实验要求被试将缠着尼龙带的乒乓球投中圆靶的靶心。实验设定了三种难度水平：低难度组的被试要在距离3英尺①的地方投球，中等难度组和高难度组的距离分别是8英尺和18英尺。研究者预测，随着难度的提高，自我效能感会逐渐下降。但事实并非如此，从低难度到中等难度，爱好水平会随难度的提高而增加；而从中等难度到高难度，难度的提高反而导致爱好水平的下降。两个实验都表明，当人们对成功的可能非常自信时，自我效能感会降低爱好水平。

4. 自我效能感和职业爱好的未来研究方向

对于珍贵的斯特朗兴趣问卷（Strong Interest Inventory；Betz et al.，1996）而言，自我效能感RIASEC问卷的发展标志着自我效能感成为职业心理学的一个重要概念。为什么要研究自我效能感呢？职业心理学领域本来就没有多少可验证的爱好发展理论，更不要说既可验证又实用的理论了（Savickas，1999）。而社会认知职业理论是非常容易验证的，其主要假设也都得到了支持。我们回顾近期的研究发现，社会认知职业理论应该可以扩展来解释自我效能感与职业爱好之间复杂性的新证据。自我效能感的因果关系也需要更多的关注，它与爱好明显相关，一些实验也表明它能改变人们的爱好水平。此外，几乎没有研究检验过自我效能感通过结果预期而对爱好产生的间接影响（参见图7-4）。与相关研究相比（例如，Lopez et al.，1997），唯一的一项实证研究也没有发现结果预期对

---

① 1英尺＝0.3048米。——译者注

爱好有影响（Diegelman & Subich，2001）。最后，爱好与自我效能感的相互作用仍需进一步探索。一项研究发现自我效能感和爱好存在相互影响（Tracey，2002a），而另一项研究却发现这种相互作用的机制非常复杂（Nauta et al.，2002）。因此，我们仍需实验来分离它们之间的相互作用。

（三）总结

从职业爱好的起因中，我们能得到怎样的结论呢？尽管人们进行了一些尝试，但能力和爱好的研究最终还是以失败告终（例如，Randahl，1991）。如果没有一个清晰的理论来预测能力和爱好为什么相关以及如何相关，我们很难设计出深入、直接的研究。最近有研究者把能力的研究归属为自我效能感的研究（Brown et al.，2000），认为能力是通过自我效能感而间接地影响爱好的（Lent et al.,1994）。虽然仍有待进一步实证研究，但这种因果假设为今后的研究提供了一个框架。

自我效能感仍然是一个热门话题。伦特等人（Lent et al.，1994）提出的社会认知职业理论（是职业爱好发展的主导模型），表明一个清晰的理论是如何推动系统性研究的。在众多爱好发展的理论（参见第五、六章）之中，社会认知职业理论得到的验证可能是最全面的，许多研究结果都支持该理论，但仍存在一些问题。例如，能力与自我效能感的因果关系似乎比社会认知职业理论的预期更复杂。如果两者之间存在互相作用（Nauta et al.，2002；Tracey，2002a），我们就需要进一步拓展这个理论。同样，自我效能感对爱好的非线性效应（Lenox & Subich，1994；Silvia，2003）、爱好对自我效能感的间接影响（Diegelman & Subich，2001）都应得到更多的关注。

职业心理学仍没有将发展理论与结构理论联系起来，一组理论解释爱好是如何组织的，另一组理论解释爱好是如何发展的。这些领域能整合起来吗？虽然罗（Roe，1957）将爱好的一个结构理论与一个发展理论结合起来，但这个理论中的任何一个成分都没有得到研究的支持。这个爱好结构模型并不准确（Tracey & Rounds，1994），该理论中关于儿童的早期经历和成年爱好的假设也存在问题（Roe & Siegelman，1964；参见第五章）。与研究爱好发展的水平不同，探讨职业爱好结构的发展可能是整合结构与发展的一种方式（Tracey，2001；Tracey & Ward，1998）。特雷西（Tracey，2002a）发现，儿童早期的爱好结构与成人时期的爱好结构（如RIASEC）并不一样。研究爱好结构和自我效能信念的协同发展，也许是将结构问题与发展问题联系起来的一种方法。

四、本章小结和结论

本章中，我们探讨了职业心理学研究对爱好心理学所做的贡献。职业心理学的研究非常复杂，是折中主义的理论研究思路，重点探究心理学其他领域尚未解决的问题。职业心理学是兴趣心理学领域唯一探讨爱好结构的，也是唯一编制简单的量表来测量爱好的，最重要的是，它还是唯一系统研究爱好的起源的。根据爱好结构的新模型和有关爱好发展的研究，试想一下，十年后职业心理学会有怎样的发展呢？在此，我大胆预测：霍兰德（Holland，1997）的RIASEC模型会逐渐失色，最终被其他结构模型所替代；而且，社会认知职业理论模型会拓展更多的研究，揭示爱好对自我效能感的影响。我希望有更多的研究者用简洁的实证研究，而不是复杂的相关研究来检验自己的理论。

最近，许多人对职业心理学的科学前景持悲观态度（Gottfredson，2001；Savickas，1999；Walsh，2001），越来越少的研究生对这个领域的基础研究感兴趣（Krebs et al.，1991），一些人认为职业爱好咨询可能会成为心理咨询的边缘领域，这是它的历史根源（Tinsley，2001）。然而，作为一个旁观者，我认为职业心理学的理论意义不会改变。爱好结构新模型的提出（Tracey & Rounds，

1996b)、清晰的爱好发展理论的形成（Lent et al.，1994）以及对理论问题的验证（Nauta et al.，2002；Tracey，2002a）都表明了这个领域欣欣向荣，蓬勃发展。

然而，职业心理学的研究者还需要将自己与测评产业拉开距离，提高职业心理学的科学性。通往财富的道路和追求知识的道路也许会出现交叉，但毕竟目的地不同。心理学需要好的测量工具，而职业爱好评估则会赚很多的钱。当一个从职业爱好量表获利的人发表了一个有关该量表效度的研究，但又没有提及该量表给他带来的财富时，局外人对这个领域的科学可信度可能会有错误的观点。当一些研究者因为无法承受爱好测量的高昂费用而不得不缩减样本时（例如，Lenox & Subich，1994；Nauta et al.，2002），职业心理学研究者需要冷静地看待基础目标与应用目标的真实差异。

第三部分
扩展和结论

第八章　兴趣模型间的比较

到此为止，我们几乎全面地探索了兴趣心理学的各个领域。为了让内容更简单易懂，我们忽略了一些技术要点，避开了一些复杂的主题，本章将仔细讨论这些主要问题。在此之前，本书已经发展出了兴趣—爱好模型的简单视角。事实上，已有研究者提出了更复杂的模型，只不过我们还没有分析这些模型。例如，教育心理学家已经把情境兴趣和个体兴趣区分开来有一段时间了（Hidi，1990），而另一些研究者则提出，把兴趣分为认知性兴趣和情绪性兴趣会更有助于理解（Harp & Mayer，1997）。这些模型在研究中的效度如何呢？我们需要放弃原来简单的兴趣—爱好区分模式，换成一个更复杂的结构吗？有些人认为兴趣只不过是重要性的凸显或简单的注意，这些看待兴趣的方法是否可行？最后，兴趣通常被描述为内在动机的源泉，那么，究竟什么是“内在动机”？而兴趣是否是内在动机的源泉？对比分析这些模型可以加深我们对一些问题的理解，例如，人们是如何看待兴趣状态以及兴趣状态与人格特质间的关系的。

一、情境兴趣和个体兴趣

兴趣和爱好的区别是本书行文的组织主题。在本书第一部分，我们回顾了把兴趣作为一种情绪的研究，以及兴趣影响学习的相关研究。在本书第二部分，我们分析了长期爱好在人格领域中的作用，特别是爱好的发展。兴趣—爱好模型和我们尚未讨论过的更早的模型比较类似。苏珊娜·希迪（Suzanne Hidi，1990）在一篇关于兴趣心理的开创性文章中，提出了一种区分情境兴趣和个体兴趣的理论框架（参见 Hidi & Baird，1988）。她的理论为兴趣研究提供了框架，并促进了20世纪90年代兴趣研究在教育心理学领域的大爆发。

兴趣和爱好之间、情境兴趣和个体兴趣之间的区分有很多相似之处，两者产生的动机相同，并且有相似的假设。既然如此，我们为什么要采用新的术语呢？下面，我们将试着理解这两种区分方式之间细微但非常重要的不同。你会发现，情境—个体兴趣理论的构架比它看起来要复杂得多，研究者们尝试拓展并修订希迪（Hidi，1990）的研究取向。现在，是时候解决这些技术性问题，分析这些构建兴趣和爱好的不同方法。

（一）情境兴趣、个体兴趣和现行兴趣

情境—个体兴趣模型假定有三种兴趣类型（参见Krapp，Hidi，& Renninger，1992）。第一种是个体兴趣，即个体对特定领域产生兴趣的特质倾向（Renninger，2000）。这一概念代表了人们感兴趣事物的个体差异。当一个拥有个体兴趣的人正好遇到对应这个兴趣的事件时，第二种兴趣类型——现行兴趣（actualized interest）就产生了，潜在的兴趣倾向变成了外显的、短暂的兴趣状态。第三种兴趣类型和前两种兴趣类型都不相同，第三种兴趣类型是情境兴趣，这是一种由活动或者事物的外显方面引起的兴趣状态。情境兴趣由很多因素引起，如复杂性、新颖性、不确定性、冲突性，还有诸如性与暴力等内在的情绪性内容（Hidi，1990；Hidi & Anderson，1992）。

像兴趣—爱好模型一样，情境—个体兴趣模型根据兴趣是稳定的还是短暂的倾向来区分兴趣。在这个普遍水平上，这两种区分方式是一样的。但是，和兴趣—爱好模型不同，情境—个体兴趣模型会把短暂的兴趣分为两种类型：第一种是情境兴趣，由外显因素（例如，人们遇到了新鲜复杂的事物）所引起；第二种是现行兴趣，由特质的兴趣倾向（例如，某人对变戏法感兴趣而又碰巧在看电视里的魔术表演）所引起。模型中的术语不仅指兴趣的不同成因：这个模型认为存在两种不同的兴趣状态，而不仅仅是一种状态的两种来源。例如，克拉普等人（Krapp et al.，1992）宣称："虽然现行兴趣和情境兴趣在兴趣体验上十分相似，但目前还没有证据表明这两种兴趣状态的心理机制和效应是相似的，甚至没有证据表明它们是可以类比的。"(p. 10）同样，希迪和安德森（Hidi & Anderson，1992）认为："一个迄今为止未被思考过的重要问题是，如何把由情境因素引起的兴趣的心理状态和由个体特质倾向引起的兴趣的心理状态区分开来。"（p. 219）

在其他研究中，情境兴趣和现行兴趣是否分属不同的类型尚不明确。例如，鲍默特和科勒（Baumert & Köller，1998）提出了一个类似的情境—个体兴趣模型。在他们看来，个体兴趣活跃起来时会产生现行兴趣状态："在人们出于兴趣而行动时，潜在兴趣倾向（特质）变成了现行兴趣（状态）。"（p. 242）之后他们提出："现行兴趣必须与情境兴趣加以区分，现行兴趣也应该概念化为一种现象状态。但是，和现行兴趣相对，情境兴趣由外在刺激（情境和客体的趣味性）所引起。"（p. 242）两种兴趣状态——情境兴趣和现行兴趣——被认为有不同的来源，但目前我们还不明确它们是否为不同类型的兴趣。

施罗和莱曼（Schraw & Lehman，2001）提供了一种有关情境兴趣和个体兴趣的最为复杂的分类方法。图8-1描绘了他们的模型。个体兴趣（他们称之为个人兴趣）由潜在兴趣和现行兴趣组成。潜在兴趣包括感觉相关的方面（如流畅感和胜任感）和价值相关的方面（如一个活动的个人意义）。现行兴趣是一种短暂的"有特定主题的动机状态"（p. 30）。他们对研究进行回顾并得出结论："性质不同的兴趣是存在的，个人兴趣是稳定的、基于个人先前经验的、有特定主题的，情境兴趣是短暂的、依赖于情境的、更容易操纵的。"（p. 41）像鲍默特和科勒（Baumert & Köller，1998）一样，施罗和莱曼（Schraw & Lehman，2001）对现行兴趣和情境兴趣进行了区分。在他们看来，这两种兴趣都是短暂的动机状态，但是情境兴趣主要是由让人感兴趣的事物的外在特征决定的。他们认为这两种兴趣类型主要是成因不同，而非性质不同。

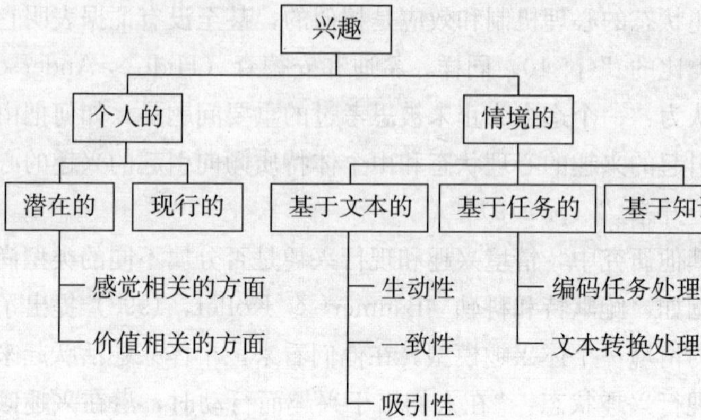

图8-1 情境—个体兴趣的复杂模型

（Schraw & Lehman，2001）

最近，希迪（Hidi，2000，2001）建议将“兴趣的心理状态”（psychological state of interest）作为一个新的术语。她认为：“兴趣的心理状态指个体兴趣的现行状态（例如，Krapp et al.，1992）。但是，我认为这种状态可能是多种兴趣形式的结果，所以我更倾向于用兴趣的心理状态这个术语。”（Hidi，2000，p. 311）希迪替换掉现行兴趣这一概念，解决了两种兴趣状态（一种是倾向性的，另一种是情境性的）的问题。然而，这个新的术语使情境兴趣和兴趣的心理状态之间的关系变得很复杂。“情境兴趣引起兴趣的心理状态”这一说法听起来比较奇怪——兴趣的一种状态能够引发兴趣的另一种状态吗？情境兴趣不再是“在情境中感到的兴趣”或者“情境因素引发的兴趣”，而变成了“使人感兴趣的事物”。

（二）对情境—个体兴趣模型的评价

到目前为止，大家应该明白为什么我们到现在才开始讨论情境兴趣和个体兴趣。这种区分很难评论，因为有数个有关情境兴趣和个体兴趣的模型出现在出版物中。例如，一些研究者把现行兴趣纳入自己的模型中，而另一些研究者则没有（Hidi，2000）。即便研究者采用相同的概念，他们对于概念的定义通常也不一样。一些研究者把个体兴趣定义为一种持久的倾向而非一种状态，而其他研究者则把它定义为“既是一种心理状态，也是一种持久的个人倾向”（Renninger，2000，p. 375）。考虑到这种多样性，研究者应该尽量避免谈及情境兴趣和个体情绪的区分。

那么，我们应该摒弃这个旧模型而支持兴趣—爱好模型吗？这取决于如何使用旧模型。我们需要一种类似于区分情境兴趣和个体兴趣的方法。如果兴趣心理学不能区分暂时经历和长期倾向，那么，实证研究则很难开展，结果也难以解释。从更广泛的水平上看，把兴趣区分为情境兴趣和个体兴趣很好地促进了兴趣心理学的发展。如果我们只是从概括化的水平来区分的话，情境—个体兴趣模型和兴趣—爱好模型同样有效。

但是，如果我们想用情境—个体兴趣模型来对兴趣的性质做出具体的预测，那么，这个模型尚待实证检验。这个模型中某些细节是站不住脚的，或者没被检验过。其中最具争议性的预测——现行兴趣和情境兴趣是不同的主观经验——仍未被验证和解决。这是一个强有力的观点，因此也需要强有力的证据来证明。负面的论据——例如，“还没有证据表明两种兴趣的心理过程及其效应是相同的，或者是可以比较的”（Krapp et al.，1992，p. 10）——不能替换成积极的证据。或许这个观点还有探讨的余地。情境兴趣和现行兴趣的区分对实证研究没有任何影响，也不能把相互竞争的理论区分开来。

情境—个体兴趣模型最大的缺陷在于有关情境兴趣的不合情理的观点。希迪（Hidi，2000）认为情境兴趣是由一些外部因素造成的，这些因素会使大多数人产生兴趣。而情绪的评价理论（参见第二章）认为这种说法是带有误导性的，因为兴趣不是来自情境，情绪的产生源自对事件的解读，而不是事件本身（Lazarus，2001）。

对同一个事件会产生不同的情绪反应，是情绪心理学中的一个基本的数据模式。我们很难找到一个事件能让每个人都体验到悲伤、快乐或兴趣。评价理论可以很容易地解释这种差异性，即产生情绪的思维模式存在个体差异（Roseman & Smith，2001）。把兴趣称为“情境的”、把兴趣归因于外部因素，无疑掩盖了兴趣产生过程中评价因素的作用（参见第二章）。

情境—个体兴趣模型对兴趣的本质做出了不同的假设。该模型把兴趣看作一种情绪，这就意味着它应该有很多情绪的特点，如评价结构、面部表情或声音表情、在婴幼儿早期出现、普遍性、跨物种的相似性、经验性、功能性和动机性。情境兴趣虽然有各种各样的定义（参见 Hidi，2000；Krapp，1999；Schraw & Lehman，2001），但还没有一种定义强调兴趣的情绪特征。这种兴趣观点也没有预测兴趣应该有哪些情绪特征（参见第一、二章）。

进一步说，兴趣—爱好研究取向能够把兴趣和其他情绪放到一个连续体上，这个术语能很方便地描述兴趣是如何参与特殊动机发展的（参见第六章）。例如，“情境恐惧”和“情境喜悦”将会变得非常烦琐，但比较合理。“现行恐惧”与恐惧情绪，“现行喜悦”与喜悦情绪，两者是不同的问题。在情绪心理学中，没有哪个理论或发现支持把情绪划分成“情境的”和“现行的”两种类型。考虑到没有证据表明情境兴趣和现行兴趣之间存在差异，因此把情境—个体的区分直接应用于其他情绪是不成熟的。同样，把情境情绪和兴趣的心理状态的区分（Hidi，2000，2001）应用于其他情绪也不是很恰当。比如，“情境恐惧”导致“恐惧的心理状态”这种说法让情境恐惧听起来像是“使人们害怕的事物”。

（三）另一种选择

针对情境—个体兴趣区分模式的混乱状态，兴趣和爱好的区分模式是简单的、更具普遍性的替代选择。最开始的情境兴趣和个体兴趣的区分模式确实澄清了一些问题（Hidi，1990；Krapp et al.，

1992)，推进了兴趣和学习的研究。但是，多年之后，这种区分已经演化成一类相关的变体，其中每个变体都有一组稍微不同的概念。进一步说，这个模型早期的许多观点（如“现行兴趣”和“情境兴趣”的不同）或被摒弃，或在研究中加以改进（例如，Hidi，2000)。这种状态不会进一步促进对兴趣的研究。由于这些原因，我们需要把研究重新定位在一个更为简单的兴趣—爱好模型上。

表8-1显示了兴趣和爱好的概念是如何组织和代替旧术语的。“兴趣”一词在表示一种状态时，取代了“兴趣的心理状态”（Hidi，2000)、“现行兴趣”以及“情境兴趣”（Krapp et al.，1992；Schraw & Lehman，2001)。“爱好”一词表示个体对某一活动持久的爱好，取代了“个体兴趣”（Krapp et al.，1992）和“个人兴趣”（Schraw & Lehman，2001)。当人们使用“情境兴趣”来表示兴趣感觉的成因时（Hidi，2000)，我们不需要替换它，只是简单地说明“兴趣的成因”就足够了，或者更好的做法是附加说明产生兴趣感的评价过程。

表8-1　根据兴趣和爱好的概念重新界定情境兴趣和个体兴趣

旧术语	新术语
兴趣的心理状态	兴趣
状态兴趣（作为一种状态）	兴趣
现行兴趣	兴趣
个体兴趣	爱好
个人兴趣	爱好
情境兴趣（作为兴趣状态的原因）	兴趣的成因

二、兴趣和好奇心

兴趣和好奇心的区分是复杂且有争议的，一些研究者认为兴趣和好奇心是两种不同的动机状态，会导致不同的情绪后果。例如，里夫（Reeve，1996）认为兴趣是一种积极状态，具有趋近性动机，而好奇心是一种厌恶状态，驱动个体减少这种状态，满足这种认知渴望。利特曼和金默森（Litman & Jimerson，2004）提出了一种相似的理论，用以区分两种不同的特质好奇心。第一种好奇心作为一种兴趣感觉，包括唤起和积极的情绪体验；第二种好奇心是一种剥夺感觉，包括对不确定性的厌恶感（Litman，2005）。在有关阅读的研究中，希迪和贝恩多夫（Hidi & Berndorff，1998）认为兴趣和好奇心有很多相似之处，但引起兴趣的原因更广泛。

其他研究者把兴趣和好奇心当作同义词。例如，伯莱因经常交替使用这两个术语，他还使用与兴趣和无聊有关的问题来测量好奇心（例如，Berlyne，1949，1974d）。不管结果如何，大多数研究者会把兴趣和好奇心研究混为一谈，并将两者等同起来（例如，Kashdan，2004；Sansone & Smith，2000b）。例如，在本书中，我们对好奇心的研究进行了完整的讨论。事实上，兴趣心理学的大多数研究都是在好奇心的标签之下开展的，如特质好奇心的研究（第四章）和兴趣成因的研究（第二章）。

那么，兴趣和好奇心是一样的吗？当我们面对冲突的观点时，首先要做的就是找证据。有支持区分兴趣和好奇心的研究吗？尽管有很多理论都主张兴趣和好奇心是不同的，但是，事实上，目前并没有强有力的证据。迄今为止，所有关于兴趣和好奇心不同的观点都是理论上的、带有推测性质的。研究者对它们之间的差异争论过，但还没有开展研究来支持自己的观点。有一个例外，利特曼和金默森（Litman & Jimerson，2004）研究了两种不同的特质好奇心，但这个研究也没能阐明兴趣的主观经验与好奇心的主观经验有何不同。

最近的一个实验对一些理论家颇有启发，尽管缺乏证据，这些理论家把好奇心看作是令人厌恶的。威尔逊等人（Wilson，Centerbar，

Kermer，& Gilbert，2005）的研究表明，关于好奇心的直觉性观点可能是错误的。这个实验是一个系列研究中的一部分，该实验阐明了为什么人们对于情绪的看法通常是错误的（Gilbert & Wilson，2000）。人们对于在某一情境中预期的感受通常和他们在真实情境中的感受不同。为了考察人们对不确定性的预期反应和真实反应的差异，研究者让被试完成一个虚拟的印象形成任务（Wilson et al.，2005，实验 3）。被试在电脑前与几个虚拟人物互动，几个虚拟人物把被试当成是“最好的朋友”，研究者操纵情境的不确定性。一组被试知道哪些人挑选了自己；另一组被试不知道哪些人挑选了自己，因此而感到好奇。

哪种情况会让人感到更开心？当得知自己被挑选为最好的朋友时，所有组都一样高兴，但是，之前不知道哪些人挑选了自己的那一组的愉快情绪持续的时间比另一组长 15 分钟。当人们知道谁挑选了自己以后，积极情绪会随时间而持续下降；当人们不确定谁挑选了自己时，这种情绪保留得更持久。这一结果清晰地表明，和世俗的看法正好相反，人们享受好奇的过程。研究者询问另一组不同的被试，他们在哪一种情况下会更开心。具有讽刺意味的是，所有人都回答说自己在知道的情况下会感到更开心。虽然人们认为好奇心会让人感到厌恶，这与理论学家的观点一致；但事实证明，人们在一个让其好奇的环境中会感觉更快乐。

兴趣和好奇心的区分可能是基于日常言语中对兴趣和好奇心的不同使用。人们经常会使用好奇心指代那些还没有发生的事，或还不知道的知识。相反，兴趣经常用来指代正在发生的事或者已经发生的事。人们说自己对一部新电影很好奇，而他们在看完电影之后，会说这部电影很有趣。但是语言上的不同，并不总是反映心理上的不同——只从语言上来研究会使科学误入歧途。在研究中，我们面临的挑战是，找出它们在评估结构、主观特征和动机后果中真正的差异。迄今为止，还没有证据表明兴趣和好奇心的差异，所以把它们等同起来似乎也是合乎情理的。

三、认知性兴趣和情绪性兴趣

兴趣也有不同类型吗？迄今为止，我们都假定兴趣情绪是一个统一体，情绪独立于引发它们的事物并保持自身的核心特性（Ekman，1992；Tomkins，1962）。人们也许会在某些情境中感到兴趣，而在另一些情境中没有这种感觉，但是从根本上说，兴趣的情绪性质是相同的。这是我们质疑前面提到的现行兴趣和情境兴趣（Krapp et al.，1992）属于不同状态的理由之一。

金奇（Kintsch，1980）在阅读背景下，对认知性兴趣和情绪性兴趣做了区分。他认为认知性兴趣来自故事的组织结构方面："一个故事可能会因为其对事件的复杂描述手法，或者因为其包含某种惊奇的元素，或者因为讲故事的方式而变得有趣。"（p. 88）而情绪性兴趣来自一个故事"直接的情绪影响"（p. 88），例如，故事所描绘的是暴力、性等唤起程度高的主题。虽然金奇的论述强调了认知性兴趣，但是并没有太强调这两种兴趣的区分。他强调了让人感兴趣的故事同时包含这两方面的兴趣。没有情绪要素，一个结构严谨的故事也会变得很无聊；没有对于角色和事件清晰的描绘，情绪要素看上去会变得毫无意义。此外，虽然他没有明确说明，但是他的论述暗示两种兴趣的分类反映了兴趣的两种不同成因，而并不是两种不同的兴趣本身。希迪和贝尔德（Hidi & Baird，1986）就这一点进行了详细的阐述，认为在兴趣产生过程中，认知性兴趣和情绪性兴趣涉及的信息类型是不同的。认知性兴趣来自故事本身所包含的信息，如故事结构和它形成的悬念；情绪性兴趣要求预先有背景知识，如具有普遍意义的生命主题。但是，这两种来源导致了同一种兴趣状态。

尽管有些研究者根据金奇的论述对兴趣做出了概括性的解释，但是他的区分并不流行。哈普和迈耶（Harp & Mayer，1997，

1998）认为，认知性兴趣和情绪性兴趣对于文本理解有相反的作用：认知性兴趣促进学习，情绪性兴趣损害学习。结合我们在第三章讨论的关于兴趣和学习的研究，这是一个值得注意的观点。如果研究者混淆了这两种相反类型的兴趣，那么我们预计没有多少研究能验证兴趣和学习的关系。是否有证据支持这个假设呢？

在唯一的一个有关认知性兴趣和情绪性兴趣的实验中，哈普和迈耶（Harp & Mayer，1997，研究 2）评估了人们在阅读文章时是否区分认知性兴趣和情绪性兴趣。实验让大学生们阅读一篇解释雷电成因的科学文章，并在原始文本中添加了几个要素。首先，通过几幅描绘雷电形成过程的简单插图，来说明其主要观点。其次，加入一些诱惑性要素——让人感兴趣的但不重要的细节，如生动的图片或有趣的逸事（参见第三章）。阅读者评估每个要素的认知性兴趣和情绪性兴趣。测量认知性兴趣的项目有两个：“这个材料在多大程度上帮助你理解闪电形成的过程？”“这个材料在多大程度上帮助你组织了闪电形成的步骤？”情绪性兴趣用另外两个项目来测量：“这个材料让你感兴趣的程度如何？”“这个材料让你愉悦的程度如何？”

在描述结果之前，我们应该先来考虑一下，这些术语是如何描述认知性兴趣和情绪性兴趣的。情绪性兴趣的测量抓住了大多数研究者所认为的兴趣的内涵：它涉及读者对于材料的积极情感反应。而认知性兴趣的测量和情绪反应没有关系，只是测量了材料与雷电成因相关程度的个人评价。如果阅读者评价插图有很高的认知性兴趣，他们只是简单地认为插图帮助自己理解雷电形成的过程；他们不会描述由该插图引发的内在状态。

当我们厘清了认知性兴趣和情绪性兴趣的内涵后，实验的结果就显得没有那么重要，而且带有循环论证的色彩。首先，有关雷电成因的材料（原始文本和总结性插图）被评价为认知性兴趣高于情绪性兴趣，即人们认为雷电成因的说明帮助自己理解了雷电成因。

其次，传递愉悦信息的材料（一些无关但令人愉悦的图片和小故事）被评价为情绪性兴趣高于认知性兴趣。换句话说，与雷电成因无关的材料对理解雷电成因帮助不大。

把兴趣区分为认知性兴趣和情绪性兴趣突出了一种显而易见的观点：认知性兴趣对内容的理解有更大的作用（Harp & Mayer，1997）。在一个实验（Harp & Mayer，1997，研究 1）中，与雷电成因有关的文本要素（表面上看，是认知性兴趣的来源）比那些让人感兴趣但无关的文本要素（情绪性兴趣的表面来源）更能促进人们对材料的回忆。哈普和迈耶推断："在理论层面上，这个研究提供了支持认知性兴趣优于情绪性兴趣的重要证据。"（p. 100）让我们再来仔细看一下实验程序，忽视该实验结果。如果把认知性兴趣定义为材料和文章主旨的相关程度，用回忆文章主要观点的成绩来衡量对文章的理解程度，那么得到认知性兴趣增强记忆效果的结论就是真实而平凡的：强调主要观点可以促进人们对主要观点的记忆。根据不同的兴趣类型来标示心理过程，会使实验看上去远比实际要复杂。

那么，我们对于认知性兴趣和情绪性兴趣的区分能够得出什么结论呢？只有两个实验评估了这种区分的有效性（Harp & Mayer，1997），仔细观察这些研究，我们就会发现它们存在的致命缺陷。当我们分析认知性兴趣和情绪性兴趣的测量方式时，我们发现：（1）情绪性兴趣就是其他人所指的兴趣本身；（2）认知性兴趣根本就不是兴趣，而是文章主要观点的相关物。此研究给兴趣的认知—情绪理论打下了一个很不牢固的基础。

除了缺少实证支持，概念方面的原因也限制了这种区分。首先，认知性兴趣和情绪性兴趣的区分掩盖了其他的情绪。对情绪性兴趣中的所有情绪元素进行分类，也就是把悲伤、恐惧、愉悦和其他情绪归入同一类。对情绪和文本加工的完整理解需要一个比"兴趣"（认知性兴趣）和"其他情绪"（情绪性兴趣）更有区分度的框架。其次，这种区分方法对一切让人感兴趣的事物都适用还是只适用于让人感兴趣的文本资料？我认为兴趣心理学还没有准备好把认知性兴趣和情绪性兴趣应用在图片和抽象观点上，或应用到学术和职业领域中。把一种情绪起因或情绪本身归类为认知和情绪类型，只能增加理论的复杂性，并不会产生新的见解或预期。最后，曾经有一段时间，心理学家把认知和情绪当作对立的（Leeper，1948），但这个时期已经过去了。根据当代认知—情绪的交叉研究，把认知和情绪对立起来似乎没有什么意义。

四、兴趣和重要性

兴趣有时会等同于某个情境的重要性。例如，某人说某件事让他很感兴趣，在这种意义下，仅仅指这件事对他很重要。奥托尼和特纳（Ortony & Turner，1990）反对把兴趣看作一种情绪。他们认为："如果某人回家发现家里失窃了，那么他肯定有强烈的兴趣想知道这是谁干的。"（p. 318）我们有很好的理由来区分兴趣和重要性，正如曼德勒（Mandler，1982）说的："让人感兴趣的事并不总是有价值的，而有价值的事未必总是让人感兴趣的。一个方形咖啡杯可能是让人感兴趣的，但并没有特别的价值，而一个好用的工具是比较有价值的，但可能不是让人特别感兴趣的。"（p. 12）根据重要性来解释兴趣是很可笑的。许多让人感到有趣的事情是杜撰、幻想和假设出来的，如电影和文学作品里的故事（Tan，2000），目前还不清楚这些事情的重要性意味着什么。

几个领域的相关研究发现兴趣和重要性是不同的。在第三章，我们看到兴趣和重要性是文本的不同方面（Alexander & Jetton，1996；Hidi，Baird，& Hildyard，1982；Wade，2001）。文本包含让人感兴趣的成分，也包含重要性的成分；然而，让人感兴趣的成分不一定是重要的。例如，一项研究发现，在一篇有关昆虫的文章中，核心观点是非常重要的，但一点儿也不令人感兴趣。相反，关于昆虫的新颖观点是让人感兴趣的，但对文章和阅读者的目的来说可有可无（Garner，Gillingham，& White，1989）。文本理解的实验也表明，我们会以不同的策略加工让人感兴趣的句子和重要的句子（Shirey，1992）。一项推论表明，如果让人感兴趣的材料和重要的材料处于分离的状态，则让人感兴趣的材料更容易被记住（Goetz，Sadoski，Fatemi，& Bush，1994；Sadoski & Quast，1990）。

评价性的研究也表明，兴趣不仅仅是重要性。在一个积极情绪的研究中，一个情境的重要性可以预测若干种情绪的出现，包括惊奇、自信和兴趣（Ellsworth & Smith，1988）。但重要性并不是预测兴趣的唯一变量。桑索内和史密斯（Sansone & Smith，2000a）通过一系列实验，分析人们如何激励自己完成冗长乏味的工作。他们发现，操纵一项工作的重要性并不一定带来兴趣。如果一项乏味的工作是重要的，人们则经常会使用一些策略让工作更有趣。相应的，使用这些策略会增加兴趣感。

总之，兴趣和重要性常常以一种有趣且复杂的方式联系在一起（例如，Sansone & Smith，2000b；Wade，2001），但它们是完全不同的结构。将兴趣和重要性等同起来，会使它们的关系含混不清，并且与其他几个心理学领域的研究结果互相矛盾。

五、兴趣和注意

一些研究者认为兴趣属于注意的范畴。例如，威尔逊（Wilson，1971）声称："感兴趣，并不是一种感觉、情绪、心境，或者用来获取或重现快乐的倾向，也不是一种冲动或习惯。与之相反，它是一种倾向：连续性的注意和关注某件事，并尝试与该事件中的有趣特征建立一种积极的关系。"（pp. 49-50）兴趣明显地包含注意。在评价研究中，史密斯和埃尔斯沃思（Smith & Ellsworth，1985）发现，根据注意的等级可将兴趣从其他情绪中区分开来（Ellsworth & Smith，1988）。兴趣经常通过视觉注意来测量（Berlyne，1971a；

Silvia，2005c)。一项以婴儿为被试的研究发现，人脸和客体的视觉注意效应会受到兴趣面部表情的调节（Langsdorf，Izard，Rayias，& Hembree，1983；参见第一章）。新颖性唤起了兴趣表情，同时感兴趣的表情也预测了对物体的注意时间。

但兴趣不仅仅是注意，一系列的研究反对将二者等同。首先，操纵兴趣并不必然能增加注意。兴趣和阅读的相关研究发现，一段文字的有趣程度并不能简单地增加对其所投入的注意（Hidi，1995；Shirey，1992）。事实上，一些实验表明，相比不感兴趣的段落，人们对感兴趣的段落投入了更少的注意（McDaniel，Waddill，Finstad，& Bourg，2000；Shirey & Reynolds，1988）。如果兴趣增加了，而注意减少了，那么很明显，注意和兴趣是不同的。其次，许多情绪都与注意有关，两者的关系是认知和情绪研究中最有趣的一些发现。例如，快乐和悲伤会影响人们控制注意的能力（Gray，2001；Kensinger & Corkin，2003；Phillips，Bull，Adams，& Fraser，2002），恐惧会影响潜在威胁刺激的前注意性加工（Öhman，2002；Öhman，Flykt，& Esteves，2001）。总的来说，根据注意来重新界定兴趣是值得怀疑的。这两个概念在功能上密切联系，但是将它们等同起来似乎是没有根据的。

六、兴趣和内在动机

在心理学领域，兴趣研究的兴起是一个重大的转变。20 世纪 50 年代，动机的内驱力理论开始衰落，部分是因为好奇心和探索的早期研究（Harlow，1953)，它们打开了通向内在动机理论的大门。半个世纪后，内驱力理论只存在于动机心理学教科书中。动机心理学本身已经同化到心理学的其他领域，尤其是社会心理学、人格心理学和情绪心理学。相比之下，内在动机理论却依然生机勃勃（Sansone & Harackiewicz，2000)。内在动机理论是一组多样的理论群，强调生物性需求（Deci & Ryan，2000)、目标的不同种类和结构（Shah & Kruglanski，2000）、自我调节过程（Bandura，1997）和兴趣（Izard，1977；Sansone & Smith，2000a，2000b）。

凭直觉来看，兴趣似乎是内在动机的基础。然而，将兴趣理论与内在动机理论联系起来似乎很难；这些概念，像心理学领域的很多关键概念一样，多年以来包含许多含义。我们将重点关注兴趣和自我决定理论（self-determination theory；Deci & Ryan，1985，2000；Ryan & Deci，2000），而不是厘清兴趣和内在动机的所有交叉点。撇开研究最为广泛的内在动机理论，自我决定理论对于兴趣在内在动机中的作用做了明确的阐述（Deci，1992，1998；Deci & Ryan，2000；Krapp，2002a）。内在动机理论的其他观点，可以在其他综述中找到（Deci，1975；Fiske & Maddi，1961b；Hunt，1971）。

根据自我决定理论，动机的基本维度是：活动是否由自己决定。如果人们认为活动是自己决定的，则“他们的行为具有自主性、能动性和自治性，他们完全愿意参与到这些活动中，仿佛这些活动是‘我是谁’的一种表达”（Deci，1998，p. 147）。人有两种自我决定的活动。第一种是内在动机活动。德西和瑞安（Deci & Ryan，2000）断言，“内在动机行为源于兴趣，而且不会考虑后果”（p. 233）。内在动机代表了一组广泛的自我奖励活动的类别，这些活动的基础是兴趣、快乐、沉浸感和需求的满足（Deci & Ryan，2000；Nix，Ryan，Manly，& Deci，1999；Reeve，1989；Ryan & Frederick，1997）。因此，兴趣是内在动机的一个主要组成部分。事实上，自我报告的兴趣是内在动机的一个常用测量指标（Hidi，2000）。

第二种自我决定的活动是整合性调节。在这类行为中，人们已经完全把活动的价值内化。一项任务可能无聊、沉闷并令人反感，但不管怎样，人们真的愿意去做。整合性调节是一种外在的驱动力——人们做这件事并不是因为对这件事有兴趣。行为是自我决定的，因为人们觉得好像自己在有条不紊地表现真实的自己，不同于为了得到物质奖励或取悦他人而做出某种行为。正如德西（Deci，1998）所解释的："内在动机和整合性调节是不同的，内在动机驱动的行为是因为其有趣而实施，而整合性调节的行为是因为其个人化价值而实施"（p. 149）。

最近的研究描述了兴趣和内在动机的另一个方面。德西和瑞安（Deci & Ryan，2000）认为，唤起和维持内在动机需要不同的内部过程（参见 Mitchell，1993）。他们认为，维持内在动机，需要一项活动能满足有机体对自主和胜任的需求。新颖性和复杂性变量会激发兴趣，但只有需求满足可以维持内在动机。有实验间接支持了德西和瑞安的假设。里夫（Reeve，1989）发现兴趣和快乐来源于活动的不同方面。字谜游戏任务的复杂性和新颖性可以预测兴趣感，但不能预测快乐感，这一点与我们认为兴趣和快乐是不同情绪的观点相符（参见第一章）。相较之下，知觉到对某一活动的胜任感可以预测快乐而非兴趣，这项发现支持了德西和瑞安的预测。新颖性和复杂性激发了兴趣感，活动中的胜任感增强了快乐的感觉。但我们还需要一些研究来更为直接地检验这个预期。

七、本章小结和结论

本章提到了一些有关兴趣本质的精致观点，我们将本书提出的兴趣—爱好模型与一个更早的情境—个体兴趣模型进行了对比。总的来看，情境兴趣和个体兴趣的区别与兴趣和爱好的区别是平行的。然而，在细节方面，情境—个体兴趣模型构建了一些不大可能的预期（如两类状态兴趣，现行情绪和情境兴趣），这些预期尚未得到实证检验。其他研究结果认为，兴趣可以区分为认知性兴趣和情绪性兴趣两种类型。这种区分模式同样没有良好的研究支持，并且它把许多积极和消极情绪归入"情绪性兴趣"的范畴。我们检验了兴趣和好奇心、注意、重要性的关系，探讨了兴趣在内在动机中的作用。研究表明，兴趣是内在动机的根源之一（Deci，1988）。

至此，我们结束了对兴趣心理学的探索。在最后一章，我们将总结回顾主要观点，并指明未来重要的研究方向。

第九章 结论：回顾过去，展望未来

本章是我们兴趣心理学探索之旅的终点站。在探究了兴趣的多个领域后，现在是时候盘点之前的研究，考虑下一步的方向了。在本章中，我们首先回顾贯穿整个兴趣研究领域的经典主题。这些研究领域有什么共同点？然后，我们展望兴趣研究的未来。我们非常好奇：十年后，兴趣心理学究竟能发展到何种程度，会怎样发展？

一、回顾过去

兴趣研究最显著的特点就是多样性。兴趣已经在心理学的许多领域占有一席之地，兴趣心理学跨越了几乎没有共同点的诸多心理学领域——研究职业生涯决策的咨询心理学家和研究文本加工的认知心理学家极少会出现在同一本书里。这种多样性使兴趣领域的研究既趣味十足，又充满挑战。总结兴趣庞大的理论体系是很困难的，但是我们仍可从中捕捉到几个重要的主题。

首先，在本书中，我们已经看到了情绪评价理论是如何把兴趣心理学的不同领域联系起来的。现在，不仅仅要把兴趣当作情绪来研究了；同时，当一个兴趣评价模型被采用时，许多让人感兴趣的新预测也会随之而来。什么使事情变得让人感兴趣？评价理论为此提供了一种新模型（Silvia，2005c）。什么使文本变得让人感兴趣（第三章），什么使艺术变得让人感兴趣（Silvia，2005a，2005b），什么使其他事情变得让人感兴趣？评价模型也对此做出了新的预测。兴趣和评价的研究，强化了把兴趣当作一种情绪来研究的方式（第一章），对以往兴趣模型一直努力解决的问题进行了处理（第二章），并提供了一个文本兴趣的新的视角（第三章）。评价理论也延伸到了职业兴趣的研究领域。自我效能感能够可靠地预测职业兴趣，尽管它们之间的因果关系不太明确，但一些研究表明：自我效能感会使职业兴趣增加（Luzzo，Hasper，Albert，Bibby & Martinelli，1999；参见第七章）。正如我们在第二章和第三章所看到的，被评价为潜在可理解的东西，可以增加对文本和图片的兴趣。职业活动中的爱好发展问题也很可能与评价过程有关。

其次，兴趣心理学中许多领域的研究者都认为，兴趣在动机中扮演了建设性的角色。兴趣被认为是“做事情”，这些“事情”在不同的心理学领域非常类似。情绪研究者声称，兴趣提高了学习和探索的动机（Fredrickson，1998；Izard，1977），并且有情绪研究表明，兴趣预测了探索行为和投入行为（第一章）。动机心理学的研究者也同意这个观点，他们的实验表明，兴趣促进了目标的实现（Sansone & Smith，2000b）。教育研究表明，学生更容易学习自己感兴趣的文本（Schiefele，1999），在让人感兴趣的课堂上会有更好的表现（Schiefele，Krapp，& Winteler，1992），并且根据是否感兴趣做出重要的学习选择（Köller，Baumert，& Schnabel，2001）。人类发展的研究表明，持久的爱好能铸造一生的成就（Rathunde，1995，1998）。以爱好为基础的职业决策，可以提高个体找到既让自己有动力又有意义的工作的可能性（Fouad，1999；Swanson，1999），而且工作的内在动机是以兴趣感为特征的（Fisher & Noble，2004）。心理学的各个领域对此的认同程度是惊人的一致，这便证实了霍尔特（Holt，1967）的观点，即“好奇心总是会有用的”(p. 187)。

最笼统地讲，我们已经看到联结情绪和人格的认知—情绪模型的前景。兴趣心理学来自几个不同的领域，如教育（Dewey，1913）、咨询和测评（Strong，1943）、文本加工（Hidi，Baird，& Hildyard，1982）、行为主义（Berlyne，1960）和情绪（Tomkins，1962），还来自以往积累的不同文献资料。因此，兴趣研究要发展出能覆盖所有领域的一般模型是十分困难的。尽管发展“兴趣的一般理论”也许是不可能和不切实际的，但是，有一点非常明显，那就是心理学的不同领域之间是可以互相学习借鉴的。

二、展望未来

兴趣心理学亟待发展，但是，正如林（Ring，1967）所指出的，研究可能会向外扩展，而非向纵深发展。为了防止科学研究的“城市扩张”（urban sprawl）现象，即研究者各自为政，开辟互不相关的领域，下面重点介绍一些值得进一步研究的问题。

（一）兴趣的情绪方面

关于兴趣的情绪特征，我们需要了解得更为深入。情绪的现代理论认为情绪包括几个成分，如评价、生理、面部表情、主观体验，以及一个连贯的组织成分（Ekman，1992；Scherer，2001a）。第二章回顾了兴趣构成成分的研究现状，而一个特别重要的研究方向是确定兴趣的生理及表情成分。在兴趣的面部表情方面只有少数几个实验研究，研究者需要跟进综合性的研究，特别是从生理学的角度测量面部运动的研究。兴趣的表情成分可能是比较微妙的，因而不太适合让观察者对录像中的表情进行编码（例如，Reeve，1993）。

如果我们可以找到可靠的兴趣表情，或许可以将其与产生兴趣的评价联系起来。持评价理论的研究者认为，一个表情的组成成分，如扬眉或皱眉，具有特定的意义，会与某些特定的评价相联系（Kaiser & Wehrle，2001）。例如，扬眉和抬起上眼睑反映了对刺激材料新颖性和不可预测性的评价（Pope & Smith，1994）。或许与兴趣有关的面部动作和兴趣评价能够融合到一起，生理方面的研究也发现了类似的情况。情绪的特殊生理指标，如皮肤电反应的增强，被认定是特定评价成分的反应（Pecchinenda，2001；Pecchinenda & Smith，1996）。或许正如面部表情一样，兴趣的生理方面可能也反映了它与兴趣评价成分的联系。该研究除了增加我们对于兴趣的知识，还丰富了有关情绪成分一致性的初步文献资料（Bonanno &

Keltner，2004)。

使用评价的视角来研究兴趣还处于起步阶段，在该研究模式中，兴趣经验可追溯到对一个独特评价模式的展开（第二章)。到目前为止，有研究表明，有两种评价对兴趣而言极为重要：一种是新颖性—复杂性评价（概括地说)，另一种是对理解新奇、复杂事物能力的评价。迄今为止，研究尚未验证其他评价是否重要，尚未考察能改变这些评价结果的输入信息（Smith & Kirby，2001)，尚未检验相似的评价结构如何产生情绪（兴趣的情绪家族中的情绪）(Ellsworth & Scherer，2003)。另外，我们对这些评价过程仍然一无所知。有些理论假设，评价是以固定的顺序展现的（Scherer，1999，2001a)；另一些理论假设，评价是以彼此平行或整体的方式展开的（Lazarus，2001)。研究兴趣评价的过程，对评价研究中更大的问题有重要意义。通过对兴趣进行研究来解决这些问题非常合适，因为兴趣很容易操作，且符合道德规则，还有一个比较简单的评价结构。

（二）兴趣、阅读和学习

在阅读和学习中，兴趣的角色是认知和情绪研究最有趣的交叉点之一。迄今为止，已有研究清楚地表明，在多种条件下，兴趣都能促进文本学习。研究的第二个部分——解释这个过程如何运作——是文本兴趣研究中最重要的问题之一。兴趣和阅读的内部机制正开始被揭示。到目前为止，有研究表明，兴趣会影响人们加工文本的深度，并影响人们选择阅读材料的策略（Schiefele，1999；Son & Metcalfe，2000)。这些问题都是值得关注的，尤其是兴趣如何影响人们对阅读材料的选择。不过，兴趣有时会妨碍阅读，促使人们不明智地安排自己的时间。

什么使文本变得让人感兴趣？研究该问题的标准方法是：先让被试阅读一个文本，评价自己对该文本感兴趣的程度，再让他们从多个维度给文本打分（Schraw & Lehman，2001)。文本的特征，如连贯性、生动性以及易理解性，都会与兴趣联系起来。这些相关研究给我们提供了很重要的信息，它们应当被看作第二代研究的基础，但是，这些研究缺乏因果关系的关键信息，因果关系在文本兴趣研究中特别不明确。我们难以判断究竟是生动的文本引起了更高的兴趣，还是文本生动仅仅是兴趣的一个方面。目前，几乎没有实验研究为将来的探索指明方向（Sadoski，Goetz，& Rodriguez，2000）。

在第三章，我们提出，文本兴趣的来源可能是广泛的兴趣原理中的一个特例。综观第一部分，我们认为兴趣是一种情绪。如果情绪来自评价，那么兴趣的来源可以根据一些评价方式来理解。第二章发展出来的评价模型表明，人们把一些事物评价为新奇、复杂、不确定却可理解时，容易产生兴趣。文本兴趣的诸多来源可以简化成两个评价维度。尝试建构文本兴趣的评价模型是相当有价值的，理由如下：第一，文本兴趣研究可以与更为广泛的认知和情绪研究整合起来，这会丰富兴趣和阅读研究的理论背景。第二，评价模型可以为有关文本兴趣产生原因的零散文献提供一个结构框架。文本兴趣真的有几十个原因吗？兴趣根源是否存在更为简单的基本结构？第三，评价模型可以做出因果预测，并提供了一组用于检验评价性假设的方法。这些可以帮助文本兴趣的研究超越一般的相关设计研究。

研究者在探索那些具有诱惑性的细节时，需要更为细致地分析证据，但许多研究都未能找到诱惑性细节效应。大多数看起来似乎是支持证据的研究要么没有找到诱惑性细节效应的支持证据，要么不能操纵诱惑性细节的出现与否。为了厘清这些含混不清的发现，我们需要对诱惑性细节的解释进行反思。萨多斯基（Sadoski，2001）指出，在文本中加入无关的材料只是简单地破坏了文本的连贯性。由于较差的连贯性会削弱记忆，所以可能正是这种糟糕的连贯性而不是较高的兴趣使人难以记住文本。有趣的细节吸引了注意还是无关信息降低了连贯性，这两个互相矛盾的观点很容易在实验设计中进行检验。

（三）个体差异和兴趣

兴趣个体差异的理论，尤其是特质好奇心模型，正处于复兴期（Kashdan，2004；Litman & Jimerson，2004）。未来几年，心理学家如何看待好奇心重的人，这一研究主题将迅速展开。对于这一领域的研究来说，最核心的任务是对这些特质形成过程—导向的解释。识别和评估个体差异往往是理解一个现象的第一步（Underwood，1975）；现在，我们还不能因为当前的研究没有详细考察心理动力学特征而横加指责。但是在未来，研究者应该分析：为什么这些特质能预测好奇心？为什么好奇的人对某些事物更感兴趣？什么心理过程把特质倾向与活动和经验联系起来？

情绪评价理论很有希望解释特质好奇心背后的过程（Lewis，2001；van Reekum & Scherer，1997）。评价视角假设情绪模式起源于评价模式（Roseman & Smith，2001）。长期易怒的人经常感到愤怒，因为他们习惯用激愤的眼光看待事物；而快乐的人之所以快乐，是因为他们用快乐的视角来看待世界。总之，好奇心的个体差异可能是以评价的个体差异为基础的。这种观点认为，特质好奇心可以预测兴趣，因为好奇的人更容易把活动评价为：(1) 新奇、复杂和不确定的；(2) 连贯的和可理解的。但另一方面，如心理生物取向所暗示的那样，这些特质可能并不源于评价（例如，Zuckerman，1994）。不管怎样，评价都是一个连接认知、情绪和人格的有趣方式。

在兴趣个体差异的研究中，另一项任务是评估特质好奇心模型的共性。在过去的几年里，我们看到了层出不穷的好奇心模型（Collins，Litman & Spielberger，2003；Kashdan et al.，2004；Litman & Jimerson，2004；Litman & Spielberger，2003）。这种情况会带来领域界限感，从而导致相关概念之间的差异被夸大，并且在对比实验中不愿让不同的模型相互竞争（Wicklund，1990）。

在好奇心的研究中，发生这种情况是令人惭愧的。因为据我猜想，这些量表所共有的东西就是兴趣、探索和动机研究的核心。这些测评工具能否测量显著不同的东西，是一个很容易回答的经验问题。直接比较这些模型对这个领域的持续发展是非常重要的。

最后，个体差异的研究应与兴趣心理学的其他领域相融合。兴趣的特质研究过于局限于人格和个体差异的领域。很多人知道与兴趣有关的特质和其他特质的关系是怎样的，这些特质与兴趣和爱好其他维度的关系如何却鲜为人知。例如，特质好奇心可以为文本兴趣的研究提供什么帮助吗？好奇的人更倾向于将兴趣作为选择学习材料的基础吗？职业爱好的研究可以从好奇心的探索中受益吗？这些特质和美学或艺术方面的兴趣有什么关系吗？

（四）爱好的发展

爱好发展的研究与兴趣心理学其他领域的研究不同，其特点是：理论过多而缺乏实证。因此，爱好发展的研究的需求可能比其他任何领域都要紧迫。在回顾以往的爱好发展理论后（第五章），我们考虑了一种新的植根于认知和情绪领域的理论（第六章）。情绪—归因模型提出，爱好的生成涉及情绪性认知的发展。基于情绪经验和对情绪的归因，人们会形成很多观念，例如，过去什么事物是愉快的、让人感兴趣的，哪些物体和活动可引起积极的情绪，活动让人感兴趣的可能性有多大。

这个模型吸引人的一点在于：和其他研究领域一致，该理论重视认知和情绪过程。在本书中，我们一直在强调，情绪心理学中的现代理论是如何影响兴趣心理学中的问题的。在解释情绪作为短期经验和稳定人格之间的桥梁作用时，情绪—归因模型更为强调情绪和认知过程的相互作用。更为吸引人的是，这个模型对爱好如何发展和改变做出了新的预测。该模型能够被实验检验，并且初步研究也支持了它的预测。但是，日后我们仍需对这个模型做出更准确的评估。

（五）职业爱好

职业心理学是爱好的传统研究引以为自豪的阵地，它可谓是兴趣心理学领域中最广大、最古老的部分，同时也开发出爱好测评中最复杂的工具。尽管一些研究者对此有异议，认为职业心理学在它的缘起之地（咨询心理学）正逐渐被边缘化（Tinsley，2001；Walsh，2001），但是职业心理学的基础研究看起来跟从前一样有分量。其中，最有争议的问题之一是职业爱好的结构。霍兰德（Holland，1997）的 RIASEC 六边形模型在过去的几十年里引导着基础研究和实践应用。到目前为止，相比其他模型，六边形模型适应得很好，就算只考虑惯性作用，霍兰德的六边形模型在兴趣测评行业中的牢固地位也保证了其持久的影响力。

在未来的职业心理学研究中，一个最让人感兴趣的问题是，爱好结构的不同模型会不会最终取代霍兰德的六边形模型。特雷西（Tracey，2002b）的职业爱好球形模型是最有希望代替霍兰德的六边形模型的，它可能会受到基础研究者的青睐。霍兰德的六边形模型和普雷迪格尔（Prediger，1982）的两维度模型可以被认为是球形结构的特例，这使得球形模型的适用性更大。有关球形模型的信度和普遍性的研究在未来可能会快速发展（例如，Long，Adams，& Tracey，2005）。

职业心理学研究的另一个方向是考察职业爱好发展中自我效能感的作用。很明显，对某种事物的自我效能感与对该活动的爱好之间是相互关联的（Rottinghaus，Larson，& Borgen，2003）。那么，为什么这个机制仍然不太清楚呢？一小部分研究向我们展示了自我效能感对爱好的因果效应（例如，Barak，Shiloh，& Haushner，1992；Luzzo et al.，1999），这与本书第一部分提出来的兴趣评价模型一致。如果你对自己的理解力有比较高的评价，那么，你对图画、诗歌和文本方面的兴趣也会增加（第二、三章）。在职业相关活动中，自我效能感对兴趣的影响可以看作评价影响兴趣的另一个例子。

职业心理学家认为自我效能感影响兴趣已是一个不争的事实；尽管直到最近，与此相关的因果证据还不是很充分，但该观点已经被接受有一段时间了。不过，他们一定会对最近的证据——兴趣对自我效能感的影响（Nauta，Kahn，Angell，& Cantarelli，2002；Tracey，2002b）——感到惊讶。该机制如何运作尚不清楚。但是，存在这样的可能性——兴趣促进了知识和技能的发展（Fredrickson，1998；Kashdan，2004；Sansone & Smith，2000b），从而增强对自我效能的知觉。不过，这一假设还有待进一步研究。

三、尾声

这本书几乎回顾了与兴趣有关的所有事情，包括什么是兴趣，兴趣是如何运作的。然而，除了回顾已有观点以外，我们试图通过对比兴趣在情绪和人格领域中的不同角色、在动机的短期经历和稳定方面的不同角色，来重新建构兴趣研究。从兴趣和爱好的角度看待兴趣，使这个领域的大量工作变得清晰起来，也为未来研究提供了框架。大量研究开始出现，远远超出本书所能容纳的限度。对兴趣心理学来说，这是一个有趣的时代；我也和大家一起充满好奇，憧憬着兴趣研究的未来。

参考文献

Abe, J. A., & Izard, C. E. (1999). The developmental functions of emotions: An analysis in terms of Differential Emotions Theory. *Cognition and Emotion*, *13*, 523-549.

Abele, A. E. (2003). The dynamics of masculine-agentic and feminine-communal traits: Findings from a prospective study. *Journal of Personality and Social Psychology*, *85*, 768-776.

Ainley, M. D. (1987). The factor structure of curiosity measures: Breadth and depth of interest curiosity styles. *Australian Journal of Psychology*, *39*, 53-59.

Ainley, M. D. (1998). Interest in learning and the disposition of curiosity in secondary students: Investigating process and content. In L. Hoffman, A. Krapp, K. A. Renninger, & J. Baumert (Eds.), *Interest and learning* (pp. 257-266). Kiel, Germany: IPN.

Ainley, M., Hidi, S., & Berndorff, D. (2002). Interest, learning, and the psychological processes that mediate their relationship. *Journal of Educational Psychology*, *94*, 545-561.

Aitken, P. P. (1974). Judgments of pleasingness and interestingness as functions of visual complexity. *Journal of Experimental Psychology*, *103*, 240-244.

Alexander, P. A., & Jetton, T. L. (1996). The role of importance and interest in the processing of text. *Educational Psychology Review*, *8*, 89-121.

Alexander, P. A., Jetton, T. L., & Kulikowich, J. M. (1995). Interrelationship of knowledge, interest, and recall: Assessing a model of domain learning. *Journal of Educational Psychology*, *87*, 559-575.

Alexander, P. A., Kulikowich, J. M., & Schulze, S. K. (1994). How subject-matter knowledge affects recall and interest. *American Educational Research Journal*, *31*, 313-337.

Allport, G. W. (1937). *Personality: A psychological interpretation*. New York: Holt, Rinehart, & Winston.

Allport, G. W. (1961). *Pattern and growth in personality*. New York: Holt, Rinehart, & Winston.

Allport, G. W. (1962). The general and the unique in psychological science. *Journal of Personality*, *30*, 405-422.

Allport, G. W. (1968). The fruits of eclecticism: Bitter or sweet? In G. W. Allport, *The person in psychology: Selected essays* (pp. 3-27). Boston: Beacon.

Anderson, M. Z., Tracey, T. J. G., & Rounds, J. (1997). Examining the invariance of Holland's vocational interest model across gender. *Journal of Vocational Behavior*, *50*, 349-364.

Anderson, R. C. (1982). Allocation of attention during reading. In A. Flammer & W. Kintsch (Eds.), *Discourse processing* (pp. 292-305). Amsterdam: North Holland.

Arnold, F. (1910). *Attention and interest: A study in psychology and education*. New York: Macmillan.

Arnold, M. B. (1960). *Emotion and personality*, *Vol. 1: Psychological aspects*. New York: Columbia University Press.

Aronson, E. (1960). The effect of effort on the attractiveness of rewarded and unrewarded stimuli. *Journal of Abnormal and Social Psychology*, *63*, 375-380.

Aronson, E., & Mills, J. (1959). The effect of severity of initiation on liking for a group. *Journal of Abnormal and Social Psychology*, *59*, 177-181.

Asher, S. R. (1980). Topic interest and children's reading comprehension. In R. Spiro, B. Bruce, & W. Brewer (Eds.), *Theoretical issues in reading comprehension* (pp. 525-534). Hillsdale, NJ: Lawrence Erlbaum.

Aspinwall, L. G., & Staudinger, U. M. (2003). A psychology of human strengths: Some central issues of an emerging field. In L. G. Aspinwall & U. M. Staudinger (Eds.), *A psychology of human strengths: Fundamental questions and future directions for a positive psychology* (pp. 9-22).

Washington, DC: American Psychological Association.

Astin, A. W. (1999). The early years of Holland's research: Some personal reflections. *Journal of Vocational Behavior*, *55*, 155-160.

Athanasou, J. A., & Cooksey, R. W. (1993). Self-estimates of vocational interests. *Australian Psychologist*, *28*, 118-127.

Athanasou, J. A., & Hosking, K. (1999). *Career interest card sort*. Unpublished manuscript, University of Technology, Sydney, Australia.

Atkinson, J. W. (1964). *An introduction to motivation*. New York: Van Nostrand.

Attneave, F. (1959). *Applications of information theory to psychology*. New York: Holt, Rinehart, & Winston.

Bakan, D. (1958). *Sigmund Freud and the Jewish mystical tradition*. Princeton, NJ: Van Nostrand.

Bakan, D. (1966). Unmitigated agency and Freud's "death instinct". In D. Bakan, *The duality of human existence* (pp. 154-196). Chicago: Rand-McNally.

Bandura, A. (1977). Self-efficacy: Toward a unifying theory of behavioral change. *Psychological Review*, *84*, 191-215.

Bandura, A. (1986). *Social foundations of thought and action*. Englewood Cliffs, NJ: Prentice-Hall.

Bandura, A. (1997). *Self-efficacy: The exercise of control*. New York: Freeman.

Banse, R., & Scherer, K. R. (1996). Acoustic profiles in vocal emotion expressions. *Journal of Personality and Social Psychology*, *70*, 614-636.

Barak, A. (1981). Vocational interests: A cognitive view. *Journal of Vocational Behavior*, *19*, 1-14.

Barak, A., Shiloh, S., & Haushner, O. (1992). Modification of interests through cognitive restructuring: Test of a theoretical model in preschool children. *Journal of Counseling Psychology*, *39*, 490-497.

Baumeister, R. F., & Leary, M. R. (1995). The need to belong: Desire for interpersonal attachments as a fundamental human motivation. *Psychological Bulletin*, *117*, 497-529.

Baumert, J., & Köller, O. (1998). Interest research in secondary level II: An overview. In L. Hoffman, A. Krapp, K. A. Renninger, & J. Baumert (Eds.), *Interest and learning* (pp. 241–256). Kiel, Germany: IPN.

Benedict, B. M. (2001). *Curiosity: A cultural history of early modern inquiry*. Chicago: University of Chicago Press.

Benet-Martinez, V., & Waller, N. (1997). Further evidence for the cross-cultural generality of the Big Seven Model: Indigenous and imported Spanish personality constructs. *Journal of Personality*, *65*, 567–598.

Bergeman, C. S., Chipuer, H. M., Plomin, R., Pedersen, N. L., McClearn, G. E., Nesselroade, J. R., Costa, P. T., Jr., & McCrae, R. R. (1993). Genetic and environmental effects on openness to experience, agreeableness, and conscientiousness: An adoption/twin study. *Journal of Personality*, *61*, 159–179.

Bergin, D. A. (1999). Influences on classroom interest. *Educational Psychologist*, *34*, 87–98.

Berlyne, D. E. (1949). "Interest" as a psychological concept. *British Journal of Psychology*, *39*, 184–195.

Berlyne, D. E. (1954a). A theory of human curiosity. *British Journal of Psychology*, *45*, 180–191.

Berlyne, D. E. (1954b). An experimental study of human curiosity. *British Journal of Psychology*, *45*, 256–265.

Berlyne, D. E. (1957). Uncertainty and conflict: A point of contact between information-theory and behavior-theory concepts. *Psychological Review*, *64*, 329–339.

Berlyne, D. E. (1960). *Conflict, arousal, and curiosity*. New York: McGraw-Hill.

Berlyne, D. E. (1963). Complexity and incongruity variables as determinants of exploratory choice and evaluative ratings. *Canadian Journal of Psychology*, *17*, 274–290.

Berlyne, D. E. (1965). *Structure and direction in thinking*. New York: Wiley.

Berlyne, D. E. (1967). Arousal and reinforcement. *Nebraska Symposium on Motivation*, *15*, 1-110.

Berlyne, D. E. (1970). Novelty, complexity, and hedonic value. *Perception and Psychophysics*, *8*, 279-286.

Berlyne, D. E. (1971a). *Aesthetics and psychobiology*. New York: Appleton-Century-Crofts.

Berlyne, D. E. (1971b). What next? Concluding summary. In H. I. Day, D. E. Berlyne, & D. E. Hunt (Eds.), *Intrinsic motivation: A new direction in education* (pp. 186-196). Toronto: Holt, Rinehart, & Winston.

Berlyne, D. E. (1972). Ends and means of experimental aesthetics. *Canadian Journal of Psychology*, *26*, 303-325.

Berlyne, D. E. (1974a). Concluding observations. In D. E. Berlyne (Ed.), *Studies in the new experimental aesthetics* (pp. 305-332). Washington, DC: Hemisphere.

Berlyne, D. E. (1974b). The new experimental aesthetics. In D. E. Berlyne (Ed.), *Studies in the new experimental aesthetics* (pp. 1-25). Washington, DC: Hemisphere.

Berlyne, D. E. (1974c). Novelty, complexity, and interestingness. In D. E. Berlyne (Ed.), *Studies in the new experimental aesthetics* (pp. 175-180). Washington, DC: Hemisphere.

Berlyne, D. E. (Ed.). (1974d). *Studies in the new experimental aesthetics: Steps toward an objective psychology of aesthetic appreciation*. Washington, DC: Hemisphere.

Berlyne, D. E. (1974e). Verbal and exploratory responses to visual patterns varying in uncertainty and in redundancy. In D. E. Berlyne (Ed.), *Studies in the new experimental aesthetics* (pp. 121-158). Washington, DC: Hemisphere.

Berlyne, D. E. (1975). Behaviorism? Cognitive theory? Humanistic psychology? To Hull with them all. *Canadian Psychological Review*, *16*, 69-80.

Berlyne, D. E. (1976). Similarity and preference judgments of Indian and Canadian subjects exposed to Western paintings. *International Journal of Psychology*, *11*, 43-55.

Berlyne, D. E. (1978). Curiosity and learning. *Motivation and Emotion*, *2*, 97-175.

Berlyne, D. E., & Crozier, J. B. (1971). Effects of complexity and prechoice stimulation on exploratory choice. *Perception and Psychophysics*, *10*, 242-246.

Berlyne, D. E., Robbins, M. C., & Thompson, R. (1974). A cross-cultural study of exploratory and verbal responses to visual patterns varying in complexity. In D. E. Berlyne (Ed.), *Studies in the new experimental aesthetics* (pp. 259-278). Washington, DC: Hemisphere.

Berlyne, D. E., Salapatek, P. H., Gelman, R. S., & Zener, S. L. (1964). Is light increment really rewarding to the rat? *Journal of Comparative and Physiological Psychology*, *58*, 148-151.

Berridge, K. C., & Winkielman, P. (2003). What is an unconscious emotion? (The case for unconscious "liking"). *Cognition and Emotion*, *17*, 181-211.

Betz, N. E. (1999). Getting clients to act on their interests: Self-efficacy as a mediator of the implementation of vocational interests. In M. L. Savickas & A. R. Spokane (Eds.), *Vocational interests* (pp. 327-344). Palo Alto, CA: Davies-Black.

Betz, N. E. (2000). Self-efficacy theory as a basis for career assessment. *Journal of Career Assessment*, *8*, 205-222.

Betz, N. E., & Borgen, F. H. (2000). The future of career assessment: Integrating vocational interests with self-efficacy and personal styles. *Journal of Career Assessment*, *8*, 329-338.

Betz, N. E., Borgen, F. H., Kaplan, A., & Harmon, L. W. (1998). Gender as a moderator of the validity and interpretive utility of the Skills Confidence Inventory. *Journal of Vocational Behavior*, *53*, 281-299.

Betz, N. E., & Gwilliam, L. R. (2002). The utility of measures of self-efficacy for the Holland themes in African American and European American college students. *Journal of Career Assessment*, *10*, 283-300.

Betz, N. E., & Hackett, G. (1981). The relationship of career-related self-efficacy expectations to perceived career options in college women and men. *Journal of Counseling Psychology*, *28*, 399-410.

Betz, N. E., Harmon, L. W., & Borgen, F. H. (1996). The relationship of self-efficacy for the Holland themes to gender, occupational group membership, and vocational interests. *Journal of Counseling Psychology*, *43*, 90-98.

Betz, N. E., & Schifano, R. S. (2000). Evaluation of an intervention to increase Realistic self-efficacy and interests in college women. *Journal of Vocational Behavior*, *56*, 35-52.

Biernat, M. R., & Crandall, C. S. (1999). Racial attitudes. In J. P. Robinson, P. R. Shaver, & L. S. Wrightsman (Eds.), *Measures of political attitudes* (pp. 297-411). San Diego, CA: Academic Press.

Block, J. (1995). A contrarian view of the five-factor approach to personality. *Psychological Bulletin*, *117*, 187-215.

Block, J. (2001). Millennial contrarianism: The five-factor approach to personality description 5 years later. *Journal of Research in Personality*, *35*, 98-107.

Bolles, R. C. (1967). *Theory of motivation*. New York: Harper & Row.

Bonanno, G. A., & Keltner, D. (2004). The coherence of emotion systems: Comparing "on-line" measures of appraisal and facial expressions, and self-report. *Cognition and Emotion*, *18*, 431-444.

Borgen, F. H., & Donnay, D. A. C. (1996). Slicing the vocational interest pie one more time: Comment on Tracey and Rounds. *Journal of Vocational Behavior*, *48*, 42-52.

Borgen, F. H., & Seling, M. J. (1978). Expressed and inventoried interests revisited: Perspicacity in the person. *Journal of Counseling Psychology*, *25*, 536-543.

Boucher, J. D. (1983). Antecedents to emotions across cultures. In S. H. Irvine & J. W. Berry (Eds.), *Human assessment and cultural factors* (pp. 407-420). New York: Plenum.

Boucher, J. D., & Brandt, M. E. (1981). Judgment of emotion: American and

Malay antecedents. *Journal of Cross-Cultural Psychology*, *12*, 272-283.

Boykin, A. W., Jr. (1977). Verbally expressed preference and problem-solving proficiency. *Journal of Experimental Psychology: Human Perception and Performance*, *3*, 165-174.

Boyle, G. J. (1989). Breadth-depth or state-trait curiosity? A factor analysis of state-trait curiosity and anxiety scales. *Personality and Individual Differences*, *10*, 175-183.

Bradshaw, G. L., & Anderson, J. R. (1982). Elaborative encoding as an explanation of levels of processing. *Journal of Verbal Learning and Verbal Behavior*, *21*, 165-174.

Bragg, B. W. E., & Crozier, J. B. (1974). The development with age of verbal and exploratory responses to sound sequences varying in uncertainty level. In D. E. Berlyne (Ed.), *Studies in the new experimental aesthetics* (pp. 91-108). Washington, DC: Hemisphere.

Brehm, J. W. (1999). The intensity of emotion. *Personality and Social Psychology Review*, *3*, 2-22.

Brehm, J. W., & Brummett, B. H. (1998). The emotional control of behavior. In M. Kofta, G. Weary, & G. Sedek (Eds.), *Personal control in action* (pp. 133-154). New York: Plenum.

Brown, L. T., & Farha, W. (1966). Some physical determinants of looking time under three instructional sets. *Perception and Psychophysics*, *1*, 2-4.

Brown, S. D., Lent, R. W., & Gore, P. A., Jr. (2000). Self-rated abilities and self-efficacy beliefs: Are they empirically distinct? *Journal of Career Assessment*, *8*, 223-235.

Bruner, J. S. (1990). *Acts of meaning*. Cambridge: Harvard University Press.

Campbell, D. P., & Borgen, F. (1999). Holland's theory and the development of interest inventories. *Journal of Vocational Behavior*, *55*, 86-101.

Campbell, N. K., & Hackett, G. (1986). The effects of mathematics task performance on math self-efficacy and task interest. *Journal of Vocational Behavior*, *28*, 149-162.

Camras, L. A., Meng, Z., Ujiie, T., Dharamsi, S., Miyake, K., Oster, H., Wang, L., Cruz, J., Murdoch, A., & Campos, J. (2002). Observing emotion in infants: Facial expression, body behavior, and rater judgments of responses to an expectancy-violating event. *Emotion*, *2*, 179-193.

Carlson, L., & Carlson, R. (1984). Affect and psychological magnification: Derivations from Tomkins' script theory. *Journal of Personality*, *52*, 36-45.

Carlson, R. (1981). Studies in script theory: I. Adult analogs of a childhood nuclear scene. *Journal of Personality and Social Psychology*, *40*, 501-510.

Carroll, J. B. (2002). The five-factor personality model: How complete and satisfactory is it? In H. I. Braun, D. N. Jackson, & D. E. Wiley (Eds.), *The role of constructs in psychological and educational measurement* (pp. 97-126). Mahwah, NJ: Lawrence Erlbaum.

Chen, A. (2001). A theoretical conceptualization for motivation research in physical education: An integrated perspective. *Quest*, *53*, 35-58.

Chen, A., & Darst, P. W. (2001). Situational interest in physical education: A function of learning task design. *Research Quarterly for Exercise and Sport*, *72*, 150-164.

Chen, A., & Darst, P. W. (2002). Individual and situational interest: The role of gender and skill. *Contemporary Educational Psychology*, *27*, 250-269.

Chen, A., Darst, P. W., & Pangrazi, R. P. (1999). What constitutes situational interest? Validating a construct in physical education. *Measurement in Physical Education and Exercise Science*, *3*, 157-180.

Chen, A., Darst, P. W., & Pangrazi, R. P. (2001). An examination of situational interest and its sources. *British Journal of Educational Psychology*, *71*, 383-400.

Child, I. L. (1981). Bases of transcultural agreement in response to art. In H. I. Day (Ed.), *Advances in intrinsic motivation and aesthetics* (pp. 415-432). New York: Plenum.

Clore, G. L., & Colcombe, S. (2003). The parallel worlds of affective concepts and feelings. In J. Musch & K. C. Klauer (Eds.), *The psychology of evaluation: Affective processes in cognition and emotion* (pp. 335–369). Mahwah, NJ: Lawrence Erlbaum.

Coie, J. D. (1974). An evaluation of the cross-situational consistency of children's curiosity. *Journal of Personality*, *42*, 93–117.

Coke, J. S., Batson, C. D., & McDavis, K. (1978). Empathic mediation of helping: A two-stage model. *Journal of Personality and Social Psychology*, *36*, 752–766.

Cole, N. S., Whitney, D. R., & Holland, J. L. (1971). A spatial configuration of occupations. *Journal of Vocational Behavior*, *1*, 1–9.

Collins, R. P., Litman, J. A., & Spielberger, C. D. (2003). The measurement of perceptual curiosity. *Personality and Individual Differences*, *36*, 1127–1141.

Consedine, N. S., Magai, C., & King, A. R. (2004). Deconstructing positive affect in later life: A differential functionalist analysis of joy and interest. *International Journal of Aging and Human Development*, *58*, 49–68.

Cooksey, R. W., & Athanasou, J. A. (1994). Assessing differences in accuracy of self-estimates of vocational interests: An idiographic analysis using profile decomposition. *Australian Journal of Psychology*, *46*, 112–117.

Cooper, J. (1998). Unlearning cognitive dissonance: Toward an understanding of the development of dissonance. *Journal of Experimental Social Psychology*, *34*, 562–575.

Costa, P. T., Jr., & McCrae, R. R. (1992). *Revised NEO Personality Inventory (NEO-PI-R) and NEO Five-Factor Inventory (NEO-FI) professional manual*. Odessa, FL: Psychological Assessment Resources.

Costa, P. T., Jr., McCrae, R. R., & Holland, J. L. (1984). Personality and vocational interests in an adult sample. *Journal of Applied Psychology*, *69*, 390–400.

Crites, J. O. (1999). Operational definitions of interests. In M. L. Savickas & A. R. Spokane (Eds.), *Vocational interests* (pp. 163–170). Palo Alto, CA: Davies-Black.

Cronbach, L. J. (1957). The two disciplines of scientific psychology. *American*

Psychologist, *12*, 671-684.

Crozier, J. B. (1974). Verbal and exploratory responses to sound sequences varying in uncertainty level. In D. E. Berlyne (Ed.), *Studies in the new experimental aesthetics* (pp. 27-90). Washington, DC: Hemisphere.

Csikszentmihalyi, M. (1975). *Beyond boredom and anxiety: The experience of play in work and games*. San Francisco: Jossey-Bass.

Cupchik, G. C. (1988). The legacy of Daniel E. Berlyne. *Empirical Studies of the Arts*, *6*, 171-186.

Cupchik, G. C., & Gebotys, R. J. (1990). Interest and pleasure as dimensions of aesthetic experience. *Empirical Studies of the Arts*, *8*, 1-14.

Daffner, K. R., Scinto, L. F. M., Weintraub, S., Guinessey, J., & Mesulam, M. M. (1992). Diminished curiosity in patients with probable Alzheimer's disease as measured by exploratory eye movements. *Neurology*, *42*, 320-328.

Darley, J. G., & Hagenah, T. (1955). *Vocational interest measurement: Theory and practice*. Minneapolis: University of Minnesota.

Darwin, C. (1872/1998). *The expression of the emotions in man and animals* (3rd ed.). New York: Oxford University Press.

Day, H. I. (1966). Looking time as a function of stimulus variables and individual differences. *Perceptual and Motor Skills*, *22*, 423-428.

Day, H. I. (1967). Evaluations of subjective complexity, pleasingness and interestingness for a series of random polygons varying in complexity. *Perception and Psychophysics*, *2*, 281-286.

Day, H. I. (1968). Some determinants of looking time under different instructional sets. *Perception and Psychophysics*, *4*, 279-281.

Day, H. I. (1971). The measurement of specific curiosity. In H. I. Day, D. E. Berlyne, & D. E. Hunt (Eds.), *Intrinsic motivation: A new direction in education* (pp. 99-112). Toronto: Holt, Rinehart, & Winston.

Day, H. I. (1981). Preface. In H. I. Day (Ed.), *Advances in intrinsic motivation and aesthetics* (pp. vii-ix). New York: Plenum.

Day, H. I., & Maynes, F. (1972). Curiosity and willingness to become involved. *Psychological Reports*, *30*, 807-814.

Day, S. X., & Rounds, J. (1998). Universality of vocational interest structure among racial and ethnic minorities. *American Psychologist*, *53*, 728-736.

Day, S. X., Rounds, J., & Swaney, K. (1998). The structure of vocational interests for diverse racial-ethnic groups. *Psychological Science*, *9*, 40-44.

Deci, E. (1975). *Intrinsic motivation*. New York: Plenum.

Deci, E. L. (1992). The relation of interest to the motivation of behavior: A self-determination theory perspective. In K. A. Renninger, S. Hidi, & A. Krapp (Eds.), *The role of interest in learning and development* (pp. 43-70). Hillsdale, NJ: Lawrence Erlbaum.

Deci, E. L. (1998). The relation of interest to motivation and human needs—The self-determination theory viewpoint. In L. Hoffman, A. Krapp, K. A. Renninger, & J. Baumert (Eds.), *Interest and learning* (pp. 146-162). Kiel, Germany: IPN.

Deci, E. L., & Ryan, R. M. (1985). *Intrinsic motivation and self-determination in human behavior*. New York: Plenum.

Deci, E. L., & Ryan, R. M. (2000). The "what" and "why" of goal pursuits: Human needs and the self-determination of behavior. *Psychological Inquiry*, *11*, 227-268.

De Fruyt, F., & Mervielde, I. (1997). The five-factor model of personality and Holland's RIASEC interest types. *Personality and Individual Differences*, *23*, 87-103.

De Raad, B. (1994). An expedition in search of a fifth universal factor: Key issues in the lexical approach. *European Journal of Personality*, *8*, 229-250.

De Raad, B. (1998). Five big, Big Five issues: Rationale, content, structure, status, and crosscultural assessment. *European Psychologist*, *3*, 113-124.

De Raad, B., & Van Heck, G. L. (1994). The fifth of the big five [Special issue]. *European Journal of Personality*, *8* (4).

DeVellis, R. F. (2003). *Scale development: Theory and applications* (2nd ed.). Newbury Park, CA: Sage.

Dewey, J. (1910). *How we think*. Boston: Heath.

Dewey, J. (1913). *Interest and effort in education*. Boston: Riverside.

Di Blas, L., & Forzi, M. (1999). Refining a descriptive structure of personality attributes in the Italian language: The abridged Big Three circumplex structure. *Journal of Personality and Social Psychology*, *76*, 451-481.

Diegelman, N. M., & Subich, L. M. (2001). Academic and vocational interests as a function of outcome expectancies in social cognitive career theory. *Journal of Vocational Behavior*, *59*, 394-405.

Digman, J. M. (1997). Higher-order factors of the Big Five. *Journal of Personality and Social Psychology*, *73*, 1246-1256.

Dollard, J., & Miller, N. E. (1950). *Personality and psychotherapy*. New York: McGraw-Hill.

Dollinger, S. J., Robinson, N. M., & Ross, V. J. (1999). Photographic individuality, breadth of perspective, and creativity. *Journal of Personality*, *67*, 623-644.

Dolliver, R. H. (1969). *Strong Vocational Interest Blank* versus expressed vocational interests: A review. *Psychological Bulletin*, *72*, 95-107.

Donnay, D. A. C., & Borgen, F. H. (1999). The incremental validity of vocational self-efficacy: An examination of interest, self-efficacy, and occupation. *Journal of Counseling Psychology*, *46*, 432-447.

Duffy, E. (1934). Emotion: An example of the need for reorientation in psychology. *Psychological Review*, *44*, 184-198.

Dunning, D. (1999). A newer look: Motivated social cognition and the schematic representation of social concepts. *Psychological Inquiry*, *10*, 1-11.

Dutton, D. G., & Aron, A. P. (1974). Some evidence for heightened sexual attraction under conditions of high anxiety. *Journal of Personality and Social Psychology*, *30*, 510-517.

Duval, T. S., & Duval, V. H. (1983). *Consistency and cognition: A theory of causal attribution*. Hillsdale, NJ: Lawrence Erlbaum.

Duval, T. S., & Lalwani, N. (1999). Objective self-awareness and causal attributions for self-standard discrepancies: Changing self or changing standards of correctness. *Personality and Social Psychology Bulletin*, *25*, 1220–1229.

Duval, T. S., & Silvia, P. J. (2001). *Self-awareness and causal attribution: A dual systems theory*. Boston: Kluwer Academic.

Duval, T. S., & Silvia, P. J. (2002). Self-awareness, probability of improvement, and the self-serving bias. *Journal of Personality and Social Psychology*, *82*, 49–61.

Einarsdótter, S., Rounds, J., Ægisdóttir, S., & Gerstein, L. H. (2002). The structure of vocational interests in Iceland: Examining Holland's and Gati's RIASEC models. *European Journal of Psychological Assessment*, *18*, 85–95.

Eisenman, R. (1966). Pleasing and interesting visual complexity: Support for Berlyne. *Perceptual and Motor Skills*, *23*, 1167–1170.

Ekman, P. (1992). An argument for basic emotions. *Cognition and Emotion*, *6*, 169–200.

Ekman, P. (1993). Facial expression and emotion. *American Psychologist*, *48*, 384–392.

Ekman, P., & Friesen, W. V. (1978). *Facial Action Coding System: A technique for the measurement of facial movement*. Palo Alto, CA: Consulting Psychologists Press.

Elliot, A. J., & Devine, P. G. (1994). On the motivational nature of cognitive dissonance: Dissonance as psychological discomfort. *Journal of Personality and Social Psychology*, *67*, 382–394.

Ellsworth, P. C., & Scherer, K. R. (2003). Appraisal processes in emotion. In R. J. Davidson, K. R. Scherer, & H. H. Goldsmith (Eds.), *Handbook of affective sciences* (pp. 572–595). New York: Oxford University Press.

Ellsworth, P. C., & Smith, C. A. (1988). Shades of joy: Patterns of appraisal differentiating positive emotions. *Cognition and Emotion*, *2*, 301–331.

Emmons, R. A. (1999). *The psychology of ultimate concerns: Motivation and spirituality in personality*. New York: Guilford.

Entwistle, N. (1988). Motivational factors in students' approaches to learning. In R. R. Schmeck (Ed.), *Learning strategies and learning styles* (pp. 21-51). New York: Plenum.

Etcoff, N. L., & Magee, J. J. (1992). Categorical perception of facial expression. *Cognition*, *44*, 227-240.

Evans, C. (1974). *Cults of unreason*. Frogmore, England: Panther Books.

Evans, D. R. (1971). The Ontario Test of Intrinsic Motivation, question asking, and autistic thinking. *Psychological Reports*, *29*, 154.

Evans, D. R., & Day, H. I. (1971). The factorial structure of responses to perceptual complexity. *Psychonomic Science*, *27*, 357-359.

Eysenck, H. J. (1967). *The biological basis of personality*. Springfield, IL: Charles C. Thomas.

Eysenck, H. J., & Eysenck, M. W. (1985). *Personality and individual differences: A natural science approach*. New York: Plenum.

Farmer, R., & Sundberg, N. D. (1986). Boredom proneness: The development and correlates of a new scale. *Journal of Personality Assessment*, *50*, 4-17.

Feist, G. J. (1998). A meta-analysis of personality on scientific and artistic creativity. *Personality and Social Psychology Review*, *2*, 290-309.

Feldman-Barrett, L., & Russell, J. A. (1999). The structure of current affect: Controversies and emerging consensus. *Current Directions in Psychological Science*, *8*, 10-14.

Festinger, L. (1957). *A theory of cognitive dissonance*. Stanford, CA: Stanford University Press.

Fisher, C. D., & Noble, C. S. (2004). A within-person examination of correlates of performance and emotions while working. *Human Performance*, *17*, 145-168.

Fiske, D. W. (1961). Effects of monotonous and restricted stimulation. In D. W. Fiske & S. R. Maddi (Eds.), *Functions of varied experience* (pp. 106-144). Homewood, IL: Dorsey.

Fiske, D. W., & Maddi, S. R. (1961a). A conceptual framework. In D. W. Fiske & S. R. Maddi (Eds.), *Functions of varied experience* (pp. 11-56). Homewood, IL: Dorsey.

Fiske, D. W., & Maddi, S. R. (Eds.). (1961b). *Functions of varied experience*. Homewood, IL: Dorsey.

Fleeson, W. (2001). Toward a structure - and process-integrated view of personality: Traits as density distributions of states. *Journal of Personality and Social Psychology*, *80*, 1011-1027.

Försterling, F. (2001). *Attribution: An introduction to theories, research and applications*. Philadelphia: Psychology Press.

Fouad, N. A. (1999). Validity evidence for interest inventories. In M. L. Savickas & A. R. Spokane (Eds.), *Vocational interests* (pp. 193-209). Palo Alto, CA: Davies-Black.

Fouad, N. A. (2002). Cross-cultural differences in vocational interests: Between group differences on the Strong Interest Inventory. *Journal of Counseling Psychology*, *49*, 282-289.

Fowler, H. (1965). *Curiosity and exploratory behavior*. New York: Macmillan.

Francès, R. (1976). Comparative effects of six collative variables on interest and preference in adults of different educational levels. *Journal of Personality and Social Psychology*, *33*, 62-79.

Fredrickson, B. L. (1998). What good are positive emotions? *Review of General Psychology*, *2*, 300-319.

Fredrickson, B. L. (2001). The role of positive emotions in positive psychology: The broaden-and-build theory of positive emotions. *American Psychologist*, *56*, 218-226.

Freud, S. (1920). *Beyond the pleasure principle*. New York: Norton.

Freud, S. (1923). *The ego and the id*. New York: Norton.

Frick, F. C. (1959). Information theory. In S. Koch (Ed.), *Psychology: A study of a science* (Vol. 2, pp. 611-636). New York: McGraw-Hill.

Frick, R. W. (1985). Communicating emotion: The role of prosodic features.

Psychological Bulletin, *97*, 412-429.

Frijda, N. H. (1986). *The emotions*. Cambridge: Cambridge University Press.

Fulker, D. W., Eysenck, S. B. G., & Zuckerman, M. (1980). A genetic and environmental analysis of sensation seeking. *Journal of Research in Personality*, *14*, 261-281.

Furedy, J. J., & Furedy, C. P. (1981). "My first interest is interest": Berlyne as an exemplar of the curiosity drive. In H. I. Day (Ed.), *Advances in intrinsic motivation and aesthetics* (pp. 1-17). New York: Plenum.

Furnham, A. F., & Bunyan, M. (1988). Personality and art preferences. *European Journal of Personality*, *2*, 67-74.

Gaeddert, D., & Hansen, J. C. (1993). Development of a measure of interest diversity. *Journal of Career Assessment*, *1*, 294-308.

Garner, R. (1992). Learning from school texts. *Educational Psychologist*, *27*, 53-63.

Garner, R., Alexander, P. A., Gillingham, M. G., Kulikowich, J. M., & Brown, R. (1991). Interest and learning from text. *American Educational Research Journal*, *28*, 643-659.

Garner, R., Brown, R., Sanders, S., & Menke, D. J. (1992). "Seductive details" and learning from text. In K. A. Renninger, S. Hidi, & A. Krapp (Eds.), *The role of interest in learning and development* (pp. 239-254). Hillsdale, NJ: Lawrence Erlbaum.

Garner, R., & Gillingham, M. G. (1991). Topic knowledge, cognitive interest, and text recall: A microanalysis. *Journal of Experimental Education*, *59*, 310-319.

Garner, R., Gillingham, M. G., & White, C. S. (1989). Effects of "seductive details" on macroprocessing and microprocessing in adults and children. *Cognition and Instruction*, *6*, 41-57.

Garner, W. R. (1962). *Uncertainty and structure as psychological concepts*. New York: Wiley.

Gati, I. (1979). A hierarchical model for the structure of vocational interests. *Journal of Vocational Behavior*, *15*, 90-106.

Gati, I. (1991). The structure of vocational interests. *Psychological Bulletin*, *109*, 309–324.

Gaze, T. (2000). *The oxygen of truth* (Vol. 1). Lawrence, KS: Broken Boulder Press.

Gendolla, G. H. E. (2000). On the impact of mood on behavior: An integrative theory and a review. *Review of General Psychology*, *4*, 378–408.

Gerard, H. B., & Mathewson, G. C. (1966). The effects of severity of initiation on liking for a group: A replication. *Journal of Experimental Social Psychology*, *2*, 278–287.

Gilbert, D. T., & Ebert, J. E. J. (2002). Decisions and revisions: The affective forecasting of changeable outcomes. *Journal of Personality and Social Psychology*, *82*, 503–514.

Gilbert, D. T., & Gill, M. J. (2000). The momentary realist. *Psychological Science*, *11*, 394–398.

Gilbert, D. T., Pinel, E. C., Wilson, T. D., Blumberg, S. J., & Wheatley, T. P. (1998). Immune neglect: A source of durability bias in affective forecasting. *Journal of Personality and Social Psychology*, *75*, 617–638.

Gilbert, D. T., & Wilson, T. D. (2000). Miswanting: Some problems in the forecasting of future affective states. In J. P. Forgas (Ed.), *Feeling and thinking* (pp. 178–197). New York: Cambridge University Press.

Goetz, E. T., & Sadoski, M. (1995a). The perils of seduction: Distracting details or incomprehensible abstractions? *Reading Research Quarterly*, *30*, 500–511.

Goetz, E. T., & Sadoski, M. (1995b). The perils of seduction revisited: A reply to Wade, Alexander, Schraw, & Kulikowich. *Reading Research Quarterly*, *30*, 518–519.

Goetz, E. T., Sadoski, M., Fatemi, Z., & Bush, R. (1994). That's news to me: Readers' response to brief newspaper articles. *Journal of Reading Behavior*, *26*, 125–138.

Goldberg, L. R. (1994). Resolving a scientific embarrassment: A comment on the articles in this special issue. *European Journal of Personality*, *8*, 351-356.

Gordon, A., Wilkinson, R., McGown, A., & Jovanoska, S. (1997). The psychometric properties of the boredom proneness scale: An examination of its validity. *Psychological Studies*, *42*, 85-97.

Gottfredson, G. D. (2001). Fostering the scientific practice of vocational psychology. *Journal of Vocational Behavior*, *59*, 192-202.

Gottfredson, L. S. (1996). Gottfredson's theory of circumscription and compromise. In D. Brown & L. Brooks (Eds.), *Career choice and development* (3rd ed., pp. 179-232). New York: Guilford.

Gray, J. R. (2001). Emotional modulation of cognitive control: Approach-withdrawal states double-dissociate spatial from verbal two-back task performance. *Journal of Experimental Psychology: General*, *130*, 436-452.

Grigg, A. E. (1959). Childhood experience with parental attitudes: A test of Roe's hypothesis. *Journal of Counseling Psychology*, *6*, 153-155.

Guilford, J. P., Christensen, P. R., Bond, N. A., Jr., & Sutton, M. A. (1954). A factor analysis study of human interests. *Psychological Monographs: General and Applied*, *68* (4), 1-38.

Hackett, G., & Betz, N. E. (1981). A self-efficacy approach to the career development of women. *Journal of Vocational Behavior*, *18*, 326-339.

Hall, C. S., & Lindzey, G. (1957). *Theories of personality*. New York: Wiley.

Hansen, J. C. (1996). What goes around, comes around. *Journal of Vocational Behavior*, *48*, 73-76.

Hansen, J. C., & Scullard, M. G. (2002). Psychometric evidence for the Leisure Interest Questionnaire and analyses of the structure of leisure interests. *Journal of Counseling Psychology*, *49*, 331-341.

Hansen, J. C., & Tan, R. N. (1992). Concurrent validity of the 1985 *Strong Interest Inventory* for college majors selection. *Measurement and Evaluation in Counseling and Development*, *19*, 53-57.

Hare, F. G. (1974). Artistic training and responses to visual and auditory patterns varying in uncertainty. In D. E. Berlyne (Ed.), *Studies in the new experimental aesthetics* (pp. 159-168). Washington, DC: Hemisphere.

Hargreaves, D. J. (1986). *The developmental psychology of music*. Cambridge: Cambridge University Press.

Harlow, H. F. (1953). Mice, monkeys, men, and motives. *Psychological Review*, *60*, 23-32.

Harmon, L. W. (1996). Lost in space: A response to "The Spherical Representation of Vocational Interests" by Tracey and Rounds. *Journal of Vocational Behavior*, *48*, 53-58.

Harp, S. F., & Mayer, R. E. (1997). The role of interest in learning from scientific text and illustrations: On the distinction between emotional interest and cognitive interest. *Journal of Educational Psychology*, *89*, 92-102.

Harp, S. F., & Mayer, R. E. (1998). How seductive details do their damage: A theory of cognitive interest in science learning. *Journal of Educational Psychology*, *90*, 414-434.

Harris, M. B. (2000). Correlates and characteristics of boredom proneness and boredom. *Journal of Applied Social Psychology*, *30*, 576-598.

Hartung, P. J. (1999). Interest assessment using card sorts. In M. L. Savickas & A. R. Spokane (Eds.), *Vocational interests* (pp. 235-252). Palo Alto, CA: Davies-Black.

Haviland-Jones, J. M., & Kahlbaugh, P. (2000). Emotion and identity. In M. Lewis & J. M. Haviland-Jones (Eds.), *Handbook of emotions* (2nd ed., pp. 293-305). New York: Guilford.

Hebb, D. O. (1949). *The organization of behavior*. New York: Wiley.

Hebb, D. O. (1955). Drives and the C. N. S. (conceptual nervous system). *Psychological Review*, *62*, 243-254.

Heider, F. (1944). Social perception and phenomenal causality. *Psychological Review*, *51*, 358-374.

Heider, F. (1958). *The psychology of interpersonal relations*. New York: Wiley.

Hekkert, P., & van Wieringen, P. C. W. (1996). The impact of level of expertise on the evaluation of original and altered versions of post-impressionistic paintings. *Acta Psychologica*, *94*, 117-131.

Herbart, J. F. (1891). *A text-book in psychology: An attempt to found the science of psychology on experience, metaphysics, and mathematics*. New York: Appleton. (Original work published 1816).

Hewstone, M. (1989). *Causal attribution: From cognitive processes to collective beliefs*. Oxford, UK: Blackwell.

Hidi, S. (1990). Interest and its contribution as a mental resource for learning. *Review of Educational Research*, *60*, 549-571.

Hidi, S. (1995). A reexamination of the role of attention in learning from text. *Educational Psychology Review*, *7*, 323-350.

Hidi, S. (2000). An interest researcher's perspective: The effects of extrinsic and intrinsic factors on motivation. In C. Sansone & J. M. Harackiewicz (Eds.), *Intrinsic and extrinsic motivation* (pp. 309-339). San Diego: Academic Press.

Hidi, S. (2001). Interest, reading, and learning: Theoretical and practical considerations. *Educational Psychology Review*, *13*, 191-209.

Hidi, S., & Anderson, V. (1992). Situational interest and its impact on reading and expository writing. In K. A. Renninger, S. Hidi, & A. Krapp (Eds.), *The role of interest in learning and development* (pp. 215-238). Hillsdale, NJ: Lawrence Erlbaum.

Hidi, S., & Baird, W. (1986). Interestingness—A neglected variable in discourse processing. *Cognitive Science*, *10*, 179-194.

Hidi, S., & Baird, W. (1988). Strategies for increasing text-based interest and students' recall of expository texts. *Reading Research Quarterly*, *23*, 465-483.

Hidi, S., Baird, W., & Hildyard, A. (1982). That's important, but is it interesting? Two factors in text processing. In A. Flammer & W. Kintsch (Eds.), *Discourse processing* (pp. 63-75). Amsterdam: North Holland.

Hidi, S., & Berndorff, D. (1998). Situational interest and learning. In L. Hoffman, A. Krapp, K. A. Renninger, & J. Baumert (Eds.), *Interest and learning* (pp. 74-90). Kiel, Germany: IPN.

Hidi, S., & Harackiewicz, J. M. (2000). Motivating the academically unmotivated: A critical issue for the 21st century. *Review of Educational Research*, *70*, 151-179.

Hoffman, L., & Häussler, P. (1998). An intervention project promoting girls' and boys' interest in physics. In L. Hoffman, A. Krapp, K. A. Renninger, & J. Baumert (Eds.), *Interest and learning* (pp. 301-316). Kiel, Germany: IPN.

Holland, J. L. (1973). *Making vocational choices*. Englewood Cliffs, NJ: Prentice Hall.

Holland, J. L. (1985a). *Making vocational choices: A theory of vocational personalities and work environments* (2nd ed.). Odessa, FL: Psychological Assessment Resources.

Holland, J. L. (1985b). *Manual for the Vocational Preference Inventory*. Odessa, FL: Psychological Assessment Resources.

Holland, J. L. (1996). Exploring careers with a typology: What we have learned and some new directions. *American Psychologist*, *51*, 397-406.

Holland, J. L. (1997). *Making vocational choices: A theory of vocational personalities and work environments* (3rd ed.). Odessa, FL: Psychological Assessment Resources.

Holland, J. L. (1999). Why interest inventories are also personality inventories. In M. L. Savickas & A. R. Spokane (Eds.), *Vocational interests* (pp. 87-101). Palo Alto, CA: Davies-Black.

Holland, J. L., Fritzsche, B. A., & Powell, A. B. (1994). *The Self-Directed Search technical manual*. Odessa, FL: Psychological Assessment Resources.

Holt, J. (1967). *How children learn*. New York: Pitman.

Hosking, K., & Athanasou, J. A. (1997). Do vocational interest types affect job satisfaction in adult career development? *Australian Journal of Career Development*, *6*, 21-25.

Hoyle, R. H., Stephenson, M. T., Palmgreen, P., Lorch, E. P., & Donohew, R. L. (2002). Reliability and validity of a brief measure of sensation seeking.

Personality and Individual Differences, *32*, 401-414.

Hull, C. L. (1943). *Principles of behavior*. New York: Appleton-Century-Crofts.

Hull, C. L. (1952). *A behavior system*. New Haven, CT: Yale University Press.

Hunt, J. M. (1965). Intrinsic motivation and its role in psychological development. *Nebraska Symposium on Motivation*, *13*, 189-282.

Hunt, J. M. (1971). Toward a history of intrinsic motivation. In H. I. Day, D. E. Berlyne, & D. E. Hunt (Eds.), *Intrinsic motivation: A new direction in education* (pp. 1-33). Toronto: Holt, Rinehart, & Winston.

Hutt, C. (1970). Specific and diversive exploration. *Advances in Child Development and Behavior*, *5*, 119-180.

Iran-Nejad, A. (1987). Cognitive and affective causes of interest and liking. *Journal of Educational Psychology*, *79*, 120-130.

Izard, C. E. (1971). *The face of emotion*. New York: Appleton-Century-Crofts.

Izard, C. E. (1977). *Human emotions*. New York: Plenum.

Izard, C. E. (1978). On the development of emotions and emotion-cognition relationships in infancy. In M. Lewis & L. A. Rosenblum (Eds.), *The development of affect* (pp. 389-413). New York: Plenum.

Izard, C. E. (1984). Emotion-cognition relationships and human development. In C. E. Izard, J. Kagan, & R. B. Zajonc (Eds.), *Emotions, cognition, and behavior* (pp. 17-37). Cambridge: Cambridge University Press.

Izard, C. E., & Ackerman, B. P. (2000). Motivational, organizational, and regulatory functions of discrete emotions. In M. Lewis & J. M. Haviland-Jones (Eds.), *Handbook of emotions* (2nd ed., pp. 253-264). New York: Guilford.

Jackson, D. N. (1994). *Jackson Personality Inventory-Revised manual*. Port Huron, MI: Sigma Assessment Systems.

John, O. P. (1990). The "Big Five" factor taxonomy: Dimensions of personality in the natural language and in questionnaires. In L. A. Pervin (Ed.), *Handbook of personality* (pp. 66-100). New York: Guilford.

Johnson, C. D., & Stokes, G. S. (2002). The meaning, development, and career outcomes of breadth of vocational interests. *Journal of Vocational Behavior*, *61*, 327-347.

Johnson-Laird, P. N., & Oatley, K. (1992). Basic emotions, rationality, and folk theory. *Cognition and Emotion*, *6*, 201-223.

Johnson-Laird, P. N., & Oatley, K. (2000). Cognitive and social construction in emotions. In M. Lewis & J. M. Haviland-Jones (Eds.), *Handbook of emotions* (2nd ed., pp. 458-475). New York: Guilford.

Johnstone, T., & Scherer, K. R. (2000). Vocal communication of emotion. In M. Lewis & J. M. Haviland-Jones (Eds.), *Handbook of emotions* (2nd ed., pp. 220-235). New York: Guilford.

Jones, E. E., & Davis, K, E. (1965). From acts to dispositions: The attribution process in person perception. *Advances in Experimental Social Psychology*, *2*, 219-266.

Jose, P. E., & Brewer, W. F. (1984). Development of story liking: Character identification, suspense, and outcome resolution. *Developmental Psychology*, *20*, 911-924.

Kaiser, S., & Wehrle, T. (2001). Facial expressions as indicators of appraisal processes. In K. R. Scherer, A. Schorr, & T. Johnstone (Eds.), *Appraisal processes in emotion: Theory, methods, research* (pp. 285-300). New York: Oxford University Press.

Kashdan, T. B. (2002). Social anxiety dimensions, neuroticism, and the contours of positive psychological functioning. *Cognitive Therapy and Research*, *26*, 789-810.

Kashdan, T. B. (2004). Curiosity. In C. Peterson & M. E. P. Seligman (Eds.), *Character strengths and virtues: A handbook and classification* (pp. 125-141). New York: Oxford University Press.

Kashdan, T. B., Rose, P., & Fincham, F. D. (2004). Curiosity and exploration: Facilitating positive subjective experiences and personal growth opportunities. *Journal of Personality Assessment*, *82*, 291-305.

Kass, S. J., Vodanovich, S. J., & Callendar, A. (2001). State-trait boredom:

Relationship to absenteeism, tenure, and job satisfaction. *Journal of Business and Psychology*, *16*, 317-327.

Kass, S. J., Vodanovich, S. J., Stanny, C. J., & Taylor, T. M. (2001). Watching the clock: Boredom and vigilance performance. *Perceptual and Motor Skills*, *92*, 969-976.

Kelley, H. H. (1967). Attribution theory in social psychology. *Nebraska Symposium on Motivation*, *15*, 192-238.

Kelley, H. H. (1973). Causal schemata and the attribution process. *American Psychologist*, *28*, 107-123.

Keltner, D., & Busswell, B. N. (1996). Evidence for the distinctness of embarrassment, shame, and guilt: A study of recalled antecedents and facial expressions of emotion. *Cognition and Emotion*, *10*, 155-171.

Keltner, D., & Ekman, P. (2000). Facial expression of emotion. In M. Lewis & J. M. Haviland-Jones (Eds.), *Handbook of emotions* (2nd ed., pp. 236-249). New York: Guilford.

Keltner, D., & Gross, J. J. (1999). Functional accounts of emotions. *Cognition and Emotion*, *13*, 467-480.

Keltner, D., Locke, K. D., & Audrain, P. C. (1993). The influence of attributions on the relevance of negative feelings to personal satisfaction. *Personality and Social Psychology Bulletin*, *19*, 21-29.

Kensinger, E. A., & Corkin, S. (2003). Effect of negative emotional content on working memory and long-term memory. *Emotion*, *3*, 378-393.

Kinney, D. K., & Kagan, J. (1976). Infant attention to auditory discrepancy. *Child Development*, *47*, 155-164.

Kintsch, W. (1980). Learning from text, levels of comprehension, or: Why anyone would read a story anyway. *Poetics*, *9*, 87-98.

Kintsch, W., & van Dijk, T. A. (1978). Toward a model of text comprehension and production. *Psychological Review*, *85*, 363-394.

Klinger, E. (1971). *Structure and functions of fantasy*. New York: Wiley.

Kluckhohn, C., & Murray, H. A. (1948). Personality formation: The determinants. In C. Kluckhohn, H. A. Murray, & D. M. Schneider (Eds.), *Personality in nature, society and culture* (pp. 35-48). New York: Knopf.

Knowles, E. S., & Byers, B. (1996). Reliability shifts in measurement reactivity: Driven by content engagement or self-engagement? *Journal of Personality and Social Psychology*, *70*, 1080-1090.

Köller, O., Baumert, J., & Schnabel, K. (2001). Does interest matter? The relationship between academic interest and achievement in mathematics. *Journal for Research in Mathematics Education*, *32*, 448-470.

Konečni, V. J. (1996). Daniel E. Berlyne (1924-1976): Two decades later. *Empirical Studies of the Arts*, *14*, 129-142.

Koopmans, J. R., Boomsma, D. I., Heath, A. C., & van Doornen, L. J. P. (1995). A multivariate genetic analysis of sensation seeking. *Behavior Genetics*, *25*, 349-356.

Krapp, A. (1999). Interest, motivation and learning: An educational-psychological perspective. *European Journal of Psychology of Education*, *14*, 23-40.

Krapp, A. (2002a). An educational-psychological theory of interest and its relation to self-determination theory. In E. L. Deci & R. M. Ryan (Eds.), *Handbook of self-determination research* (pp. 405-427). Rochester, NY: University of Rochester Press.

Krapp, A. (2002b). Structural and dynamic aspects of interest development: Theoretical considerations from an ontogenetic perspective. *Learning and Instruction*, *12*, 383-409.

Krapp, A., Hidi, S., & Renninger, K. A. (1992). Interest, learning, and development. In K. A. Renninger, S. Hidi, & A. Krapp (Eds.), *The role of interest in learning and development* (pp. 3-25). Hillsdale, NJ: Lawrence Erlbaum.

Krebs, P. J., Smither, J. W., & Hurley, R. B. (1991). Relationship of vocational personality and research training environment to the research productivity of counseling psychologists. *Professional Psychology*, *22*, 362-367.

Kruger, J. (1999). Lake Wobegon be gone! The "below-average-effect" and the egocentric nature of comparative ability judgments. *Journal of Personality and Social Psychology*, *77*, 221-232.

Kruger, J., & Dunning, D. (1999). Unskilled and unaware of it: How difficulties in recognizing one's own incompetence lead to inflated self-assessments. *Journal of Personality and Social Psychology*, *77*, 1121-1134.

Kruger, J., & Dunning, D. (2002). Unskilled and unaware—but why? A reply to Krueger and Mueller (2002). *Journal of Personality and Social Psychology*, *82*, 189-192.

Krull, D. S., & Anderson, C. A. (1997). The process of explanation. *Current Directions in Psychological Science*, *6*, 1-5.

Lacey, J. I. (1967). Somatic response patterning and stress: Some revisions of activation theory. In M. H. Appley & R. Trumbull (Eds.), *Psychological stress* (pp. 14-37). New York: Appleton-Century-Crofts.

Lamiell, J. T. (1987). *The psychology of personality: An epistemological inquiry*. New York: Columbia University Press.

Langevin, R. L. (1971). Is curiosity a unitary construct? *Canadian Journal of Psychology*, *25*, 360-374.

Langevin, R. L. (1976). Construct validity of sensation seeking and curiosity measures of normal and psychotic subjects. *Canadian Journal of Behavioral Science*, *8*, 251-262.

Langsdorf, P., Izard, C. E., Rayias, M., & Hembree, E. A. (1983). Interest expression, visual fixation, and heart rate changes in 2- to 8-month-old infants. *Developmental Psychology*, *19*, 375-386.

Larsen, J. T., McGraw, A. P., & Cacioppo, J. T. (2001). Can people feel happy and sad at the same time? *Journal of Personality and Social Psychology*, *81*, 684-696.

Larson, L. M., Rottinghaus, P. J., & Borgen, F. H. (2002). Meta-analyses of Big Six interests and Big Five personality factors. *Journal of Vocational Behavior*, *61*, 217-239.

Lassiter, G. D., Geers, A. L., Munhall, P. J., Ploutz-Snyder, R. J., & Breitenbecher, D. L. (2002). Illusory causation: Why it occurs. *Psychological Science*, *13*, 299-305.

Lazarus, R. S. (1991). *Emotion and adaptation*. New York: Oxford University Press.

Lazarus, R. S. (2001). Relational meaning and discrete emotions. In K. R. Scherer, A. Schorr, & T. Johnstone (Eds.), *Appraisal processes in emotion: Theory, methods, research* (pp. 37-67). New York: Oxford University Press.

LeDoux, J. (1996). *The emotional brain*. New York: Simon & Schuster.

Leeper, R. W. (1948). A motivational theory of emotion to replace "emotion as a disorganized response". *Psychological Review*, *55*, 5-21.

Lenox, R. A., & Subich, L. M. (1994). The relationship between self-efficacy beliefs and inventoried vocational interests. *Career Development Quarterly*, *42*, 302-313.

Lent, R. W., Brown, S. D., & Hackett, G. (1994). Toward a unifying social cognitive theory of career and academic interest, choice, and performance. *Journal of Vocational Behavior*, *45*, 79-122.

Leuba, C. (1955). Toward some integration of learning theories: The concept of optimal stimulation. *Psychological Reports*, *1*, 27-33.

Lewis, M. (1997). *Altering fate: Why the past does not predict the future*. New York: Guilford.

Lewis, M. D. (2001). Personal pathways in the development of appraisal: A complex systems/stage theory perspective. In K. R. Scherer, A. Schorr, & T. Johnstone (Eds.), *Appraisal processes in emotion: Theory, methods, research* (pp. 205-220). New York: Oxford University Press.

Libby, W. L., Jr., Lacey, B. C., & Lacey, J. L. (1973). Pupillary and cardiac activity during visual attention. *Psychophysiology*, *10*, 270-294.

Lilienfeld, S. O., Lynn, S. J., & Lohr, J. M. (2003). Science and pseudoscience in clinical psychology: Initial thoughts, reflections, and considerations. In S. O. Lilienfeld, S. J. Lynn, & J. M. Lohr (Eds.), *Science and pseudoscience in clinical psychology* (pp. 1-14). New York: Guilford.

Litman, J. A. (2005). Curiosity and the pleasures of learning: Wanting and liking new information. *Cognition and Emotion*, *19*, 793-814.

Litman, J. A., Hutchins, T. L., & Russon, R. K. (2005). Epistemic curiosity, feeling-of-knowing, and exploratory behavior. *Cognition and Emotion*, *19*, 559-582.

Litman, J. A., & Jimerson, T. L. (2004). The measurement of curiosity as a feeling of deprivation. *Journal of Personality Assessment*, *82*, 147-157.

Litman, J. A., & Spielberger, C. D. (2003). Measuring epistemic curiosity and its diversive and specific components. *Journal of Personality Assessment*, *80*, 75-86.

Locher, P., & Nagy, Y. (1996). Vision spontaneously establishes the percept of pictorial balance. *Empirical Studies of the Arts*, *14*, 17-31.

Loewenstein, G. (1994). The psychology of curiosity: A review and reinterpretation. *Psychological Bulletin*, *116*, 75-98.

Long, L., Adams, R. S., & Tracey, T. J. G. (2005). Generalizability of interest structure to China: Application of the Personal Globe Inventory. *Journal of Vocational Behavior*, *66*, 66-80.

Looft, W. R., & Baranowski, M. D. (1971). Analysis of five measures of sensation seeking and preference for complexity. *Journal of General Psychology*, *85*, 307-313.

Lopez, F. G., Lent, R. W., Brown, S. D., & Gore, P. A., Jr. (1997). Role of social-cognitive expectations in high school students' mathematics-related interest and performance. *Journal of Counseling Psychology*, *44*, 44-52.

Luzzo, D. A., Hasper, P., Albert, K. A., Bibby, M. A., & Martinelli, E. A., Jr. (1999). Effects of self-efficacy-enhancing interventions on the math/science self-efficacy and career interests, goals, and actions of career undecided students. *Journal of Counseling Psychology*, *46*, 233-243.

MacLeod, S. (1999). *The life of Haifisch*. Lawrence, KS: Broken Boulder Press.

Maddi, S. R. (1971). Comments on Nunnally's and Suchman's papers. In H. I. Day, D. E. Berlyne, & D. E. Hunt (Eds.), *Intrinsic motivation: A new direction in education* (pp. 83-90). Toronto: Holt, Rinehart, & Winston.

Maddux, J. E., & Gosselin, J. T. (2003). Self-efficacy. In M. R. Leary & J. P. Tangney (Eds.), *Handbook of self and identity* (pp. 218-238). New York: Guilford.

Madsen, D. B., Das, A. K., Bogen, I., & Grossman, E. E. (1987). A short sensation-seeking scale. *Psychological Reports*, *60*, 1179-1184.

Magai, C., & Haviland-Jones, J. (2002). *The hidden genius of emotion: Lifespan transformations of personality*. New York: Cambridge University Press.

Mandler, G. (1982). The structure of value: Accounting for taste. In M. S. Clark & S. T. Fiske (Eds.), *Affect and cognition* (pp. 3-36). Hillsdale, NJ: Lawrence Erlbaum.

Matsumoto, D. (1992). More evidence for the universality of a contempt expression. *Motivation and Emotion*, *16*, 363-368.

Maw, W. H. (1971). Differences in the personalities of children differing in curiosity. In H. I. Day, D. E. Berlyne, & D. E. Hunt (Eds.), *Intrinsic motivation: A new direction in education* (pp. 91-98). Toronto: Holt, Rinehart, & Winston.

Maw, W. H., & Magoon, A. J. (1971). The curiosity dimension of fifth-grade children: A factorial discriminant analysis. *Child Development*, *42*, 2023-2031.

Maw, W. H., & Maw, E. W. (1970). Self-concepts of high- and low-curiosity boys. *Child Development*, *41*, 123-129.

Maw, W. H., & Maw, E. W. (1975). Contrasting proverbs as a measure of attitudes of college students toward curiosity-related behaviors. *Psychological Reports*, *37*, 1085-1086.

Mayer, J. D., & Gaschke, Y. N. (1988). The experience and meta-experience of mood. *Journal of Personality and Social Psychology*, *55*, 102-111.

McAdams, D. P. (1992). The five-factor model in personality: A critical appraisal. *Journal of Personality*, *60*, 329-361.

McAdams, D. P. (1993). *The stories we live by: Personal myths and the making of the self*. New York: Guilford.

McAdams, D. P. (1996). Personality, modernity, and the storied self: A contemporary framework for studying persons. *Psychological Inquiry*, *7*, 295-321.

McCall, R. B., & Kennedy, C. B. (1980). Subjective uncertainty, variability of response, and the infant's response to discrepancies. *Child Development*, *51*, 285-287.

McCall, R. B., Kennedy, C. B., & Applebaum, M. I. (1977). Magnitude of discrepancy and the distribution of attention in infants. *Child Development*, *48*, 772-785.

McCall, R. B., & McGhee, P. E. (1977). The discrepancy hypothesis of attention and affect in human infants. In I. C. Uzgiris & F. Weizmann. (Eds.), *The structuring of experience* (pp. 179-210). New York: Plenum.

McCrae, R. R. (1994). Openness to experience: Expanding the boundaries of Factor V. *European Journal of Personality*, *8*, 251-272.

McCrae, R. R. (1996). Social consequences of experiential openness. *Psychological Bulletin*, *120*, 323-337.

McCrae, R. R., & Costa, P. T., Jr. (1990). *Personality in adulthood*. New York: Guilford.

McCrae, R. R., & Costa, P. T., Jr. (1997). Personality trait structure as a human universal. *American Psychologist*, *52*, 509-516.

McCrae, R. R., & Costa, P. T., Jr. (1999). A five-factor theory of personality. In L. A. Pervin & O. P. John (Eds.), *Handbook of personality* (2nd ed., pp. 139-153). New York: Guilford.

McDaniel, M. A., Waddill, P. J., Finstad, K., & Bourg, T. (2000). The effects of text-based interest on attention and recall. *Journal of Educational Psychology*, *92*, 492-502.

McDougall, W. (1908/1960). *An introduction to social psychology*. London: Methuen.

McLeod, C. R., & Vodanovich, S. J. (1991). The relationship between self-actualization and boredom proneness. *Journal of Social Behavior and Personality*, *6*, 137-146.

Mellers, B. A. (2000). Choice and the relative pleasure of consequences. *Psychological Bulletin*, *126*, 910-924.

Mellers, B. A., & McGraw, A. P. (2001). Anticipated emotions as guides to choice. *Current Directions in Psychological Science*, *10*, 210-214.

Mellers, B. A., Schwartz, A., & Ritov, I. (1999). Emotion-based choice. *Journal of Experimental Psychology: General*, *128*, 332-345.

Meyer, M. (1933). That whale among the fishes—the theory of emotions. *Psychological Review*, *40*, 292-300.

Mikulas, W. L., & Vodanovich, S. J. (1993). The essence of boredom. *Psychological Record*, *43*, 3-12.

Millis, K. (2001). Making meaning brings pleasure: The influence of titles on aesthetic experience. *Emotion*, *1*, 320-329.

Mitchell, M. (1993). Situational interest: Its multifaceted structure in the secondary school mathematics classroom. *Journal of Educational Psychology*, *85*, 424-436.

Mohr, P., Glover, J., & Ronning, R. R. (1984). The effect of related and unrelated details on the recall of major ideas in prose. *Journal of Reading Behavior*, *16*, 97-109.

Murphy, K. R., & Myors, B. (1998). *Statistical power analysis*. Mahwah, NJ: Lawrence Erlbaum.

Nauta, M. M., Kahn, J. H., Angell, J. W., & Cantarelli, E. A. (2002). Identifying the antecedent in the relation between career interests and self-efficacy: Is it one, the other, or both? *Journal of Counseling Psychology*, *49*, 290-301.

Naylor, F. D. (1981). A state-trait curiosity inventory. *Australian Psychologist*, *16*, 172-183.

Neiss, R. (1988). Reconceptualizing arousal: Psychobiological states in motor performance. *Psychological Bulletin*, *103*, 345-366.

Newberry, A. L., & Duncan, R. D. (2001). Roles of boredom and life goals in juvenile delinquency. *Journal of Applied Social Psychology*, *31*, 527-541.

Nezlek, J. B. (2001). Multilevel random coefficient analyses of event-and interval-contingent data in social and personality psychology research. *Personality and Social Psychology Bulletin*, *27*, 771-785.

Nickell, J. (1993). *Looking for a miracle: Weeping icons, relics, stigmata, and healing cures*. Buffalo, NY: Prometheus.

Nielsen, D. (2001). *Rugburns and Gutter ball*. Santa Barbara, CA: Broken Boulder Press.

Nicholls, J. G., Licht, B. G., & Pearl, R. A. (1982). Some dangers of using personality questionnaires to study personality. *Psychological Bulletin*, *92*, 572-580.

Nix, G. A., Ryan, R. M., Manly, J. B., & Deci, E. L. (1999). Revitalization through self-regulation: The effects of autonomous and controlled motivation on happiness and vitality. *Journal of Experimental Social Psychology*, *35*, 266-284.

Normore, L. F. (1974). Verbal responses to visual sequences varying in uncertainty level. In D. E. Berlyne (Ed.), *Studies in the new experimental aesthetics* (pp. 109-119). Washington, DC: Hemisphere.

North, A. C., & Hargreaves, D. J. (1995). Subjective complexity, familiarity, and liking for popular music. *Psychomusicology*, *14*, 77-93.

Nunnally, J. C. (1971). Determinants of visual exploratory behavior: A human tropism for resolving informational conflicts. In H. I. Day, D. E. Berlyne, & D. E. Hunt (Eds.), *Intrinsic motivation: A new direction in education* (pp. 73-82). Toronto: Holt, Rinehart, & Winston.

Nunnally, J. C. (1972). A human tropism. In S. R. Brown & D. J. Brenner (Eds.), *Science, psychology and communication* (pp. 255-277). New York: Teachers College.

Nunnally, J. C. (1981). Explorations of exploration. In H. I. Day (Ed.), *Ad-*

vances in intrinsic motivation and aesthetics (pp. 87-129). New York: Plenum.

Nunnally, J. C., & Lemond, L. C. (1973). Exploratory behavior and human development. *Advances in Child Development and Behavior*, *8*, 59-109.

Oatley, K., & Jenkins, J. M. (1992). Human emotions: Function and dysfunction. *Annual Review of Psychology*, *43*, 55-85.

Ogilvie, D. M. (2004). *Fantasies of flight*. New York: Oxford University Press.

Öhman, A. (2002). Automaticity and the amygdala: Nonconscious responses to emotional faces. *Current Directions in Psychological Science*, *11*, 62-66.

Öhman, A., Flykt, A., & Esteves, F. (2001). Emotion drives attention: Detecting the snake in the grass. *Journal of Experimental Psychology: General*, *130*, 466-478.

Olds, J. (1962). Hypothalamic substrates of reward. *Physiological Review*, *42*, 554-604.

Olds, J. (1973). Brain mechanisms of reinforcement learning. In D. E. Berlyne & K. B. Madsen (Eds.), *Pleasure, reward, preference: Their nature, determinants, and role in behavior* (pp. 35-63). New York: Academic Press.

Olson, K. R., & Camp, C. J. (1984). Factor analysis of curiosity measures in adults. *Psychological Reports*, *54*, 491-497.

Olson, K. R., Camp, C. J., & Fuller, D. (1984). Curiosity and need for cognition. *Psychological Reports*, *54*, 71-74.

Ortony, A., & Turner, T. J. (1990). What's basic about basic emotions? *Psychological Review*, *97*, 315-331.

Osberg, T. M. (1985). Order effects in the administration of personality measures: The case of the Self-Consciousness Scale. *Journal of Personality Assessment*, *49*, 536-539.

Ottati, V. C., & Isbell, L. M. (1996). Effects of mood during exposure to target information on subsequently reported judgments: An on-line model of misattribution and correction. *Journal of Personality and Social Psychology*, *71*, 39-53.

Paloutzian, R. F., Richardson, J. T., & Rambo, L. R. (1999). Religious conversion and personality change. *Journal of Personality*, *67*, 1047-1079.

Panksepp, J. (1998). *Affective neuroscience: The foundations of human and animal emotions*. New York: Oxford University Press.

Parkinson, B. (1995). *Ideas and realities of emotion*. London: Routledge.

Parrott, W. G. (2001). Implications of dysfunctional emotions for understanding how emotions function. *Review of General Psychology*, *5*, 180-186.

Paunonen, S. V., & Ashton, M. C. (2001). Big Five factors and facets and the prediction of behavior. *Journal of Personality and Social Psychology*, *81*, 524-539.

Paunonen, S. V., & Jackson, D. N. (1996). The Jackson Personality Inventory and the five-factor model of personality. *Journal of Research in Personality*, *30*, 42-59.

Pecchinenda, A. (2001). The psychophysiology of appraisals. In K. R. Scherer, A. Schorr, & T. Johnstone (Eds.), *Appraisal processes in emotion: Theory, methods, research* (pp. 301-315). New York: Oxford University Press.

Pecchinenda, A., & Smith, C. A. (1996). The affective significance of skin conductance activity during a difficult problem-solving task. *Cognition and Emotion*, *10*, 481-503.

Peters, R. A. (1978). Effects of anxiety, curiosity, and perceived instructor threat on student verbal behavior in the college classroom. *Journal of Educational Psychology*, *70*, 388-395.

Phillips, L. H., Bull, R., Adams, E., & Fraser, L. (2002). Positive mood and executive function: Evidence from Stroop and fluency tasks. *Emotion*, *2*, 12-22.

Plata, M. (1975). Stability and change in prestige rankings of occupations over 49 years. *Journal of Vocational Behavior*, *6*, 95-99.

Plutchik, R. (1962). *The emotions: Facts, theories, and a new model*. New York: Random House.

Polly, L. M., Vodanovich, S. J., Watt, J. D., & Blanchard, M. J. (1993). The effects of attributional processes on boredom proneness. *Journal of Social Behavior and Personality*, *8*, 123-132.

Pope, L. K., & Smith, C. A. (1994). On the distinct meanings of smiles and frowns. *Cognition and Emotion*, *8*, 65-72.

Prediger, D. J. (1982). Dimensions underlying Holland's hexagon: Missing link between interests and occupations? *Journal of Vocational Behavior*, *21*, 259-287.

Prediger, D. J. (1996). Alternative dimensions for the Tracey-Rounds interest sphere. *Journal of Vocational Behavior*, *48*, 59-67.

Prediger, D. J., & Vansickle, T. R. (1992). Locating occupations on Holland's hexagon: Beyond RIASEC. *Journal of Vocational Behavior*, *40*, 111-128.

Prenzel, M. (1992). The selective persistence of interest. In K. A. Renninger, S. Hidi, & A. Krapp (Eds.), *The role of interest in learning and development* (pp. 71-98). Hillsdale, NJ: Lawrence Erlbaum.

Pribram, K. H., & McGuiness, D. (1975). Arousal, activation and effort in the control of attention. *Psychological Review*, *82*, 116-149.

Prince, J. P., & Heiser, L. J. (2000). *Essentials of career interest assessment*. New York: Wiley.

Proudfoot, W., & Shaver, P. (1975). Attribution theory and the psychology of religion. *Journal for the Scientific Study of Religion*, *14*, 317-330.

Pryor, J. B., & Kriss, M. (1977). The cognitive dynamics of salience in the attribution process. *Journal of Personality and Social Psychology*, *35*, 49-55.

Raine, A., Reynolds, C., Venables, P. H., & Mednick, S. A. (2002). Stimulation seeking and intelligence: A prospective longitudinal study. *Journal of Personality and Social Psychology*, *82*, 663-674.

Randahl, G. J. (1991). A typological analysis of the relations between measured vocational interests and abilities. *Journal of Vocational Behavior*, *38*, 333-350.

Rathunde, K. (1995). Wisdom and abiding interest: Interviews with three noted historians in later life. *Journal of Adult Development*, *2*, 159-172.

Rathunde, K. (1996). Family context and talented adolescents' optimal experience in school-related activities. *Journal of Research on Adolescence*, *6*, 603-626.

Rathunde, K. (1998). Undivided and abiding interest: Comparisons across studies of talented adolescents and creative adults. In L. Hoffman, A. Krapp, K. A. Renninger, & J. Baumert (Eds.), *Interest and learning* (pp. 367-376). Kiel, Germany: IPN.

Rathunde, K. (2001). Family context and the development of undivided interest: A longitudinal study of family support and challenge and adolescents' quality of experience. *Applied Developmental Science*, *5*, 158-171.

Rathunde, K., & Csikszentmihalyi, M. (1993). Undivided interest and the growth of talent: A longitudinal study of adolescents. *Journal of Youth and Adolescence*, *22*, 1-21.

Rawlings, D. (2000). The interaction of openness to experience and schizotypy in predicting preference for abstract and violent paintings. *Empirical Studies of the Arts*, *18*, 69-91.

Rawlings, D. (2003). Personality correlates of liking for "unpleasant" paintings and photographs. *Personality and Individual Differences*, *23*, 395-410.

Rawson, K. A., & Dunlosky, J. (2002). Are performance predictions for text based on ease of processing? *Journal of Experimental Psychology: Learning, Memory, and Cognition*, *28*, 69-80.

Reeve, J. (1989). The interest-enjoyment distinction in intrinsic motivation. *Motivation and Emotion*, *13*, 83-103.

Reeve, J. (1993). The face of interest. *Motivation and Emotion*, *17*, 353-375.

Reeve, J. (1996). *Motivating others: Nurturing inner motivational resources*. New York: Allyn & Bacon.

Reeve, J., Cole, S. G., & Olson, B. C. (1986). Adding excitement to intrinsic motivation research. *Journal of Social Behavior and Personality*, *1*, 349-363.

Reeve, J., & Nix, G. (1997). Expressing intrinsic motivation through acts of exploration and facial displays of interest. *Motivation and Emotion*, *21*,

237-250.

Regan, D. T., Straus, E., & Fazio, R. (1974). Liking and the attribution process. *Journal of Experimental Social Psychology*, *10*, 385-397.

Reisenzein, R. (2000). Exploring the strength of association between the components of emotion syndromes: The case of surprise. *Cognition and Emotion*, *14*, 1-38.

Renninger, K. A. (2000). Individual interest and its implications for understanding intrinsic motivation. In C. Sansone & J. M. Harackiewicz (Eds.), *Intrinsic and extrinsic motivation* (pp. 373-404). San Diego: Academic Press.

Reynolds, R. E. (1992). Selective attention and prose learning: Theoretical and empirical research. *Educational Psychology Review*, *4*, 345-391.

Rheingold, H. L., & Eckerman, C. O. (1973). Fear of the stranger: A critical examination. *Advances in Child Behavior and Development*, *8*, 185-222.

Ring, K. (1967). Experimental social psychology: Some sober questions about some frivolous values. *Journal of Experimental Social Psychology*, *3*, 113-1123.

Rinn, W. E. (1984). The neurophysiology of facial expression: A review of the neurological and psychological mechanisms for producing facial expressions. *Psychological Bulletin*, *95*, 52-77.

Roe, A. (1946). Artists and their work. *Journal of Personality*, *15*, 1-40.

Roe, A. (1957). Early determinants of vocational choice. *Journal of Counseling Psychology*, *4*, 212-217.

Roe, A., & Klos, D. (1969). Occupational classification. *Counseling Psychologist*, *1*, 84-92.

Roe, A., & Siegelman, M. (1964). *The origin of interests*. Washington, DC: APGA.

Roseman, I. J. (2001). A model of appraisal in the emotion system: Integrating theory, research, and applications. In K. R. Scherer, A. Schorr, & T. Johnstone (Eds.), *Appraisal processes in emotion: Theory, methods, research* (pp. 68-91). New York: Oxford University Press.

Roseman, I. J., & Evdokas, A. (2004). Appraisals cause experienced emotions: Experimental evidence. *Cognition and Emotion*, *18*, 1-28.

Roseman, I. J., & Smith, C. A. (2001). Appraisal theory: Overview, assumptions, varieties, controversies. In K. R. Scherer, A. Schorr, & T. Johnstone (Eds.), *Appraisal processes in emotion: Theory, methods, research* (pp. 3-19). New York: Oxford University Press.

Rosenberg, E., & Ekman, P. (1994). Coherence between expressive and experiential systems in emotion. *Cognition and Emotion*, *8*, 201-229.

Ross, L., Rodin, J., & Zimbardo, P. G. (1969). Toward an attribution therapy: The reduction of fear through induced cognitive-emotional misattribution. *Journal of Personality and Social Psychology*, *12*, 279-288.

Rottinghaus, P. J., Larson, L. M., & Borgen, F. H. (2003). The relation of self-efficacy and interests: A meta-analysis of 60 samples. *Journal of Vocational Behavior*, *62*, 221-236.

Rounds, J. B., & Day, S. X. (1999). Describing, evaluating, and creating vocational interest structures. In M. L. Savickas & A. R. Spokane (Eds.), *Vocational interests* (pp. 103-133). Palo Alto, CA: Davies-Black.

Rounds, J. B., & Tracey, T. J. G. (1993). Prediger's dimensional representation of Holland's RIASEC circumplex. *Journal of Applied Psychology*, *78*, 875-890.

Rounds, J. B., & Tracey, T. J. G. (1996). Cross-cultural structural equivalence of RIASEC models and measures. *Journal of Counseling Psychology*, *43*, 310-329.

Rounds, J. B., & Zevon, M. B. (1983). Multidimensional scaling research in vocational psychology. *Applied Psychological Measurement*, *7*, 491-510.

Routtenberg, A. (1968). The two-arousal hypothesis: Reticular formation and limbic system. *Psychological Review*, *75*, 51-80.

Rozin, P., & Cohen, A. B. (2003). High frequency of facial expressions corresponding to confusion, concentration, and worry in an analysis of naturally occurring facial expressions of Americans. *Emotion*, *3*, 68-75.

Ruch, W. (1988). Sensation seeking and the enjoyment of structure and content of humor: Stability of findings across four samples. *Personality and Individual Differences*, *9*, 861-871.

Ruch, W. (1992). Assessment of appreciation of humor: Studies with the 3 WD Humor Test. In C. D. Spielberger & J. N. Butcher (Eds.), *Advances in personality assessment* (Vol. 9, pp. 27-75). Hillsdale, NJ: Lawrence Erlbaum.

Rudolph, U., & Försterling, F. (1997). The psychological causality implicit in verbs: A review. *Psychological Bulletin*, *121*, 192-218.

Rupp, D. E., & Vodanovich, S. J. (1997). The role of boredom proneness in self-reported anger and aggression. *Journal of Social Behavior and Personality*, *12*, 925-936.

Russell, J. A. (2003). Core affect and the psychological construction of emotion. *Psychological Review*, *110*, 145-172.

Russell, J. A., & Lemay, G. (2000). Emotion concepts. In M. Lewis & J. M. Haviland-Jones (Eds.), *Handbook of emotions* (2nd ed., pp. 491-503). New York: Guilford.

Russell, P. A. (1994). Preferability, pleasingness, and interestingness: Relationships between evaluative judgments in empirical aesthetics. *Empirical Studies of the Arts*, *12*, 141-157.

Russell, P. A. (2003). Effort after meaning and the hedonic value of paintings. *British Journal of Psychology*, *94*, 99-110.

Russell, P. A., & George, D. A. (1990). Relationships between aesthetic response scales applied to paintings. *Empirical Studies of the Arts*, *8*, 15-30.

Russell, P. A., & Gray, C. D. (1991). The heterogeneity of the preferability scale in aesthetic judgments of paintings. *Visual Arts Research*, *17*, 76-84.

Russell, P. A., & Milne, S. (1997). Meaningfulness and the hedonic value of paintings: Effects of titles. *Empirical Studies of the Arts*, *15*, 61-73.

Ryan, R. M. (1995). Psychological needs and the facilitation of the integrative process. *Journal of Personality*, *63*, 397-427.

Ryan, R. M., & Deci, E. L. (2000). When rewards compete with nature: The undermining of intrinsic motivation and self-regulation. In C. Sansone & J. M. Harackiewicz (Eds.), *Intrinsic and extrinsic motivation* (pp. 13-54). San Diego, CA: Academic Press.

Ryan, R. M., & Frederick, C. (1997). On energy, personality, and health: Subjective vitality as a dynamic reflection of well-being. *Journal of Personality*, *65*, 529-565.

Sadoski, M. (2001). Resolving the effects of concreteness on interest, comprehension, and learning important ideas from text. *Educational Psychology Review*, *13*, 263-281.

Sadoski, M., Goetz, E. T., & Fritz, J. B. (1993). A causal model of sentence recall: Effects of familiarity, concreteness, comprehensibility, and interestingness. *Journal of Reading Behavior*, *25*, 5-16.

Sadoski, M., Goetz, E. T., & Rodriguez, M. (2000). Engaging texts: Effects of concreteness on comprehensibility, interest, and recall in four text types. *Journal of Educational Psychology*, *92*, 85-95.

Sadoski, M., & Paivio, A. (2001). *Imagery and text: A dual coding theory of reading and writing*. Mahwah, NJ: Lawrence Erlbaum.

Sadoski, M., & Quast, Z. (1990). Reader recall and long term recall for journalistic text: The roles of imagery, affect, and importance. *Reading Research Quarterly*, *25*, 256-272.

Sagan, C. (1995). *The demon-haunted world: Science as a candle in the dark*. New York: Random House.

Sansone, C., & Harackiewicz, J. M. (1996). "I don't feel like it": The function of interest in self-regulation. In L. L. Martin & A. Tesser (Eds.), *Striving and feeling* (pp. 203-228). Mahwah, NJ: Lawrence Erlbaum.

Sansone, C., & Harackiewicz, J. M. (Eds.). (2000). *Intrinsic and extrinsic motivation: The search for optimal motivation and performance*. San Diego, CA: Academic Press.

Sansone, C., & Smith, J. L. (2000a). The "how" of goal pursuit: Interest and self-regulation. *Psychological Inquiry*, *4*, 306-309.

Sansone, C., & Smith, J. L. (2000b). Interest and self-regulation: The relation between having to and wanting to. In C. Sansone & J. M. Harackiewicz (Eds.), *Intrinsic and extrinsic motivation* (pp. 341-372). San Diego, CA: Academic Press.

Sansone, C., Weir, C., Harpster, L., & Morgan, C. (1992). Once a boring task always a boring task? Interest as a self-regulatory mechanism. *Journal of Personality and Social Psychology*, *63*, 379-390.

Sansone, C., Wiebe, D. J., & Morgan, C. (1999). Self-regulating interest: The moderating role of hardiness and conscientiousness. *Journal of Personality*, *67*, 701-733.

Savickas, M. L. (1999). The psychology of interests. In M. L. Savickas & A. R. Spokane (Eds.), *Vocational interests* (pp. 19-56). Palo Alto, CA: Davies-Black.

Savickas, M. L., & Spokane, A. R. (Eds.). (1999). *Vocational interests*. Palo Alto, CA: Davies-Black.

Savickas, M. L., Taber, B. J., & Spokane, A. R. (2002). Convergent and discriminant validity of five interest inventories. *Journal of Vocational Behavior*, *61*, 139-184.

Schachter, S., & Singer, J. (1962). Cognitive, social and physiological determinants of emotional state. *Psychological Review*, *63*, 379-399.

Schank, R. C. (1979). Interestingness: Controlling inferences. *Artificial Intelligence*, *12*, 273-297.

Schank, R. C., & Abelson, R. P. (1977). *Scripts, plans, goals, and understanding: An inquiry into human knowledge structures*. Oxford: Lawrence Erlbaum.

Scherer, K. R. (1986). Vocal affect expression: A review and a model for future research. *Psychological Bulletin*, *99*, 143-165.

Scherer, K. R. (1997). Profiles of emotion-antecedent appraisal: Testing theoretical predictions across cultures. *Cognition and Emotion*, *11*, 113-150.

Scherer, K. R. (1999). On the sequential nature of appraisal processes: Indirect evidence from a recognition task. *Cognition and Emotion*, *13*, 763-793.

Scherer, K. R. (2001a). Appraisal considered as a process of multilevel sequential checking. In K. R. Scherer, A. Schorr, & T. Johnstone (Eds.), *Appraisal processes in emotion: Theory, methods, research* (pp. 92-120). New York: Oxford University Press.

Scherer, K. R. (2001b). The nature and study of appraisal: A review of the issues. In K. R. Scherer, A. Schorr, & T. Johnstone (Eds.), *Appraisal processes in emotion: Theory, methods, research* (pp. 369-391). New York: Oxford University Press.

Scherer, K. R., Schorr, A., & Johnstone, T. (Eds.). (2001). *Appraisal processes in emotion: Theory, methods, research*. New York: Oxford University Press.

Schiefele, U. (1991). Interest, learning, and motivation. *Educational Psychologist*, *26*, 299-323.

Schiefele, U. (1992). Topic interest and levels of text comprehension. In K. A. Renninger, S. Hidi, & A. Krapp (Eds.), *The role of interest in learning and development* (pp. 151-182). Hillsdale, NJ: Lawrence Erlbaum.

Schiefele, U. (1996). Topic interest, text representation, and quality of experience. *Contemporary Educational Psychology*, *21*, 3-18.

Schiefele, U. (1998). Individual interest and learning—What we know and what we don't know. In L. Hoffman, A. Krapp, K. A. Renninger, & J. Baumert (Eds.), *Interest and learning* (pp. 91-104). Kiel, Germany: IPN.

Schiefele, U. (1999). Interest and learning from text. *Scientific Studies of Reading*, *3*, 257-279.

Schiefele, U. (2001). The role of interest in motivation and learning. In J. M. Collis & S. Messick (Eds.), *Intelligence and personality: Bridging the gap in theory and measurement* (pp. 163-194). Mahwah, NJ: Lawrence Erlbaum.

Schiefele, U., & Krapp, A. (1996). Topic interest and free recall of expository text. *Learning and Individual Differences*, *8*, 141-160.

Schiefele, U., Krapp, A., & Winteler, A. (1992). Interest as a predictor of academic achievement: A meta-analysis of research. In K. A. Renninger, S. Hidi, & A. Krapp (Eds.), *The role of interest in learning and development* (pp. 183-212). Hillsdale, NJ: Lawrence Erlbaum.

Schiefele, U., & Wild, K.-P. (Eds.). (2000). *Interesse und Lernmotivation* [Interest and learning motivation]. Münster, Germany: Waxmann.

Schlottmann, A. (2001). Perception versus knowledge of cause and effect in children: Seeing is believing. *Current Directions in Psychological Science*, *10*, 111-115.

Schorr, A. (2001a). Appraisal: The evolution of an idea. In K. R. Scherer, A. Schorr, & T. Johnstone (Eds.), *Appraisal processes in emotion: Theory, methods, research* (pp. 20-34). New York: Oxford University Press.

Schorr, A. (2001b). Subjective measurement in appraisal research: Present state and future perspectives. In K. R. Scherer, A. Schorr, & T. Johnstone (Eds.), *Appraisal processes in emotion: Theory, methods, research* (pp. 331-349). New York: Oxford University Press.

Schraw, G. (1997). Situational interest in literary text. *Contemporary Educational Psychology*, *22*, 436-456.

Schraw, G. (1998). Processing and recall differences among seductive details. *Journal of Educational Psychology*, *90*, 3-12.

Schraw, G., Bruning, R., & Svoboda, C. (1995). Sources of situational interest. *Journal of Reading Behavior*, *27*, 1-17.

Schraw, G., & Lehman, S. (2001). Situational interest: A review of the literature and directions for future research. *Educational Psychology Review*, *13*, 23-52.

Schultz, D. P. (1965). *Sensory restriction*. New York: Academic Press.

Schwartz, N. (1999). Self-reports: How the questions shape the answers. *American Psychologist*, *54*, 93-105.

Schwartz, N., & Clore, G. L. (1983). Mood, misattribution, and judgments of well-being: Informative and directive functions of affective states. *Journal of Personality and Social Psychology*, *45*, 513-523.

Scott, T. H., Bexton, W. H., Heron, W., & Doane, B. K. (1959). Cognitive effects of perceptual isolation. *Canadian Journal of Psychology*, *13*, 200-209.

Seager, W. (2002). Emotional introspection. *Consciousness and Cognition*, *11*, 666-687.

Sedikides, C., & Strube, M. J. (1997). Self-evaluation: To thine own self be good, to thine own self be sure, to thine own self be true, and to thine own self be better. *Advances in Experimental Social Psychology*, *29*, 206-269.

Seib, H. M., & Vodanovich, S. J. (1998). Cognitive correlates of boredom proneness: The role of private self-consciousness and absorption. *Journal of Psychology*, *132*, 642-652.

Seligman, M. E. P., & Csikszentmihalyi, M. (2000). Positive psychology: An introduction. *American Psychologist*, *55*, 5-14.

Shah, J. Y., & Kruglanski, A. W. (2000). The structure and substance of intrinsic motivation. In C. Sansone & J. M. Harackiewicz (Eds.), *Intrinsic and extrinsic motivation* (pp. 105-127). San Diego, CA: Academic Press.

Shannon, C. E., & Weaver, W. (1949). *Mathematical theory of communication*. Urbana, IL: University of Illinois.

Sheffield, F. D., Roby, T. B., & Campbell, B. A. (1954). Drive reduction versus consummatory behavior as determinants of reinforcement. *Journal of Comparative and Physiological Psychology*, *47*, 349-354.

Shirey, L. L. (1992). Importance, interest, and selective attention. In K. A. Renninger, S. Hidi, & A. Krapp (Eds.), *The role of interest in learning and development* (pp. 281-296). Hillsdale, NJ: Lawrence Erlbaum.

Shirey, L. L., & Reynolds, R. E. (1988). Effect of interest on attention and learning. *Journal of Educational Psychology*, *80*, 159-166.

Silvia, P. J. (1999). Explaining personality or explaining variance? A comment on Creed and Funder (1998). *European Journal of Personality*, *13*, 533-538.

Silvia, P. J. (2001a). Expressed and measured vocational interests: Definitions and distinctions. *Journal of Vocational Behavior*, *59*, 382-393.

Silvia, P. J. (2001b). Interest and interests: The psychology of constructive capriciousness. *Review of General Psychology*, *5*, 270–290.

Silvia, P. J. (2003). Self-efficacy and interest: Experimental studies of optimal incompetence. *Journal of Vocational Behavior*, *62*, 237–249.

Silvia, P. J. (2004). *Emotions, attributions, and the development of interests*. Unpublished manuscript.

Silvia, P. J. (2005a). Cognitive appraisals and interest in visual art: Exploring an appraisal theory of aesthetic emotions. *Empirical Studies of the Arts*, *23*, 119–133.

Silvia, P. J. (2005b). Emotional responses to art: From collation and arousal to cognition and emotion. *Review of General Psychology*, *9*.

Silvia, P. J. (2005c). What is interesting? Exploring the appraisal structure of interest. *Emotion*, *5*, 89–102.

Silvia, P. J., & Brehm, J. W. (2001). Exploring alternative deterrents to emotional intensity: Anticipated happiness, distraction, and sadness. *Cognition and Emotion*, *15*, 575–592.

Silvia, P. J., & Duval, T. S. (2001a). Objective self-awareness theory: Recent progress and enduring problems. *Personality and Social Psychology Review*, *5*, 230–241.

Silvia, P. J., & Duval, T. S. (2001b). Predicting the interpersonal targets of selfserving attributions. *Journal of Experimental Social Psychology*, *37*, 333–340.

Silvia, P. J., & Duval, T. S. (2004). Self-awareness, self-motives, and self-motivation. In R. A. Wright, J. Greenberg, & S. S. Brehm (Eds.), *Motivational analyses of social behavior: Building on Jack Brehm's contributions to psychology* (pp. 57–75). Mahwah, NJ: Lawrence Erlbaum.

Silvia, P. J., & Gendolla, G. H. E. (2001). On introspection and self-perception: Does self-focused attention enable accurate self-knowledge? *Review of General Psychology*, *5*, 241–269.

Silvia, P. J., & Warburton, J. B. (2006). Positive and negative affect: Bridging states and traits. In D. L. Segal & J. C. Thomas (Eds.), *Comprehensive handbook of personality and psychopathology, Vol. 1: Personality and everyday functioning* (pp. 268-284). New York: Wiley.

Smith, C. A., & Ellsworth, P. C. (1985). Patterns of cognitive appraisal in emotion. *Journal of Personality and Social Psychology*, *48*, 813-838.

Smith, C. A., & Kirby, L. D. (2001). Toward delivering on the promise of appraisal theory. In K. R. Scherer, A. Schorr, & T. Johnstone (Eds.), *Appraisal processes in emotion: Theory, methods, research* (pp. 121-138). New York: Oxford University Press.

Somer, E., & Goldberg, L. R. (1999). The structure of Turkish trait-descriptive adjectives. *Journal of Personality and Social Psychology*, *76*, 431-450.

Sommers, J., & Vodanovich, S. J. (2000). Boredom proneness: Its relationship to psychological- and physical-health symptoms. *Journal of Clinical Psychology*, *56*, 149-155.

Son, L. K., & Metcalfe, J. (2000). Metacognitive and control strategies in study-time allocation. *Journal of Experimental Psychology: Learning, Memory, and Cognition*, *26*, 204-221.

Spacks, P. M. (1995). *Boredom: The literary history of a state of mind*. Chicago: University of Chicago.

Spence, K. W. (1956). *Behavior theory and conditioning*. New Haven, CT: Yale University Press.

Spielberger, C. D., Jacobs, G., Crane, R., Russel, S., Westberry, L., Barker, E., Johnson, E., Knight, J., & Marks, E. (1979). *Preliminary manual for the State-Trait Personality Inventory*. Unpublished manual, University of South Florida.

Spielberger, C. D., & Starr, L. M. (1994). Curiosity and exploratory behavior. In H. F. O'Neil, Jr., & M. Drillings (Eds.), *Motivation: Theory and research* (pp. 221-243). Hillsdale, NJ: Lawrence Erlbaum.

Spokane, A. R. (1985). A review of research on person-environment congruence in Holland's theory of careers. *Journal of Vocational Behavior*, *26*, 306-343.

Spokane, A. R., & Decker, A. R. (1999). Expressed and measured interests. In M. L. Savickas & A. R. Spokane (Eds.), *Vocational interests* (pp. 211-233). Palo Alto, CA: Davies-Black.

Stapel, D. A., Koomen, W., & Ruys, K. I. (2002). The effects of diffuse and distinct affect. *Journal of Personality and Social Psychology*, *83*, 60-74.

Strong, E. K., Jr. (1943). *The vocational interests of men and women*. Stanford, CA: Stanford University Press.

Strong, E. K., Jr. (1955). *Vocational interests 18 years after college*. Minneapolis: University of Minnesota.

Super, D. E. (1940). *Avocational interest patterns: A study in the psychology of avocations*. Stanford, CA: Stanford University Press.

Super, D. E. (1949). *Appraising vocational fitness by means of psychological tests*. New York: Harper & Row.

Swanson, J. L. (1999). Stability and change in vocational interests. In M. L. Savickas & A. R. Spokane (Eds.), *Vocational interests* (pp. 135-158). Palo Alto, CA: Davies-Black.

Switzer, D. K., Grigg, A. E., Miller, J. S., & Young, R. K. (1962). Early experiences and occupational choice: A test of Roe's hypothesis. *Journal of Counseling Psychology*, *9*, 45-48.

Tan, E. S. (2000). Emotion, art, and the humanities. In M. Lewis & J. M. Haviland-Jones (Eds.), *Handbook of emotions* (2nd ed., pp. 116-134). New York: Guilford.

Thayer, R. E. (2001). *Calm energy: How people regulate mood with food and exercise*. New York: Oxford University Press.

Thorndike, E. L. (1935a). *Adult interests*. New York: Macmillan.

Thorndike, E. L. (1935b). *The psychology of wants, interests and attitudes*. New York: Appleton-Century.

Tinsley, H. E. A. (2000). The congruence myth: An analysis of the efficacy of the person-environment fit model. *Journal of Vocational Behavior*, *56*, 147-183.

Tinsley, H. E. A. (2001). Marginalization of vocational psychology. *Journal of Vocational Behavior*, *59*, 243-251.

Tobias, S. (1994). Interest, prior knowledge, and learning. *Review of Educational Research*, *64*, 37-54.

Todt, E., & Schreiber, S. (1998). Development of interests. In L. Hoffman, A. Krapp, K. A. Renninger, & J. Baumert (Eds.), *Interest and learning* (pp. 25-40). Kiel, Germany: IPN.

Tokar, D. M., & Swanson, J. L. (1995). Evaluation of the correspondence between Holland's vocational personality typology and the five-factor model. *Journal of Vocational Behavior*, *46*, 89-108.

Tomkins, S. S. (1962). *Affect, imagery, consciousness, Vol. 1: The positive affects*. New York: Springer.

Tomkins, S. S. (1963). *Affect, imagery, consciousness, Vol. 2: The negative affects*. New York: Springer.

Tomkins, S. S. (Speaker). (1976). *A theory of psychological magnification* [cassette recording]. Philadelphia, PA: Silvan S. Tomkins Institute.

Tomkins, S. S. (1979). Script theory: Differential magnification of affects. *Nebraska Symposium on Motivation*, *26*, 201-236.

Tomkins, S. S. (1987). Script theory. In J. Aronoff, A. I. Rabin, & R. A. Zucker (Eds.), *The emergence of personality* (pp. 147-216). New York: Springer.

Tomkins, S. S. (1991). *Affect, imagery, consciousness, Vol. 3: The negative affects: Anger and fear*. New York: Springer.

Tracey, T. J. G. (1997). The structure of interests and self-efficacy expectations: An expanded examination of the spherical model of interests. *Journal of Counseling Psychology*, *44*, 32-43.

Tracey, T. J. G. (2001). The development of structure of interests in children: Setting the stage. *Journal of Vocational Behavior*, *59*, 89-104.

Tracey, T. J. G. (2002a). Development of interests and competency beliefs: A 1-year longitudinal study of fifth- to eighth-grade students using the ICA-

R and structural equation modeling. *Journal of Counseling Psychology*, *49*, 148-163.

Tracey, T. J. G. (2002b). Personal globe inventory: Measurement of the spherical model of interests and competence beliefs. *Journal of Vocational Behavior*, *60*, 113-172.

Tracey, T. J. G., & Rounds, J. B. (1992). Evaluating the RIASEC circumplex using high-point codes. *Journal of Vocational Behavior*, *41*, 295-311.

Tracey, T. J. G., & Rounds, J. B. (1993). Evaluating Holland's and Gati's vocational interest models: A structural metaanalysis. *Psychological Bulletin*, *113*, 229-246.

Tracey, T. J. G., & Rounds, J. (1994). An examination of the structure of Roe's eight interest fields. *Journal of Vocational Behavior*, *44*, 279-296.

Tracey, T. J. G., & Rounds, J. (1995). The arbitrary nature of Holland's RIASEC types: A concentric-circles structure. *Journal of Counseling Psychology*, *42*, 431-439.

Tracey, T. J. G., & Rounds, J. (1996a). Contributions of the spherical representation of vocational interests. *Journal of Vocational Behavior*, *48*, 85-95.

Tracey, T. J. G., & Rounds, J. (1996b). The spherical representation of vocational interests. *Journal of Vocational Behavior*, *48*, 3-41.

Tracey, T. J. G., & Ward, C. C. (1998). The structure of children's interests and competence perceptions. *Journal of Counseling Psychology*, *45*, 290-303.

Tracey, T. J. G., Watanabe, N., & Schneider, P. L. (1997). Structural invariance of vocational interests across Japanese and American cultures. *Journal of Counseling Psychology*, *44*, 346-354.

Underwood, B. J. (1975). Individual differences as a crucible for theory construction. *American Psychologist*, *30*, 128-134.

Van den Bergh, O., & Vrana, S. R. (1998). Repetition and boredom in a perceptual fluency/attributional model of affective judgements. *Cognition and Emotion*, *12*, 533-553.

van Dijk, T. A., & Kintsch, W. (1983). *Strategies of discourse comprehension*. Orlando, FL: Academic Press.

van Reekum, C. M., & Scherer, K. R. (1997). Levels of processing in emotion-antecedent appraisal. In G. Matthews (Ed.), *Cognitive science perspectives on personality and emotion* (pp. 259-330). Amsterdam: Elsevier.

Vidler, D. C., & Rawan, H. R. (1974). Construct validation of a scale of academic curiosity. *Psychological Reports*, *35*, 263-266.

Vidler, D. C., & Rawan, H. R. (1975). Further validation of a scale of academic curiosity. *Psychological Reports*, *37*, 115-118.

Vodanovich, S. J., & Kass, S. J. (1990a). Age and gender differences in boredom proneness. *Journal of Social Behavior and Personality*, *5*, 285-295.

Vodanovich, S. J., & Kass, S. J. (1990b). A factor analytic study of the boredom proneness scale. *Journal of Personality Assessment*, *55*, 115-123.

Vodanovich, S. J., & Rupp, D. E. (1999). Are procrastinators prone to boredom? *Social Behavior and Personality*, *27*, 11-16.

Vodanovich, S. J., Verner, K. M., & Gilbride, T. V. (1991). Boredom proneness: Its relationship to positive and negative affect. *Psychological Reports*, *69*, 1139-1146.

Wade, S. E. (1992). How interest affects learning from text. In K. A. Renninger, S. Hidi, & A. Krapp (Eds.), *The role of interest in learning and development* (pp. 255-277). Hillsdale, NJ: Lawrence Erlbaum.

Wade, S. E. (2001). Research on importance and interest: Implications for curriculum development and future research. *Educational Psychology Review*, *13*, 243-261.

Wade, S. E., & Adams, R. B. (1990). Effects of importance and interest on recall of biographical text. *Journal of Reading Behavior*, *22*, 331-353.

Wade, S. E., Alexander, P., Schraw, G., & Kulikowich, J. (1995). The perils of criticism: Response to Goetz and Sadoski. *Reading Research Quarterly*, *30*, 512-515.

Wade, S. E., Buxton, W. M., & Kelly, M. (1999). Using think-alouds to examine reader-text interest. *Reading Research Quarterly*, *34*, 194–216.

Wade, S. E., Schraw, G., Buxton, W. M., & Hayes, M. T. (1993). Seduction of the strategic reader: Effects of interest on strategies and recall. *Reading Research Quarterly*, *28*, 93–114.

Walker, E. L. (1980). *Psychological complexity and preference: A hedgehog theory of behavior*. New York: Brooks-Cole.

Walker, E. L. (1981). The quest for the inverted U. In H. I. Day (Ed.), *Advances in intrinsic motivation and aesthetics* (pp. 39–70). New York: Plenum.

Wallace, J. C., Vodanovich, S. J., & Restino, B. M. (2003). Predicting cognitive failures from boredom proneness and daytime sleepiness scores: An investigation within military and undergraduate samples. *Personality and Individual Differences*, *34*, 635–644.

Wallerstein, H. (1954). An electromyographic study of attentive listening. *Canadian Journal of Psychology*, *8*, 228–238.

Walsh, W. B. (1999). What we know and need to know: A few comments. In M. L. Savickas & A. R. Spokane (Eds.), *Vocational interests* (pp. 371–382). Palo Alto, CA: Davies-Black.

Walsh, W. B. (2001). The changing nature of the science of vocational psychology. *Journal of Vocational Behavior*, *59*, 262–274.

Watson, D. (2000). *Mood and temperament*. New York: Guilford.

Watson, D., & Tellegen, A. (1985). Toward a consensual structure of mood. *Psychological Bulletin*, *98*, 219–235.

Watson, D., Wiese, D., Vaidya, J., & Tellegen, A. (1999). The two general systems of affect: Structural findings, evolutionary considerations, and psychobiological evidence. *Journal of Personality and Social Psychology*, *76*, 820–838.

Watt, J. D., & Vodanovich, S. J. (1992a). An examination of race and gender differences in boredom proneness. *Journal of Social Behavior and Personality*, *7*, 169–175.

Watt, J. D., & Vodanovich, S. J. (1992b). Relationship between boredom proneness and impulsivity. *Psychological Reports*, *70*, 688-690.

Weick, K. E. (1964). Reduction of cognitive dissonance through task enhancement and effort expenditure. *Journal of Abnormal and Social Psychology*, *68*, 533-539.

Weiner, B. (1985). An attributional model of achievement motivation and emotion. *Psychological Review*, *92*, 548-573.

Weiner, B. (1986). *An attributional theory of motivation and emotion*. New York: Springer.

Weiner, B. (1991). On perceiving the other as responsible. *Nebraska Symposium on Motivation*, *38*, 165-198.

Weiner, B. (1995). Inferences of responsibility and social motivation. *Advances in Experimental Social Psychology*, *27*, 1-47.

Weiner, B. (2000). Intrapersonal and interpersonal theories of motivation from an attributional perspective. *Educational Psychology Review*, *12*, 1-14.

White, R. W. (1963). *Ego and reality in psychoanalytic theory: A proposal regarding independent ego energies* (Psychological Issues Series, Monograph 11). New York: International Universities.

White, R. W. (1972). *The enterprise of living: Growth and organization in personality*. New York: Holt, Rinehart, & Winston.

Wicklund, R. A. (1990). *Zero-variable theories and the psychology of the explainer*. New York: Springer.

Wicklund, R. A. (1998). Self-esteem. In H. S. Friedman (Ed.), *Encyclopedia of mental health* (Vol. 3, pp. 433-439). San Diego, CA: Academic Press.

Wicklund, R. A., & Brehm, J. W. (1976). *Perspectives on cognitive dissonance*. Hillsdale, NJ: Lawrence Erlbaum.

Wilde, O. (1998). *Oscar Wilde's wit and wisdom: A book of quotations*. Mineola, NY: Dover.

Wilson, P. S. (1971). *Interest and discipline in education*. London: Routledge & Kegan Paul.

Wilson, T. D. (2002). *Strangers to ourselves: Discovering the adaptive un-*

conscious. Cambridge: Harvard University Press.

Wilson, T. D., Centerbar, D. B., Kermer, D. A., & Gilbert, D. T. (2005). The pleasures of uncertainty: Prolonging positive moods in ways people do not anticipate. *Journal of Personality and Social Psychology*, *88*, 5-21.

Wohlwill, J. F. (1987). Curiosity, imagination, and play: Communality and interrelationships. In D. Görlitz & J. F. Wohlwill (Eds.), *Curiosity, imagination, and play* (pp. 2-21). Hillsdale, NJ: Lawrence Erlbaum.

Wolfradt, U., & Pretz, J. E. (2001). Individual differences in creativity: Personality, story writing, and hobbies. *European Journal of Personality*, *15*, 297-310.

Wright, R. A., & Kirby, L. D. (2001). Effort determination of cardiovascular response: An integrative analysis with applications in social psychology. *Advances in Experimental Social Psychology*, *33*, 255-307.

Zajonc, R. B. (2001). Mere exposure: A gateway to the subliminal. *Current Directions in Psychological Science*, *10*, 224-228.

Zanna, M. P., & Cooper, J. (1974). Dissonance and the pill: An attribution approach to studying the arousal properties of dissonance. *Journal of Personality and Social Psychology*, *29*, 703-709.

Zubek, J. P., Pushkar, D., Sansom, W., & Gowing, J. (1961). Perceptual changes after prolonged sensory isolation (darkness and silence). *Canadian Journal of Psychology*, *15*, 83-100.

Zuckerman, M. (1969). Theoretical formulations: I. In J. P. Zubek (Ed.), *Sensory deprivation* (pp. 407-432). New York: Appleton-Century-Crofts.

Zuckerman, M. (1991). *Psychobiology of personality*. Cambridge: Cambridge University Press.

Zuckerman, M. (1994). *Behavioral expressions and biosocial bases of sensation seeking*. New York: Cambridge University Press.

Zuckerman, M. (1999). *Vulnerability to psychopathology: A biosocial model*. Washington, DC: American Psychological Association.

译者后记

《兴趣心理学探索》的作者保罗·西尔维亚（Paul J. Silvia）是美国北卡罗来纳大学格林斯伯勒分校心理学系的教授。他1976年出生，1996年在南加州大学获得心理学学士学位，1997年和2001年在堪萨斯大学分别获得心理学硕士和博士学位。1999—2000年在德国埃朗根大学做访问研究员。博士毕业后，他在德国汉堡大学做过一年客座助理教授，之后一直在美国北卡罗来纳大学格林斯伯勒分校工作，历任助理教授、副教授、教授。西尔维亚的研究主题包括情绪、动机、自我认同、社会认知，还包括心理学研究方法。

《兴趣心理学探索》是保罗·西尔维亚较早期的一部著作。在我刚刚拿到这本书时，从题目上看，感觉更像是一本兴趣心理的通俗读物，似乎应该是面向大众读者的。但是，细细读来，发现该书不是一部通俗读物，而是一部学术性、专业性和科学性较强的著作。作者视野宽阔，写作功底深厚，能够把很多跨分支学科的研究材料进行合理的整合和提炼。这些分支学科既包括偏基础的情绪心理学、认知心理学、发展心理学、人格心理学，也包括偏应用的教育心理学、阅读心理学和职业心理学。在本书中，作者不仅对以往与兴趣有关的研究进行了分析、比较，还对当时的研究现状进行了评价，在此基础上构建了自己的兴趣—爱好理论模型，并指明了兴趣未来的研究方向。作者认为：兴趣研究需要更多优秀的研究者参与，大家应该打通不同研究领域的界限，互相沟通，共同促进该领域的进展；未来的研究应该更多地使用实验的方法考察因果关系，而不是简单地使用相关的研究设计。

兴趣在心理学的专业学术著作和论文中较少涉及，尤其在基础研究领域。基础研究领域更多关注与兴趣有关的主题，如动机、内驱力、好奇心、情绪、自我效能感等等。相对而言，应用研究领域对兴趣的介绍和探索更多，如教育心理学和职业心理学。但是，应用研究对兴趣理论的发展关注不够。本书的内容为兴趣研究提供了一个基本的研究基础和理论框架，为兴趣的研究者和爱好者了解该领域提供了重要的素材。

本书更为强调学术性，从而保证了其内容的科学性，但也因此在可读性和趣味性上稍有遗憾。另外，作者对实验方法有独特的偏好，甚至认为只有实验的方法才是获得因果关系的唯一途径。当然，考虑到作者的初衷，以及作者所考虑的读者对象，这些都不应该称为缺憾了。

从我拿到这本书到初稿翻译出来，已经有多年的时间了。我的几个研究生（刘洁、纪薇薇、袁荔和王子叶）和本科生（贾一真、周悦捷、林梦瑶、范成竹、徐焕然、王鹏）参与了初稿的翻译工作。虽然从初稿到终稿的过程中，很多部分已经被反反复复改得“面目全非”，甚至有些章节都进行了重译，我依然要感谢他们为此付出的时间和辛勤劳动。在翻译和统稿过程中，我们对文本进行了反复的推敲和修改，虽已尽力，但难免会有纰漏，恳望读者批评指正。

刘聪慧

2018年2月于中国人民大学